普通高等教育“十一五”国家级规划教材
普通高等院校计算机基础教育规划教材·精品系列

多媒体应用技术

（第四版）

姚　怡◎主　编
陆　翔　张天娇　赖朝安◎副主编
马钰华　袁晓华　叶　进　莫梓杰　黄毅然　石　娟　王　丽　唐振华◎参　编

中国铁道出版社有限公司
CHINA RAILWAY PUBLISHING HOUSE CO., LTD.

内 容 简 介

本书是普通高等教育“十一五”国家级规划教材《多媒体应用技术》的第四版，采用案例式教学模式，循序渐进地讲解多媒体工具软件的操作方法和技巧。全书共分6章，包括多媒体技术概述、图像处理 Photoshop、动画制作 Animate、音频处理 Audition、影视剪辑 Premiere、网页设计 Dreamweaver。

本书内容难度适中，没有过多的专业术语，理论结合实际，涵盖了制作多媒体作品应该掌握的绝大部分知识和操作技巧，并通过二维码形式为主要案例提供配套教学视频和素材，以方便读者学习和实践。

本书适合作为高等院校多媒体应用技术课程的教材，也适合多媒体技术爱好者自学使用。

图书在版编目（CIP）数据

多媒体应用技术 / 姚怡主编.—4 版.—北京：中国铁道出版社有限公司，2025.5

普通高等教育“十一五”国家级规划教材 普通高等院校计算机基础教育规划教材. 精品系列

ISBN 978-7-113-29401-4

Ⅰ. ①多… Ⅱ. ①姚… Ⅲ. ①多媒体技术－高等学校－教材 Ⅳ. ① TP37

中国版本图书馆 CIP 数据核字（2022）第 115009 号

书　　名：多媒体应用技术
作　　者：姚　怡

策　　划：刘丽丽　　　　编辑部电话：（010）51873090
责任编辑：刘丽丽
封面设计：穆　丽
封面制作：刘　颖
责任校对：刘　畅
责任印制：赵星辰

出版发行：中国铁道出版社有限公司（100054，北京市西城区右安门西街 8 号）
网　　址：https://www.tdpress.com/51eds
印　　刷：河北京平诚乾印刷有限公司
版　　次：2003 年 8 月第 1 版　2025 年 5 月第 4 版　2025 年 5 月第 1 次印刷
开　　本：787 mm×1 092mm 1/16　印张：13.5　字数：321 千
书　　号：ISBN 978-7-113-29401-4
定　　价：49.00 元

前言

在瞬息万变的信息时代，多媒体技术作为当今IT领域中发展速度快且很活跃的技术之一，不仅可以展示文字、图像、声音、视频和丰富多彩的信息，还可以打造人性化的互动场景，为人类的生产、工作乃至生活方式带来了巨大的变革。开设“多媒体应用技术”课程，正逐渐成为各高校顺应时代发展的选择。本书是普通高等教育“十一五”国家级规划教材《多媒体应用技术》的第四版，沿袭了前三版注重实操应用的特色，选用主流的多媒体工具软件作为多媒体技术案例的讲解软件。

本书共分6章，各章内容介绍如下：

第1章多媒体技术概述，首先介绍多媒体技术的基本概念，介绍常用多媒体设备、工具软件，最后简单介绍多媒体信息处理的关键技术。

第2章图像处理Photoshop，以Adobe Photoshop CC 2018版本为例，首先论述图像图形的基本概念，再论述Photoshop工具箱中各种工具的用途和使用方法，各种形状选区的建立和编辑，图像的绘制与色彩调整，滤镜的使用方法，图层、蒙版、通道与文字路径的相关知识。

第3章动画制作Animate，以Adobe Animate 2020版本为例，首先论述动画基础知识，然后论述Animate工具箱和菜单栏的使用，讲解常规的图形绘制、元件制作、动画编辑等操作，然后根据不同的动画类型深入论述Animate的使用，包括逐帧动画、补间动画、遮罩动画、引导层动画等。

第4章音频处理Audition，以Adobe Audition CC 2019版本为例，首先论述音频基础知识，然后论述Audition软件的界面，包括标题栏、菜单栏、工具栏、浮动面板和编辑器等，在此基础上讲解音频编辑技术、录音技术以及效果器和混音等内容。

第5章影视剪辑Premiere，以Adobe Premiere Pro CC 2019版本为例，首先论述视频基本概念，然后论述Premiere的工作界面、项目文件、序列、轨道以及各种类型素材的相关操作和核心功能。

第 6 章网页设计 Dreamweaver，以 Adobe Dreamweaver CC 2018 版本为例，主要介绍网站和网页基础知识，HTML 常用标签，Dreamweaver 编辑网页的方式，利用 CSS 样式美化网页，使用 DIV+CSS 布局网页，浮动布局等知识。

本书由姚怡任主编，陆翔、张天娇、赖朝安任副主编，马钰华、袁晓华、叶进、莫梓杰、黄毅然、石娟、王丽、唐振华参与编写。具体编写分工为：第 1 章由陆翔编写，第 2 章由姚怡编写，第 3 章由马钰华和袁晓华共同编写，第 4、5 章由张天娇和姚怡共同编写，第 6 章由姚怡和赖朝安共同编写，叶进、莫梓杰、黄毅然、石娟、王丽、唐振华参与了案例制作、教学资源的建设工作。全书由姚怡统稿。本书在编写过程中参考了不少多媒体应用方面的相关书籍、文献和电子资源，在此向相关作者表示感谢！

读者可在中国铁道出版社有限公司教育资源网站（网址为 https://www.tdpress.com/51eds）下载教材中提及的所有案例、素材、教学大纲及电子教案等资源，在书中扫描二维码观看相应教学视频。

多媒体技术发展飞快，新技术、新方法层出不穷，加之编者水平有限，书中难免有不妥和疏漏之处，敬请读者批评指正，谢谢！

编　者

2025 年 2 月

目录

第 1 章　多媒体技术概述

内容提要

◎多媒体技术基本概念。

◎多媒体常用设备和软件。

◎多媒体信息处理的关键技术。

视频
多媒体技术概述

随着互联网技术的发展，多媒体技术给传统的计算机系统、音频和视频设备带来了巨大的改变，极大地影响了人们的工作、生活和娱乐。随着多媒体应用技术向其他领域不断地扩展，多媒体并行工程平台、多媒体仿真、智能多媒体等新技术和应用不断出现，扩大了原有技术领域的内涵，改善了其性能，并创造出了新的概念。如何灵活地使用多媒体工具软件获取、加工、创造、存储、分享信息，已经成为当下人们关注的焦点之一。

1.1　基本概念和术语解释

多媒体技术是一种跨多学科的综合技术，涉及计算机硬件及软件、数值处理方法、计算机图形学、计算机体系结构、编码学、声音和信号处理、人工智能、虚拟现实技术、计算机网络和高速通信技术等内容。

1.1.1　媒体的分类

媒体（medium）是用于传播和表示信息的载体。媒体有两重含义，一是存储信息的载体，如硬盘、光盘、U 盘、磁带、半导体存储器等；二是传播信息的载体，如文字（text）、图形（graphic）、图像（image）、音频（audio）、视频（video）和动画（animation）等。多媒体技术中的媒体一般是指后者。根据国际电信联盟（International Telecommunications Union, ITU）电信标准部推出的 ITU-T I.374 建议的定义，将媒体分为五种类型：感觉媒体、表示媒体、表现媒体、存储媒体和传输媒体。

1. 感觉媒体（perception medium）

感觉媒体指能够直接作用于人的感官，使人直接产生感觉的媒体。目前，人们主要通过视觉和听觉来感知信息。例如人类的语言、音乐、声音、图形、图像和视频等。感觉媒体又分为视觉媒体、听觉媒体、触觉媒体。

2. 表示媒体（representation medium）

表示媒体是为了更有效地处理、加工和传输感觉媒体而研究、设计出来的一种媒体。表示媒体使用许多编码方式，如文本编码、图像编码、语音编码和视频编码等，在计算机中的表现方式为不同类型的文件，如文本文件、图像文件、音频文件、视频文件和动画文件等。

3. 表现媒体（presentation medium）

表现媒体是指感觉媒体与用于通信的电信号之间产生转换的媒体设备。表现媒体可分为两种：输入表现媒体（如键盘、话筒、扫描仪、鼠标、摄像机等）和输出表现媒体（如显示器、打印机、音箱等）。

4. 存储媒体（storage medium）

存储媒体是指用于存储表示媒体的计算机存储设备，以方便计算机处理、加工和调用。这类媒体主要是指与计算机相关的外部存储设备。

5. 传输媒体（transmission medium）

传输媒体是指把表示媒体从一处传输到另一处的物理传输介质，是通信中的信息载体，如电话线、双绞线、光纤和微波等。

1.1.2 多媒体和多媒体技术

在计算机系统中，多媒体（multimedia）是指两种或两种以上相互关联的媒体，如文字、图形、图像、音频、动画和视频等综合集成在一起而产生的一种存储、传播和表现信息的载体，及其附带的互动功能。多媒体一词源于英文 multimedia，由 multiple 和 medium 的复数形式 media 组合而成。multiple 有“多重、复合”之意，media 是指“介质、媒介和媒体”。

多媒体技术（multimedia technology）是指通过计算机把文本、图形、图像、声音、视频和动画等多种媒体进行数字化融合处理和管理，使用户可以通过多种感官与计算机进行实时信息交互的技术。多媒体技术的特性主要表现为媒体的多样性和处理信息的集成性、交互性和实时性。

（1）多样性

多样性是多媒体技术的最基本特性。多媒体计算机能够综合处理文本、图形、图像、声音、视频和动画等多种表现形式的信息。多媒体技术改变了计算机处理信息的单一模式，使人们可以方便而高效地处理多种信息。

（2）集成性

多媒体技术的集成性主要表现在多媒体信息的集成以及操作这些媒体信息的设备的集成这两个方面。多媒体信息的集成是多种媒体的有机集成。它集文本、图形、图像、声音、视频和动画等多种媒体信息于一体。多媒体设备的集成不仅包括计算机本身，还包括传输、存储和呈现媒体设备的集成，即将不同性质的媒体和各种设备集成为一个多媒体系统，以计算机为核心综合地处理各种信息。

（3）交互性

交互性是指用户与计算机之间的信息双向处理。用户可以与计算机之间进行交互操作，从而为用户提供控制和使用信息的手段。这些交互操作都要求实时处理，如从数据库中检索信息、参与对信息的各种处理等。通过交互操作，用户对信息处理的全过程能进行完全有效的控制。例如一个培训软件，当系统给出一个问题，用户可以有多种选择，对于用户选择的每个不同的答案，系统都会给出不同的结果。

（4）实时性

某些时候，当用户给出操作命令时，相应的多媒体信息必须得到实时控制和处理。系统中音频和视频是实时的，多媒体技术需要提供对这些与时间密切相关的媒体进行快速处理的能力。如进行多媒体网络视频会议时，必须实时传输音频和视频，视频里的声音和图像都应该尽量避免延时、停顿或断续，否则图像显示会产生延时动画的效果，或声音与图像不同步，视频所要表达的内容一片混乱。

1.1.3 新媒体技术

新媒体是相对于传统媒体而提出的概念，是一个不断变化中的概念。严格来说，新媒体是媒体形态的一种，通常指利用数字技术，通过计算机网络以及计算机、手机、数字电视机等终端，向用户提供信息和服务的传播形态。比如，今日头条、微信公众号相对于报纸是新媒体；抖音、哔哩哔哩（B 站）相对于电视是新媒体。图 1-1 所示是目前主流的部分新媒体平台。

图1-1 目前主流的部分新媒体平台

与传统媒体相比，新媒体具有以下特征：

（1）交互性更强

新媒体与传统媒体相比具有超强的交互性。新媒体内容包含社交属性，追求与用户进行互动、沟通、传播。社交化是当前新媒体内容的核心特点。

（2）即时性明显

新媒体信息传播的速度非常快，表现出明显的即时性特征，网民通过手机、计算机或者其他智能终端能够快速发布信息和及时接收信息。新媒体打破了广播、电视等传统媒体定时传播的规律，真正具备了无时间限制和无地域限制的传播，能够 24 小时实时加工发布。

（3）个性化突出

新媒体实现了信息传播与收阅的个性化。以前人们想表达观点是一件非常麻烦的事情。但是新媒体出来以后，人们发声变得容易了，如微博、微信、博客、抖音、QQ、论坛等作为新媒体的重要信息传播平台，为用户提供了展示自己的舞台。用户以图文、短视频等新媒体作为传播媒介，可以随时随地发布自己的位置、状态、心情和所见所闻。同时平台可以根据用户的年龄、职业、兴趣等数据精准地为用户推送个性化的信息。

（4）受众选择性多

从技术层面上讲，在新媒体中，人人都可以接收信息，人人也都可以充当信息发布者。用户可以一边看电视节目，一边播放音乐，同时还参与对节目的投票，还可以对信息进行检索。这打破了只有新闻机构才能发布新闻的局限，充分满足了信息消费者的细分需求。与传统媒体的“主导受众型”不同，新媒体是“受众主导型”。受众有更大的选择，可以自由阅读，可以参与传播信息。

（5）日益多元化

新媒体不断涌现，内容涵盖面越来越广泛，其表现形式日趋多元化。人们将文字、音频、图像、短视频等融为一体，可做到即时地、无限地扩展内容、更新内容。新媒体多变组合的形式也充分体现了新媒体传播形态的多元化特点。

1.2 多媒体设备和软件

1.2.1 多媒体设备

多媒体计算机的外围设备包括：视频 / 音频的输入设备，如数码照相机、数码摄像机和话筒等；视频 / 音频的输出设备，如投影仪、音箱等；人机交互设备，如触摸屏、光笔等。

1. 数码照相机

数码照相机（digital camera, DC）是一种利用电子传感器把光学影像转换成电子数据的照相机。数码照相机的感光元件对于成像效果起着关键的作用，分为电荷耦合器件（charge coupled device, CCD）和互补金属氧化物半导体（complementary metal-oxide-semiconductor, CMOS）两种。衡量 CCD 好坏的指标有很多，如像素数量、CCD 尺寸、灵敏度和信噪比等，其中像素数量、CCD 尺寸是重要的指标。

2. 扫描仪

扫描仪分为平板式扫描仪、手持式扫描仪和鼓式扫描仪等多种。扫描仪由光源、光学镜头、光敏元件、机械移动部件和电子逻辑部件构成。

3. 摄像头

摄像头是一种视频输入设备，具有静态照片拍摄和实时监控等功能，分为模拟摄像头和数字摄像头。

4. 触摸屏

触摸屏是一种定位设备。当人们用手指触摸触摸屏时，所接触到的位置（以坐标形式）被触摸屏控制器检测到，然后将检测到的信息通过接口传送给 CPU，从而确定用户输入的信息并做出反应。

5. 光笔

光笔是用来在显示器屏幕上直接书写、作图的输入设备，其外形像一支笔，头部有一直径为几毫米的小孔（称为光孔），用来检测显示器屏幕上的光点。

6. 投影仪

投影仪能把不同的信号源（如计算机、手机、DVD 等）通过成像技术将图像或视频投影到屏幕上。常用的投影仪有三种：阴极射线管（crystal ray tube, CRT）投影仪、数字光处理（digital light processing, DLP）投影仪、液晶投影仪（liquid crystal display, LCD）。投影仪的性能指标主要有：光通量、分辨率、颜色、对比度率、视频制式、使用环境温度、灯泡的类型和寿命功效等。投影仪广泛应用于教学、旅游、广告展示和会议等领域。

7. 数据手套

数据手套是虚拟仿真中最常用的交互工具，如图 1-2 所示。通过软件编程，数据手套可进行虚拟场景中物体的抓取、移动、旋转等动作，由于其具有多模式性，可将其用作控制场景漫游的工具。

8. 虚拟现实头盔

虚拟现实的英文是 virtual reality，英文缩写为 VR，因此虚拟现实头盔又称为 VR 头显，是一种利用头戴式显示器将人对外界的视觉、听觉封闭，引导用户产生一种身在虚拟环境中的感觉，如图 1-3 所示。

图1-2　数据手套

图1-3　VR头显

1.2.2　多媒体软件分类及介绍

1. 多媒体软件的分类

多媒体软件是多媒体的灵魂，按照其功能不同，可分为三种类型：多媒体系统软件、多媒体开发工具软件和多媒体应用软件。

（1）多媒体系统软件

多媒体系统软件主要指多媒体操作系统，它除具有一般操作系统的功能外，还具有多媒体底层扩充模块，支持高层多媒体信息的采集、编辑、播放和传输等处理功能。

（2）多媒体开发工具软件

多媒体开发工具软件是基于多媒体操作系统基础上的多媒体软件开发平台，可以帮助开发人员组织编排、编辑、加工各种多媒体素材，编辑创作多媒体应用产品。常用的多媒体开发工具软件有文字编辑软件、图形图像处理软件、音频处理软件、视频处理软件、动画制作软件、多媒体集成软件、媒体播放软件和格式转换工具等。市面上的多媒体开发工具软件按照其用途不同通常分为多媒体制作软件和多媒体播放软件两大类。

（3）多媒体应用软件

多媒体应用软件是由开发人员根据用户需求而定制的利用多媒体开发工具软件或计算

机语言研制的多媒体产品，是直接面向用户的。

2. 常见的多媒体开发工具软件

（1）文字处理软件

文字处理软件是办公软件的一种，一般用于文字的格式化和排版，如记事本、写字板、MS Office Word 和 WPS Office 等。

（2）图形图像处理软件

图形图像处理软件对位图或矢量图具有创建、编辑等功能，如 Adobe Photoshop、Adobe Illustrator、AutoCAD、CorelDraw、Freehand、Affinity、Pixlr、Windows 画图、PhotoWorks 和美图秀秀等。

（3）音频处理软件

音频处理软件的基本功能是录音和音频编辑，如 Adobe Audition、Easy CD-DA Extractor、Sound Forge、GoldWave、Wave Edit、Cool Edit Pro、GarageBand 和 CyberLink WaveEditor 等。

（4）视频处理软件

视频处理软件提供独立的视频编辑和视频捕捉功能，如 Adobe Premiere、Adobe After Effects、Camtasia Studio、Ulead Media Studio、DaVinci Resolve、剪映、绘声绘影和爱剪辑等。

（5）动画制作软件

动画制作分为二维动画制作、三维动画制作和定格动画制作。常见的动画制作软件有 Animator Pro、3ds Max、MAYA、Animate、Animator Studio、COOL 3D、Poser、GIF Construction Set 和 Adobe After Effects 等。

（6）多媒体集成软件

多媒体集成软件是指能将多种单媒体集成为一个综合性多媒体应用产品的工具软件，如 Adobe Director、Adobe Dreamweaver、PowerPoint、ToolBook、Authorware 和 Icon Author 等。

（7）媒体播放软件

媒体播放软件主要用于显示、浏览图像或播放音视频等多媒体数据，如 ACDSee、Windows Media Player、酷狗音乐、暴风影音、百度影音和迅雷看看等。

（8）格式转换软件

格式转换是指将多媒体数据从一种格式或结构转换为另一种格式或结构的过程，用于解决不同软件之间的格式兼容性问题和文件使用问题。常见的格式转换软件有格式工厂、迅捷视频转换器、Convertio、风云视频转码器、暴风转码、完美者转码等。

1.3 多媒体信息处理的关键技术

多媒体技术研究内容主要包括感觉媒体的表示技术、数据压缩技术、多媒体数据存储技术、多媒体数据传输技术、多媒体计算机及外围设备、多媒体系统软件平台等。多媒体技术涉及的范围很广，下面介绍其核心技术。

1. 数据压缩 / 解压缩技术

多媒体数据压缩 / 解压缩技术是多媒体技术中最关键的技术。随着多媒体技术在计算机及网络中的广泛应用，多媒体信息中的图像、音频、视频信号都必须进行数字化处理，才能应用到计算机和网络上。但是这些多媒体信息被数字化后的数据量非常庞大，极大地加重了计算机的存储负担和多媒体数据在互联网上的传输负担，是制约多媒体技术发展的最大障碍。有效解决的方法之一是对多媒体数据进行数据压缩，再进行存储和传输，需要时再进行解压缩、还原。

压缩技术需要考虑三个主要因素：一是压缩比要大；二是压缩算法要简单，压缩 / 解压缩速度快，能够满足实时性要求；三是压缩损失要少，即解压缩的效果要好。

数据压缩技术的核心是压缩算法。目前常用的压缩方法有两类：无损压缩（又称冗余压缩算法或熵编码法）和有损压缩（熵压缩法）。无损压缩主要用于文本和数据压缩，典型的有 Huffman 编码（Huffman coding）、LZ77 算法（Abraham Lemped and Jacob Ziv, 1977）和游程编码（run-length coding, RLC）等。有损压缩主要用于图像和声音的压缩，常用的有模型编码、矢量量化、子带编码等。在具体应用时，常混合采用多种压缩算法，如用于静态压缩的 JPEG（joint photographic expert group，联合图像专家组），以及支持动态图像压缩的 MPEG（moving picture expert group，活动图像专家组）等。

2. 数据存储技术

与一般的文本文件相比，多媒体文件占的存储空间要大得多。虽然经过了压缩处理，但传输和存储多媒体文件所需要的时间和空间的开销仍然都很大。解决这一问题的关键是数据的存储技术。近年来，新材料、新器件和新技术的不断问世，有力地促进了多媒体技术的发展和应用。大容量硬盘和光盘的出现，真正解决了多媒体信息的存储问题。

3. 多媒体专用芯片技术

为了实现音频、视频信号的快速压缩、解压缩和播放处理，需要大量的快速计算，而且图像的绘制、生成、合并及特殊效果等处理也需要大量的计算。如果由普通计算机来完成，则 CPU 负担会非常大，耗时极长。多媒体数字信号处理器（digital signal processor, DSP）是多媒体计算机硬件的关键器件，可用于多媒体信息的综合处理，如语音合成、图像的特效、图形的生成和绘制、提高音频和视频信号处理速度等。

DSP 基于大规模集成电路（very large scale integratied circuit, 简称为 VLSI）技术，可分为两种：一种是固定功能的芯片，另一种是可编程数字信号处理器 DSP 芯片。除此之外，多媒体系统中可能还会用到其他集成电路芯片，如数 / 模（D/A）和模 / 数（A/D）转换、音频、视频芯片、彩色空间变换器和时钟信号产生器等。

4. 输入 / 输出技术

多媒体素材包括文本、声音、图形、图像、视频等，使用哪些设备和方法输入 / 输出这些素材，是多媒体信息处理需要研究的关键技术，比如图形图像的采集输入主要有以下途径：用软件创作、扫描仪扫描、数码照相机拍摄和数字化仪输入，以及从屏幕、动画、视频中捕捉等。

多媒体输入/输出技术包括媒体变换技术、媒体识别技术、媒体理解技术、媒体综合技术、人工智能输入 / 输出技术以及多媒体网络传输技术等。如语音识别技术和触摸屏技术就是一种媒体识别技术。

5. 多媒体数据库技术

与传统数据库的规范数据类型相比，多媒体数据库包含多种数据类型，如何存储、浏览、检索等十分关键，需要一种更为有效的管理系统来对多媒体数据库进行管理。

6. 多媒体通信技术

多媒体数据量非常大，如何有效快速地进行传输显得非常关键。多媒体通信技术是多媒体技术与通信技术的有机结合，在计算机的统一控制下，对多媒体信息进行采集、处理、表示、存储和传输，将计算机的交互性、网络通信的分布性和多媒体信息的真实性有效地结合在一起。多媒体通信技术包含语音压缩、图像压缩及多媒体的混合传输技术。例如，基于多媒体通信技术的应用有视频点播、网络视频会议、网络电视和网络游戏等。

7. 智能多媒体技术

智能多媒体技术是指在多媒体技术中引入人工智能技术，增加多媒体计算机的智能性。智能多媒体技术已广泛应用于问题求解、语音识别、文字识别、专家系统、人工神经网络、自然语言理解及机器翻译、图像识别、机器人视觉和自动程序设计等领域。

8. 虚拟现实技术

虚拟现实（VR）是以计算机技术为核心，结合相关科学技术，生成与真实环境在视、听、触感等方面高度近似的数字化环境，用户借助必要的装备与数字化环境中的对象进行交互作用，相互影响，从而产生亲临真实环境的感受和体验。虚拟现实有三个特征：想象（imagination）、交互（interaction）和沉浸（immersion），简称3I。虚拟现实系统根据用户参与形式的不同一般分为四种模式：桌面式、沉浸式、增强式和分布式。

虚拟现实技术正在广泛地应用于娱乐、军事、建筑、工业仿真、考古、医学、文化教育、农业和计算机技术等方面，它改变了传统的人机交互模式。例如，纽约的伦斯勒理工大学和IBM研究部门开设了一门沉浸式汉语学习课程。通过人工智能增强现实技术，学生将进入一个360°全景投影教室，如图1-4所示，屏幕上会模拟出现实场景，比如北京繁忙的街道或餐馆，学生们可以与商户讨价还价或点餐，让学生足不出户便可置身于各种场景。

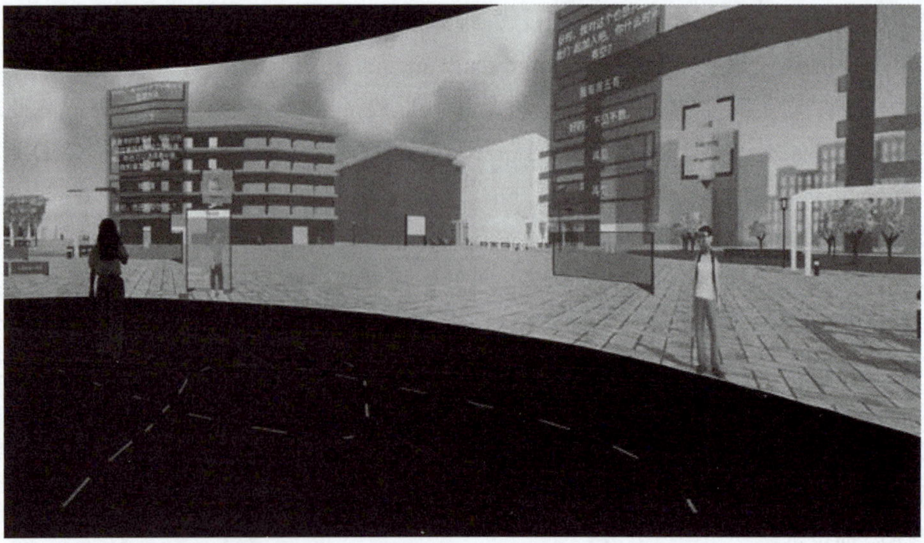

图1-4　虚拟沉浸式汉语学习360°全景投影教室

本章小结

多媒体技术是当今信息技术领域发展较快、较活跃的技术之一，在我国众多行业领域中都有广泛的应用，如文化教育、电子出版、网站建设、咨询服务、医学、商业应用、网络通信、军事、金融、工业生产管理、虚拟现实以及娱乐等。随着科学技术的不断创新，使多媒体技术与更多领域逐渐融合应用，其发展前景可观。

本章主要介绍了多媒体技术基本概念、多媒体常用设备、常用工具软件等，并简单介绍了多媒体信息处理的关键技术。希望同学们在了解一定的多媒体基本概念之后，顺利进入后续章节的学习，掌握常见的媒体加工处理方法。

第 2 章　图像处理 Photoshop

内容提要

◎工具箱的用途和使用方法。

◎选区的建立和编辑。

◎图像的绘制与色彩调整。

◎滤镜的使用方法。

◎图层、蒙版、通道与文字路径。

随着计算机技术的不断发展，计算机图形图像处理被广泛应用于广告制作、平面设计、网页设计、出版和影视后期制作等领域。在众多的图形图像处理软件中，应用最为广泛的是 Adobe 公司的 Photoshop。Adobe Photoshop 简称“PS”，主要处理以像素构成的数字图像，可以将摄影图片、绘图和图形编辑等结合起来，并进行处理，产生各种绚丽甚至超越想象的艺术效果。Photoshop 简单易学，功能强大，在平面图形图像设计制作中占据着统治地位。本章将介绍 Adobe Photoshop CC 2018 快速入门的基础知识。

视频

图像图形的数字化

2.1　图像和图形的基本概念

2.1.1　图像和图形

1. 图像

图像又称点阵图像或位图图像，由许多点组成，这些点称为像素。当许许多多不同颜色的点（即像素）组合在一起便构成了一幅完整的图像，如图 2-1（a）所示。位图的清晰度与像素点的多少有关，单位面积内像素点数目越多则图像越清晰，否则越模糊。位图放大后会失真变模糊，如图 2-1（b）所示。比较流行的位图格式有 BMP、GIF、JPEG、PNG 等。

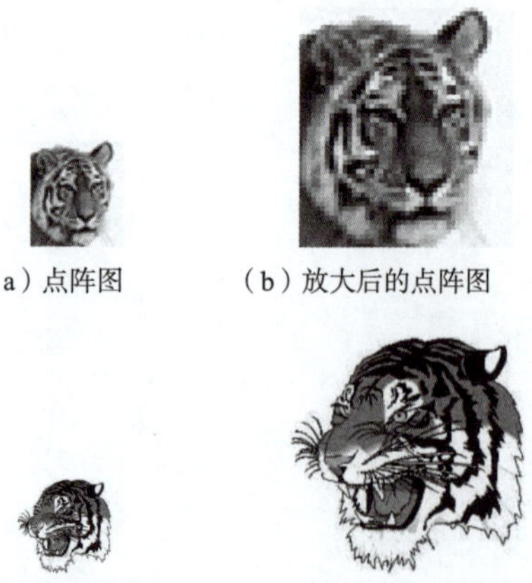

（a）点阵图　（b）放大后的点阵图

（c）矢量图　（d）放大后的矢量图

图2-1　点阵图和矢量图的区别

2. 图形

图形又称矢量图，与位图不同，矢量图没有分辨率，也不使用像素，如图 2-1（c）所示。通常，它的图形形状主要由点和线段组成。矢量图是用一系列计算机指令来描述和记录一幅图，如画点、画线、画曲线、画圆、画矩形等，分别对应不同的画图指令。矢量图放大后不会失真，如图 2-1（d）所示。矢量图的最大的缺点是难以表现色彩层次丰富的逼真照片效果。常见的矢量图格式有 CDR、AI、WMF、EPS 等。

2.1.2 图像的主要参数

1. 图像尺寸

图像尺寸是指组成一幅图像的像素个数，用“水平像素数 × 垂直像素数”表示。例如，用 500 万像素数码照相机拍的一幅照片，其分辨率为 2 560 × 1 920=4 915 200 ≈ 500 万像素。分辨率越高的图像像素点越多，图像的尺寸和面积也越大。

2. 图像分辨率

图像分辨率指每英寸图像内有多少个像素点，分辨率的单位为 PPI（pixels per inch）或者 DPI（dots per inch），通常称为像素每英寸。在图像处理中可通过改变图像分辨率，进而调整图像的清晰度。

3. 色彩深度

色彩深度是指存储每个像素点所用的位数，它决定了彩色数。例如，24 位色彩表示一个像素点上有 2^{24} 种颜色。

4. 色彩模式

色彩模式是用数值方法指定颜色的一套规则和定义。常用的色彩模型有 RGB 模式、CMYK 模式、HSB 模式等。

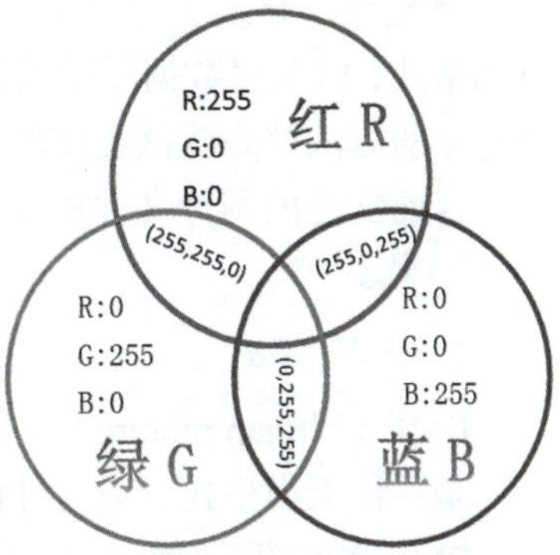

图2-2 RGB模式

① RGB 模式：用红（red）、绿（green）、蓝（blue）三个基色来描述颜色的方式称为 RGB 模式。用 0 ～ 255 之间的数字表示每一种基色的份额，0 表示这种基色没有参与，255 表示完全参与其中，如图 2-2 所示。例如，RGB 值（255,255,0）最大化了红色和绿色的份额，最小化了蓝色的份额，结果生成的是嫩黄色。另外，白色的 RGB 值是（255,255,255），黑色的 RGB 值是（0,0,0）。

② CMYK 模式：该模式是一种基于四色印刷的印刷模式，是相减混色模式。C 表示青色 cyan，M 表示品红色 magenta，Y 表示黄色 yellow，K 表示黑色 black。CMYK 用百分比数值来表示当前取样点的色值。百分数值越低表示油墨用量越少，颜色显得越亮；相反，百分数值越高表示油墨用量越多，颜色显得越暗。例如，正黄色的 CMYK 为：C=0；M=0；Y=0；K=0。

③ HSB 模式：是基于人眼的一种颜色模式，也是普及型设计软件中常见的色彩模式。其中 H 代表色相 hues；S 代表饱和度 saturation；B 代表亮度 brightness。

2.1.3 图像压缩编码

除了一些管理细节之外，图像文件的存储只包括图像的像素颜色值，按照从左到右从上到下的顺序存放。

1. 图像数据容量

图像数据容量指磁盘上存储整幅图像所需的存储空间大小，计算表达式为

$$图像数据容量 = 图像分辨率 \times 图像色彩深度 / 8$$

例如，一幅 640×480 真彩色（24 位）的图像，其文件大小为

$$640\times480\times24/8\ \text{B}=921\ 600\ \text{B}=0.88\ \text{MB}$$

2. 图像压缩

一幅图像数据量通常很大，对存储、处理和传输带来很大影响，必须进行压缩，压缩分为无损压缩和有损压缩两种。无损压缩指的是进行图像还原（也称为解压缩）时，重建的图像与原始图像完全相同。有损压缩指的是使用压缩后的数据进行图像重建时，重建后的图像与原始图像虽有一定的误差，但不影响人们对图像含义的正确理解。图像压缩的主要参数是压缩率，或称为压缩比，定义如下：

图像数据压缩率（比）= 压缩前的图像数据量 / 压缩后的图像数据量

例如，一幅图像在压缩前其大小为 10 MB，压缩后为 5 MB，则压缩比为 10/5=2:1。

2.1.4 图像文件格式

不同的图像工具软件有不同的加工处理方法，在存储方式、压缩标准、技术规格要求上各有差异，导致了图像文件格式也多种多样。图像文件格式是计算机记录和存储图像信息的格式，以及对数据压缩编码方法的体现。要想了解某个图像文件是以何种格式存储的，最直接的方法就是看该文件的扩展名。

目前常见的图像文件格式有 BMP 格式、JPEG 格式、GIF 格式、PNG 格式、TIFF 格式和 PSD 格式等。

1. BMP 格式

BMP（bitmap picture，位图）是 Microsoft 公司为 Windows 自行开发的一种位图文件格式，是一种无损格式，与硬件设备无关，使用非常广泛，文件扩展名为“.bmp”。

BMP 文件的图像深度可选 1 bit、4 bit、8 bit 及 24 bit。BMP 文件采用位映射存储格式，包含的图像信息较丰富，不支持压缩，文件所占用的存储空间很大，故通常不适合在互联网或者其他低速或有容量限制的媒介上进行传输。由于 BMP 文件格式是 Windows 环境中交换与图有关的数据的一种标准，因此在 Windows 环境中运行的图形图像软件都支持 BMP 图像格式。

2. JPEG 格式

JPEG 是常见的一种图像文件格式，属于有损压缩格式，文件扩展名为“.jpg”或“.jpeg”。

JPEG 有着非常高的压缩比率，文件的存储空间较小，适合在网络中传输，下载速度快，使得 Web 页有可能以较短的下载时间提供大量美观的图像，所以目前各类浏览器均支持 JPEG 格式。数码照相机也常使用 JPG 格式。它用有损压缩方式去除冗余的图像和彩色数据，获取极高压缩率的同时能展现十分丰富生动的图像，即用最少的磁盘空间得到较好的图像质量。

同时，JPEG 还是一种很灵活的格式，具有调节图像质量的功能，允许用不同的压缩比例对文件压缩，使用 24 位色彩深度使图像保持真彩，在色调及颜色平滑变化的相片或写实绘画上可以达到最佳效果，但是 JPEG 不支持任何透明方式。

3. GIF 格式

GIF（graphics interchange format，图像交换格式）是一种位图文件格式，由 CompuServe 在 1987 年针对当时网络传输带宽的限制开发，文件扩展名为“.gif”。

其文件数据是一种基于 LZW 算法的连续色调的无损压缩格式，压缩率一般在 50% 左右，

目前几乎所有相关软件都支持它。由于采用无损压缩存储，在不影响图像质量的情况下，可以生成很小的文件，下载速度快，在网络上广泛应用。GIF 支持透明色，可以使图像浮现在背景之上。但是由于采用了 8 位压缩，最多只能处理 256 种颜色，因此不宜应用于真彩图像。

4. PNG 格式

PNG（portable network graphics，便携式网络图片）是一种无损压缩位图文件格式，也是网上常用的图像文件格式。被认为是目前最不失真的图像格式，文件扩展名为“.png”。

该格式汲取了 GIF 和 JPEG 的优点，存储形式丰富，兼有 GIF 和 JPEG 的色彩模式。PNG 能够提供长度比 GIF 小 30% 的无损图像压缩文件，把图像文件压缩到极限以利于网络传输，但又能保留所有与图像品质有关的信息，而且其显示速度很快，只需下载 1/64 的图像信息就可以显示出低分辨率的预览图像。

PNG 同时支持 24 位和 48 位真彩图像以及 16 位灰度图像，允许在一个文件内存储多幅图像，但是不支持动画效果。PNG 同样支持透明图像的制作。PNG 格式图片因其高保真性、透明性及文件体积较小等特性，被广泛应用于网页设计、平面设计中。

5. TIFF 格式

TIFF（tag image file format，标签图像文件格式）是 Mac 计算机中广泛使用的无损压缩位图格式，它由 Aldus 和 Microsoft 公司为桌面出版系统研制开发的一种较为通用的图像文件格式，文件扩展名为“.tif”和“.tiff”。

TIFF 的特点是图像格式复杂、存储信息多，灵活易变，主要用来存储照片和艺术图像。TIFF 定义了四类不同的格式：TIFF-B 适用于二值图像；TIFF-G 适用于黑白灰度图像；TIFF-P 适用于带调色板的彩色图像；TIFF-R 适用于 RGB 真彩图像。它可用于扫描仪和桌面出版，能支持多种压缩方法和多种不同类型的图像。

6. PSD 格式

PSD（photoshop document）是 Adobe 公司的图像处理软件 Photoshop 的专用文件格式，是一种非压缩的原始文件保存格式，文件扩展名为“.psd”。这种格式可以存储 Photoshop 中所有的图层、通道、参考线、注解和颜色模式等信息，修改起来较为方便。由于包含信息较多，PSD 格式比其他格式的图像文件要大得多。大多数排版软件不支持 PSD 格式的文件，扫描仪不能直接生成该种格式的文件。

2.1.5 图形文件格式

图形由数学公式表达的线条（直线、曲线等）所构成。将图形放大后，其线条仍保持良好的光滑性及比例相似性，图形整体不变形，占用空间较小。常见的矢量图形的文件格式有 SVG 格式、SWF 格式、CDR 格式、DWG 格式、DXF 格式和 AI 格式等。

1. SVG 格式

SVG（scalable vector graphics，可缩放的矢量图形）是基于 XML（extensible markup language）由 World Wide Web Consortium（W3C）联盟进行开发的，是一种开放标准的矢量图形语言，文件扩展名为“.svg”。

SVG 格式的图形可任意放大图形显示，而且边缘异常清晰，生成的文件很小，下载也很快，方便网络传输，文字在 SVG 图形中保留可编辑和可搜寻的状态，没有字体的限制，所以十分适合用于设计高分辨率的 Web 图形页面。

2. SWF 格式

SWF（shock wave format）文件格式是二维动画软件 Flash（现已被 Adobe 公司收购并更名为“Animate”）中的矢量动画格式，主要用于网页设计、动画制作，文件扩展名为“.swf”。

这种格式的动画图形能够用比较小的体积来表现丰富的多媒体形式。在图形传输方面，不必等到文件全部下载才能观看，而是可以边下载边看，因此特别适合网络传输。

3. CDR 格式

CDR格式是著名绘图软件CorelDRAW的专用矢量图形文件格式，可以记录文件的属性、位置和分页等，文件扩展名为“.cdr”。但兼容性较差，除 CorelDRAW 之外的其他图像编辑软件都无法使用 CDR 文件。

4. DWG 格式

DWG（DraWinG，绘图）是制图软件 AutoCAD 中使用的一种矢量图形专用文件格式，主要用于工程制图，文件扩展名为“.dwg”。

5. DXF 格式

DXF（drawing exchange format，或 drawing interchange format，绘图交换格式）是 AutoCAD 中的一种开放的矢量数据格式，文件扩展名为“.dxf”。

AutoCAD 与其他软件之间通过 DXF 文件格式进行 CAD 数据交换，故许多软件都支持 DXF 格式的输入与输出。DXF 文件格式以 ASCII 码方式或二进制方式存储文件，在表现图形的大小方面十分精确。

6. AI 格式

AI 格式文件是一种矢量图形文件，是 Adobe Illustrator 软件的输出格式，与 PSD 格式文件相同，AI 文件也是一种分层文件，用户可以对图形内所存在的层进行操作，所不同的是 AI 格式文件是基于矢量输出，可在任何尺寸大小下按最高分辨率输出。

视频
Photoshop
界面介绍

2.2 Photoshop 的工作界面

2.2.1 认识 Photoshop

启动 Photoshop CC 并打开一个图像文件后，将看到一个如图 2-3 所示的工作界面，它由以下几个部分组成：菜单栏、工具箱、工具选项栏、标题栏、文档窗（图像编辑窗）、状态栏和面板组。

图2-3 Photoshop CC 的工作界面

1. 菜单栏

Photoshop CC 将所有命令分类后，放在 11 个菜单中。单击下拉菜单项，可以完成大部分 Photoshop CC 的图像编辑处理功能。

2. 工具箱

Photoshop CC 的工具箱包含了许多功能强大的工具，这些工具可以完成各种图像的基本操作。单击工具箱中的某个工具图标，就可以选择该工具。在工具图标的右下角的小三角形 上单击并按住不放，或在工具图标上右击，就可以打开隐藏的工具子菜单，如图 2-4 所示。按住【Alt】键，同时单击工具图标，可以循环切换同一组的工具子菜单项。

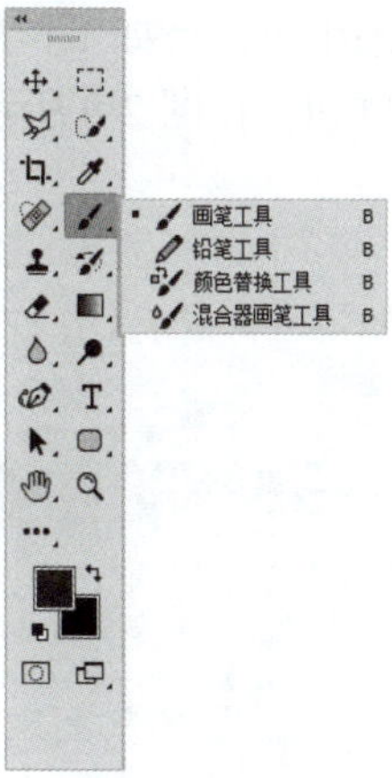

图2-4　工具箱

3. 工具选项栏

工具选项栏位于菜单栏的下方。在工具箱中选择一个工具后，工具选项栏就会显示出相应的工具属性，可以对当前所选工具属性进行设置。在工具箱中选择不同的工具，工具选项栏的内容也会随之变化。图 2-5 所示为在工具箱中选择“渐变工具”时的选项栏。

图2-5　选择“渐变工具”时的选项栏

4. 面板组

面板在默认状态下是以面板组的形式位于 Photoshop CC 工作界面的右侧，用于设置颜色、工具参数以及执行编辑命令等，当需要使用某个面板时，单击其标签即可。单击面板组右上角的双箭头 ，可以将面板折叠为图标，或将图标展开为面板。在面板组标签名称上按住鼠标左键拖动，可以将面板拖到需要的位置上单独显示，或者拖回原来面板组位置。用户可以根据需要自由组合面板。单击“窗口”菜单，可以选择或关闭某个面板。图 2-6 所示为“图层”面板、“通道”面板和“样式”面板。

5. 标题栏

标题栏显示 Photoshop CC 中打开的图像文件名称、颜色模式等信息。

6. 文档窗（图像编辑窗）

在 Photoshop CC 中打开一个图像文件，即可创建一个文档窗（图像编辑窗）。若同时打开了多个图像文件，这些文档窗将以选项卡的形式显示出来。在文档窗的标题栏按住鼠标左键拖动，可以将文档窗拖出成为可移动的浮动窗口。对图像进行的各种编辑的效果都能在浮动窗口中显示。

7. 状态栏

状态栏位于 Photoshop CC 文档窗的最底端，单击状态栏右侧的箭头形按钮 ，可弹出图 2-7 所示的菜单，从中选择不同的选项，状态栏将显示与之相应的内容。

2.2.2 工作界面设置

Photoshop 安装好以后，可以单击菜单栏“编辑”→“首选项”命令，在“首选项”子菜单里进行如工作区、参考线、暂存盘等一些设置，如图 2-8 所示，以方便 PS 更好地运行。例如，在图 2-9 所示的“界面”选项卡中可将默认的黑色界面改为灰色界面。

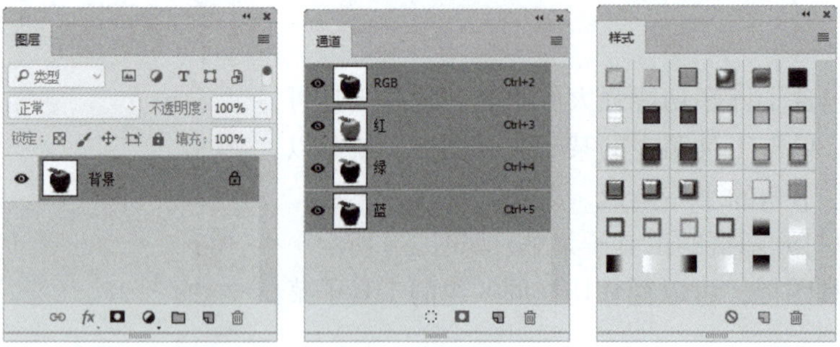

（a）“图层”面板　（b）“通道”面板　（c）“样式”面板

图2-6　面板图

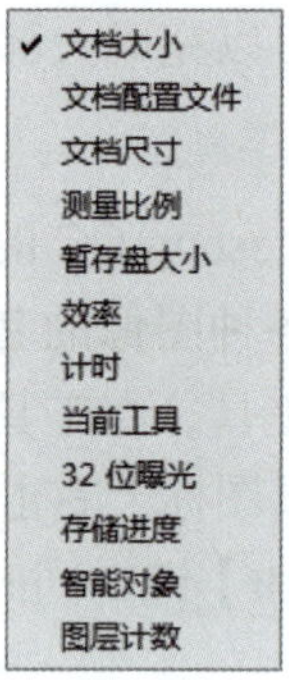

图2-7　状态栏菜单

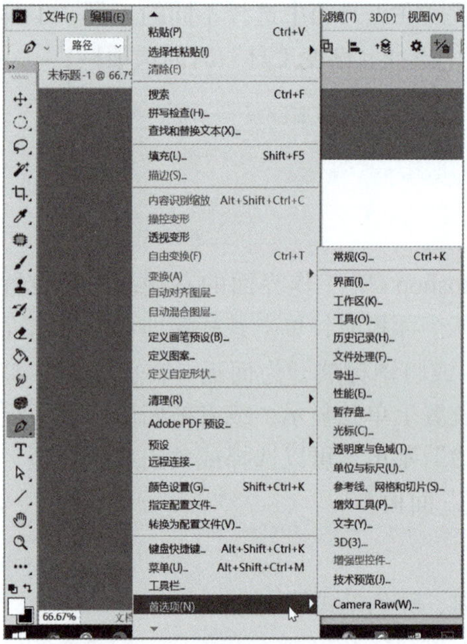

图2-8　“首选项”子菜单

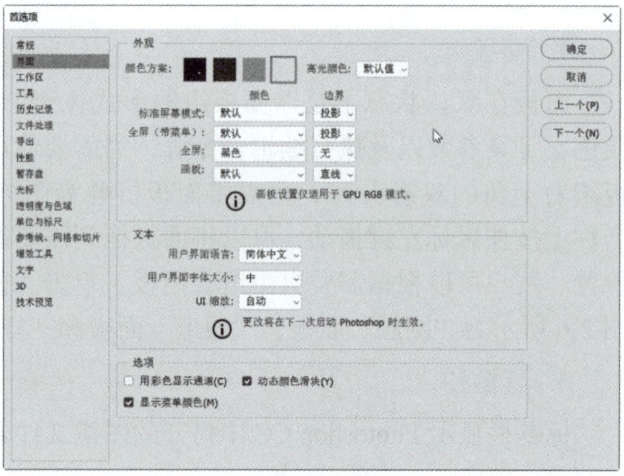

图2-9　“界面”选项卡

Photoshop 的界面默认展示有多种工具、菜单和面板，并允许用户根据需要增添或隐藏，定制个性化界面。按【Tab】键可以显示或隐藏属性栏、工具箱和控制面板；按【Shift+Tab】组合键可以显示或隐藏控制面板，也可以在窗口菜单下选择这些选项。

2.3　工具箱的使用

单击菜单栏“窗口”→“工具”命令，可以显示或隐藏工具箱。Photoshop 工具箱中的工具极为丰富，其中许多工具都非常有特点，使用这些工具可以完成绘制图像、编辑图像、修饰图像、制作选区等操作。Photoshop 为了让用户更容易地了解工具功能，专门给出了增强的动态工具提示，当光标置于某个工具上时，会显示一个简单的教学动画以及相应的功能说明，帮助用户快速了解该工具的作用。如图 2-10 所示，将鼠标置于橡皮擦工具上，会出现教学小动画。

2.3.1 选区工具

视频 选区工具

在使用 Photoshop 处理图像时，需要对图像的局部区域进行编辑，这就必须精确地选取出这些区域来。选区是在图像中创建的选取范围。选区的创建是 Photoshop 中最基本的编辑功能。创建选区后，将选区内的图像内容进行隔离，便可进行图像的复制、移动、填充和颜色校正等基本操作。按【Ctrl+D】组合键可快速取消选区，Photoshop 工具箱有图 2-11 所示的三组选区工具：选框工具、套索工具、快速选择工具。

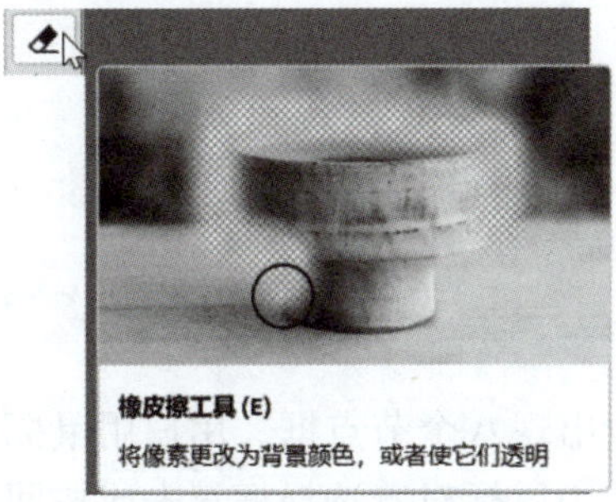

图2-10　教学小动画

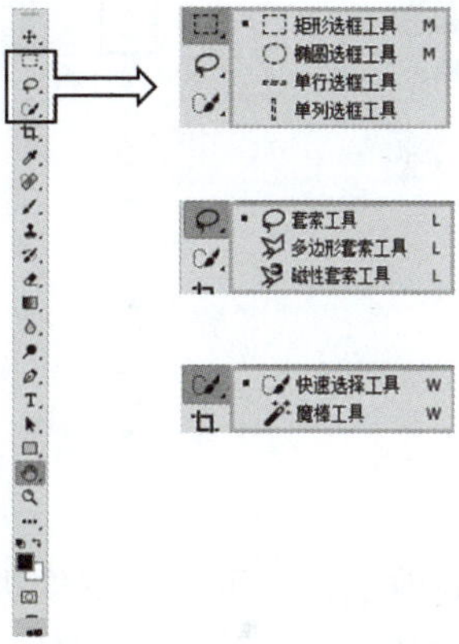

图2-11　选区工具

- 移动工具：使用频率非常高的工具之一，主要功能是负责图层、选区等的移动、复制操作。
- 矩形（椭圆）选框工具：可以对图像建立一个矩形（椭圆）的选择范围，按住【Alt】键的同时拖动鼠标可绘制一个以当前位置为中心点的矩形（椭圆）选区。按住【Shift】键的同时拖动鼠标可绘制正方形（圆形）选区。
- 单列（行）框选工具：用于创建高（宽）度为 1 像素的选区，一般用于制作网格效果。
- 套索工具：可按住鼠标不放并任意拖动出一个不规则的选择范围。
- 多边形套索工具：用于创建转角比较强烈的选区。可用鼠标在图像上选定一点，然后进行多线段绘制，选中要选择的范围，没有圆弧的图像勾边可以用这个工具，但无法勾出弧度。
- 磁性套索工具：通过颜色上的差异自动识别对象的边界。这个工具模仿磁铁的吸附功能，不须按鼠标左键而直接移动鼠标，在工具头处会出现自动跟踪的线，这条线总是走向颜色与颜色边界处，边界越明显磁力越强，将首尾连接后可完成选择，一般用于颜色差别比较大的图像选择。
- 快速选择工具：依据图像颜色建立选区。选择大小合适的笔，在主体内按下鼠标左键并稍加拖动，选区会自动延伸，查找到主体的边缘。

● 魔棒工具：依据图像颜色建立选区。用鼠标对图像中某颜色单击一下对图像颜色进行选择，在工具选项栏中可调整容差度，数值越大，表示魔棒所选择的颜色差别大，反之，颜色差别小。

2.3.2 常用工具一

常用工具一包括图 2-12 所示的多种工具。

视频
常用工具的使用

图2-12 工具箱常用工具一

● 裁剪工具：可以对图像进行剪裁。选择后一般出现八个节点框，用户用鼠标对着节点进行缩放，用鼠标置于框外可以对图像进行旋转，用鼠标对着选择框双击或按回车键即可以结束裁切。

● 橡皮擦工具：使用类似画笔描绘的方式将像素更改为背景色或透明。如果对背景层进行擦除，则擦除部分变为透明色；如果对背景层以上的图层进行擦除，则会将这层颜色擦除，显示出下一层的颜色。

● 画笔工具：用来绘制边缘较柔和的线条。可以绘制出类似于用毛笔画出的线条效果和具有特殊形状的线条效果。选用此工具后，在图像内按住鼠标左键不放并拖动，即可以进行画线。

● 污点修复画笔工具：移去标记或污点。无须设置取样点，自动对所修饰区域的周围进行取样，消除图像中的污点或某个对象。

● 修复画笔工具：先按住【Alt】键单击以定义用于修复图像的源点，然后就可以利用源点的样本像素进行绘画。

● 修补工具：利用样本或图案来修复所选图像区域中不理想的部分。使用方法是先绘制一个自由选区，然后将该区域内的图像拖到目标位置，从而完成对目标处图像的修复。

● 内容感知移动工具：用于移动选区中的图像时，智能填充物体原来的位置。

● 红眼工具：用于去除闪光灯导致的瞳孔红色反光。

● 仿制图章工具：按住【Alt】键取样，将图像上的一部分绘制到另一个位置上，或者将其绘制到具有相同颜色模式的其他图像中。

- 历史记录画笔工具：恢复图像最近保存或打开图像的原来的面貌，如果对打开的图像操作后没有保存，使用这工具，可以恢复这幅图原打开的面貌；如果对图像保存后再继续操作，则使用这工具会恢复保存后的面貌。

2.3.3 常用工具二

常用工具二包括图 2-13 所示的多种工具，它们的具体功能介绍如下：

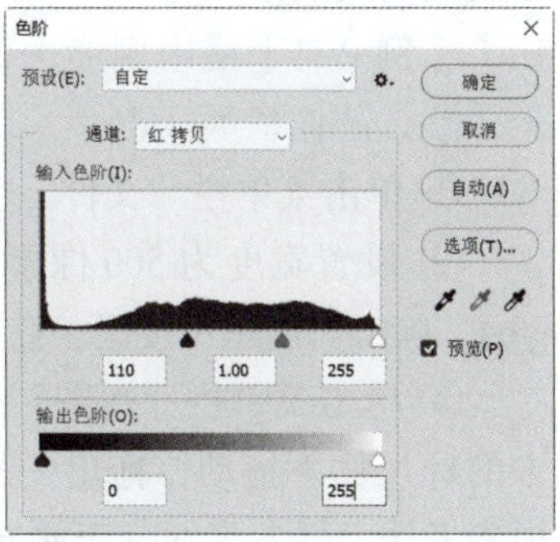

图2-13 工具箱常用工具二

- 渐变工具：创建颜色之间的渐变混合，在其渐变编辑器内可设置渐变模式。与它并列的有：油漆桶工具、3D 材质拖放工具。
- 模糊工具：主要是对图像进行局部加模糊，按住鼠标左键不断拖动即可操作，一般用于颜色与颜色之间比较生硬的地方加以柔和。
- 锐化工具：与模糊工具相反，它是对图像进行清晰化，它使作用范围内的全部像素清晰化，如果作用太强，图像中每一种组成颜色都将显示出来，所以会出现花花绿绿的颜色。使用了模糊工具后，再使用锐化工具，图像不能复原，因为模糊后颜色的组成已经改变。
- 涂抹工具：可以将颜色抹开，好像是一幅图像的颜料未干而用手去抹使颜色走位一样，一般用在颜色与颜色之间边界生硬或颜色与颜色之间衔接不好时使用这个工具，将过渡颜色柔和化，有时也会用在修复图像的操作中。
- 减淡工具：也可以称为加亮工具，主要是对图像进行加光处理以达到对图像的颜色进行减淡。
- 加深工具：与减淡工具相反，也可称为减暗工具，主要是对图像进行变暗以达到对图像的颜色加深。
- 海绵工具：它可以对图像的颜色进行加色或进行减色，可以在右上角的选项中选择加色或减色。实际上也可以是加强颜色对比度或减少颜色的对比度。其加色或减色的强烈程度可以在工具选项栏中设置。

视频

路径工具和文字工具

- 钢笔工具：用于绘制形状或路径。绘制开放型路径时，可按【Esc】键终止路径的继续绘制；绘制闭合型路径则需要将钢笔工具移回到路径的起点上并单击，使路径闭合。
- 自由钢笔工具：与套索工具相似，可以在图像中按住鼠标左键不放直接拖动可以在鼠标轨迹下勾画出一条路径。
- 添加锚点工具：将鼠标光标移动到路径上，单击即可添加一个锚点。
- 路径选择工具：选择整个路径。与它并列的是直接选择工具。
- 横排文字工具：用于创建水平文字图层。
- 直排文字蒙版工具：用于创建垂直文字形状的选区。

2.3.4 路径的运用——制作禁烟标志

视频

制作禁烟标志

在 Photoshop CC 中，使用“钢笔工具”可以绘制精确的矢量图形，还可以通过创建的路径对图像进行选取，将其转换成选区后，即可对选区进行相应的编辑或创建蒙版。

路径是指在文件中使用路径工具或形状工具创建的贝赛尔曲线轮廓。路径可以是直线、曲线或封闭的形状轮廓，多被用于自行创建矢量图形或对图像的某个区域进行精确抠图。

【例 2-1】使用矩形选框工具和椭圆选框工具，利用“钢笔工具”创建路径，绘制矢量图形，制作禁烟标志。

① 单击菜单栏“文件”→“新建”命令，弹出“新建文档”对话框，如图 2-14 所示。

② 设置宽度为 500 像素，高为 400 像素，分辨率为 72 dpi，背景色为白色，文件名为 jybz，单击“创建”按钮。在文档窗出现一个背景为白色的画布。

③ 单击菜单栏“视图”→“标尺”命令，标尺会显示在画布周围，用鼠标左键按住上方的标尺往下拖动，拖出一根参考线，再用鼠标左键按住左方的标尺往右拖动，也拖出一根参考线，两参考线交于画布中央，建立十字形参考线。

④ 在工具箱中，单击“矩形选框工具”，鼠标的 + 光标与参考线交点重合，按住【Alt】键的同时按住鼠标左键，向右拖动鼠标，绘制一个以交点为中心点的长条矩形，如图 2-15 所示。

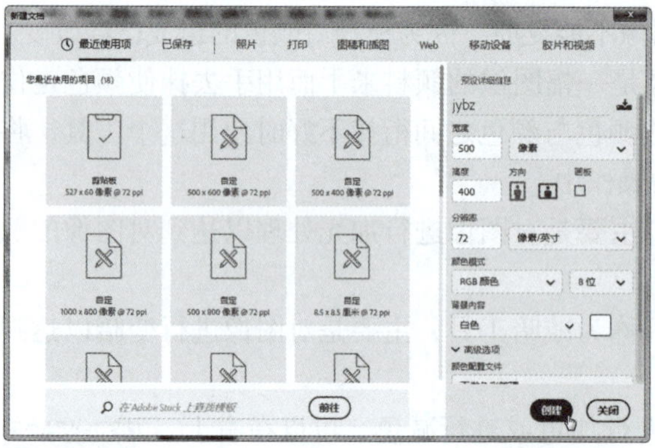

图2-14 “新建文档”对话框

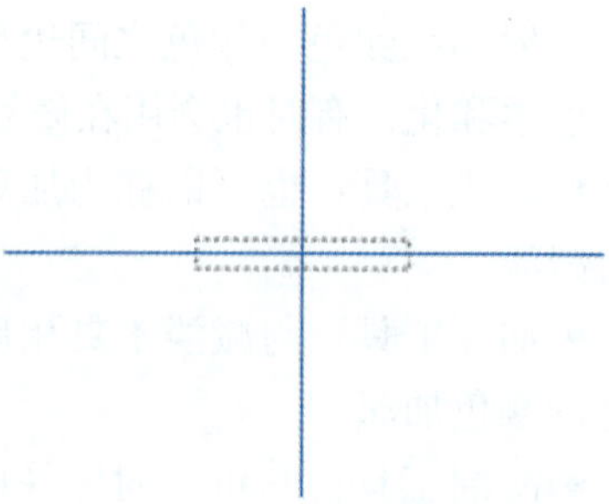

图2-15 绘制长条矩形

⑤ 在工具箱的“矩形选框工具”上右击，出现图 2-16 所示的快捷菜单，单击“单列选框工具”，在选项栏上单击“从选区减去”按钮，在矩形选区的右侧合适位置分别单击两次，效果如图 2-17 所示。

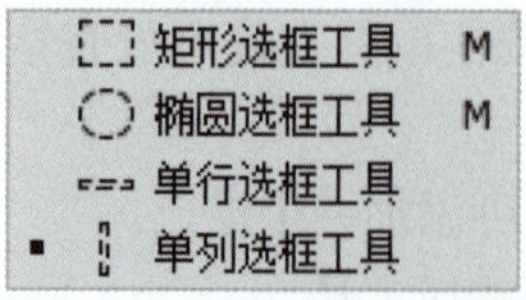

图2-16 快捷菜单

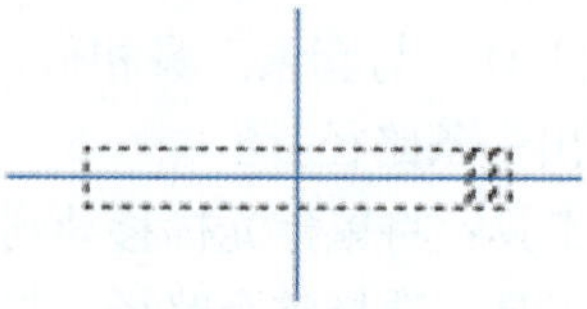

图2-17 选区减去效果

⑥ 在矩形选区上右击，从弹出的快捷菜单中选择“填充”命令，在“内容”列表框中选择“颜色”，利用拾色器将选区填充为黑色，按【Ctrl+D】组合键取消选区，如图 2-18 所示。

⑦ 在工具箱的“钢笔工具”上右击，出现图 2-19 所示的快捷菜单，单击“弯度钢笔工具”，在烟头处单击八次，点出八个锚点，调整锚点的位置和路径的弯度，绘制出图

案“冒烟”的路径，效果如图 2-20 所示，按下【Ctrl+Enter】组合键建立图 2-21 所示选区，设置前景色为黑色，用“油漆桶工具”将选区填充为黑色，按组合键【Ctrl+D】取消选区，如图 2-22 所示。

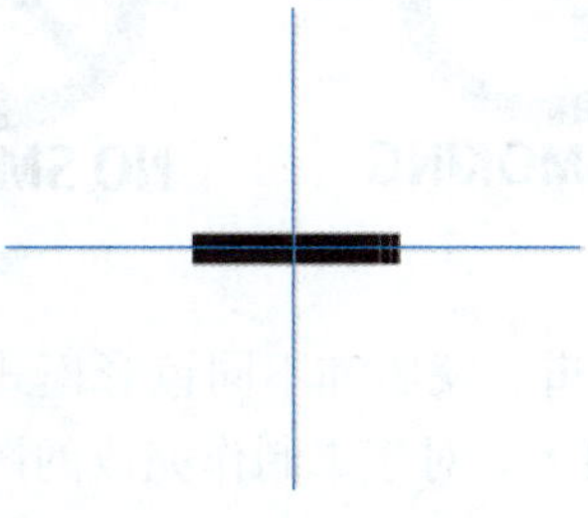

图2-18　填充选区

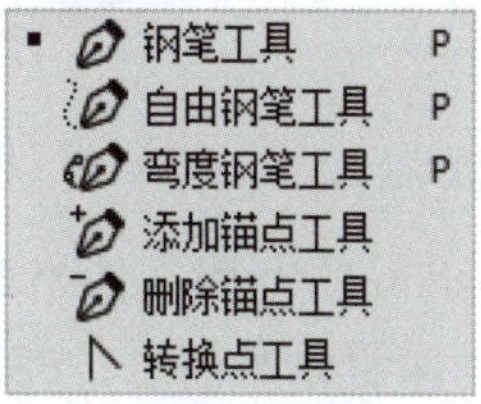

图2-19　快捷菜单

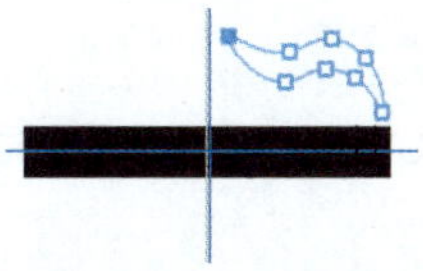

图2-20　弯度钢笔绘图

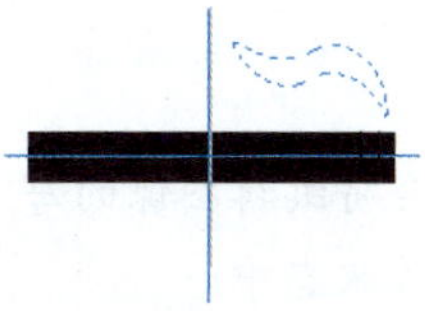

图2-21　建立选区

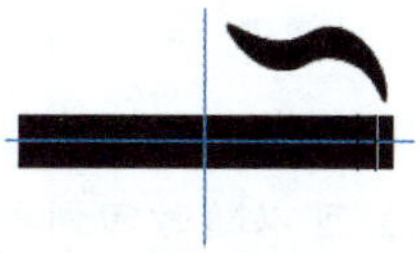

图2-22　填充

⑧ 选择“椭圆选框工具”，在选项栏上单击“新选区”按钮，鼠标的光标与参考线交点重合，按住【Shift+Alt】组合键的同时按住鼠标左键，拖动鼠标，绘制一个以中心点为圆心的正圆选区（提示：绘制完成时，先松开鼠标按键再松开键盘按键便于保留正圆选区），如图 2-23 所示。再次选择“椭圆选框工具”，在选项栏上单击“从选区减去”按钮，在中心点按住鼠标左键，同时按住【Shift+Alt】组合键，在原来的选区内再绘制一个小一些的正圆选区，如图 2-24 所示。选择“矩形选框工具”，在选项栏上单击“添加到选区”按钮，以中心点为中心绘制一个矩形选区，效果如图 2-25 所示。

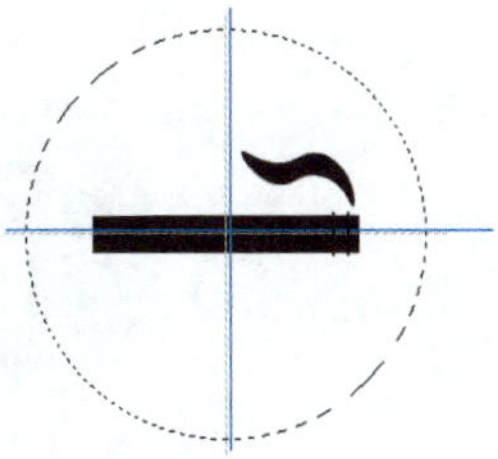

图2-23　绘制正圆选区

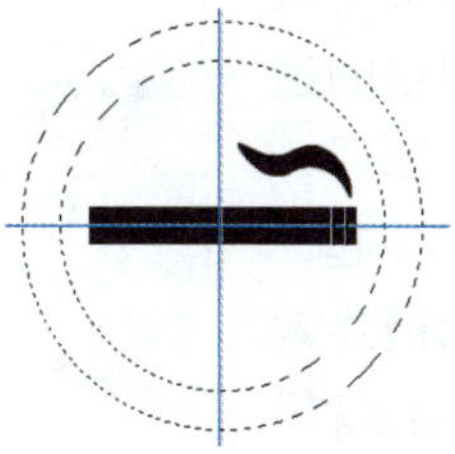

图2-24　绘制小正圆选区

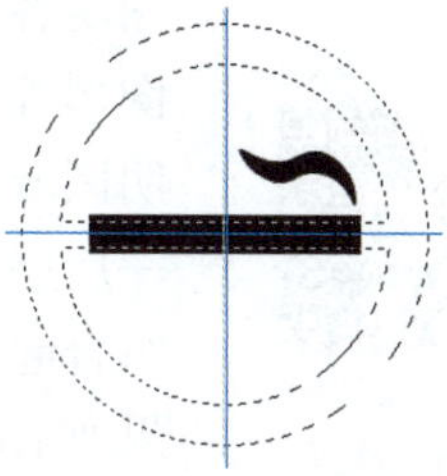

图2-25　绘制矩形选区

⑨ 单击菜单栏“选择”→“变换选区”命令，在工具选项栏的“设置旋转”输入框中输入“135”，按【Enter】键或单击工具选项栏的“提交变换”按钮，效果如图 2-26 所示。在选区上右击，从弹出的快捷菜单中选择“填充”命令，在“内容”列表框中选择“颜色”，利用拾色器将选区填充为红色，按【Ctrl+D】组合键取消选区，如图 2-27 所示。

⑩ 单击工具箱的“横排文字工具”，分别输入文字“禁止吸烟”和“NO SMOKING”，设置字体为黑体，居中，黑色 48 点，如图 2-28 所示。单击菜单栏“视图”→“清除参考线”命令，也可以按【Ctrl+;】或【Ctrl+H】组合键隐藏参考线，效果如图 2-29 所示。

⑪ 单击菜单栏“文件”→“存储为”命令，将图像保存为文件 jybz.psd。

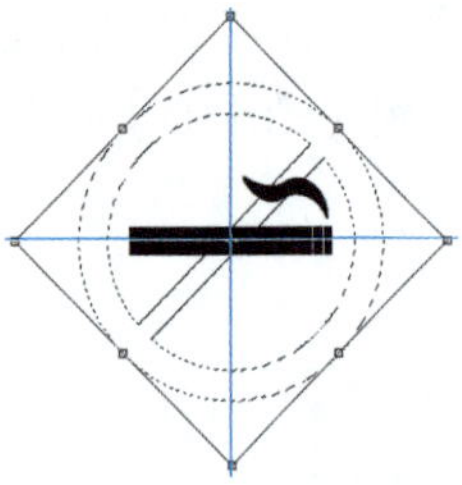

图2-26 设置旋转

图2-27 填充红色

图2-28 编辑文字

图2-29 清除参考线

PSD是Photoshop的专用文件格式，支持图层、通道、蒙版和不同色彩模式的各种图像特征。由于可以保留原始信息，PSD文件有时体积很大。对于未制作完成的图像，建议用PSD格式保存。

小知识

Photoshop CC的“历史记录”面板会将编辑图像的每一步操作都记录下来。通过“历史记录”面板，可以随时回到之前的某一次操作状态中。

2.4 图 层

视频 初识图层

视频 图层管理和图层特效

图层是Photoshop CC中很重要的一部分内容，也是很多图像处理软件的基本概念之一。通过建立图层，可以产生富有层次又彼此关联的艺术效果。

2.4.1 图层的概念

图层类似于图纸绘图中使用的重叠在一起的一张张透明的图纸，每个图层各自包含不同的文字或图形等元素，透过图层的透明区域可看到下面的图层，一层层按顺序叠放在一起，组合起来形成画面的最终效果如图2-30所示。在编辑处理相应图层中的图像内容时，不会影响其他图层中的图像内容。

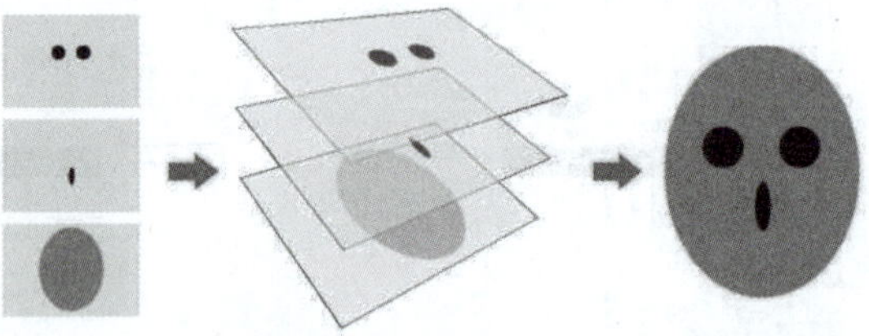

图2–30 图层的概念

图层中可以加入文本、图片、表格、插件，也可以在里面再嵌套图层。图层可以复制、移动，也可以调整堆叠顺序，改变图层的顺序和属性可以改变图像的最后效果。

2.4.2 图层的类型

图层被存放在“图层面板”中，根据其功能和用途的不同，主要分为背景图层、调整图层、文字图层、形状图层、填充图层和普通图层等。

● 背景图层：用于图像的背景，位于图层的底层，是一种不透明的图层，默认为锁定状态，且不能应用任何类型的混合模式。不可以改变背景图层的顺序、不透明度和混合模式。

若要改变，则要将背景图层转化为普通图层。

- 调整图层：用于控制色调和色彩的调整。
- 文字图层：使用文字工具输入、编辑文本时创建的图层，不会改变像素值，而且可以重复编辑。
- 形状图层：使用弯度钢笔工具或自定形状工具时，可以生成形状图层。
- 填充图层：在当前图层中进行纯色、渐变或图案三种类型的填充，并结合图层蒙版的功能产生的一种遮蔽效果。
- 普通图层：用一般方法建立的图层，用于存放和绘制图像。普通图层可以通过图层混合模式实现与其他图层的融合。普通图层可以转化为背景图层。

2.4.3 “图层”面板

在 Photoshop CC 的“图层”面板中显示了图像的所有图层，列出所有图层、图层组和图层效果，可以通过其中的相关功能来完成图像编辑工作，如对图层进行创建、隐藏、复制和删除等操作。

单击菜单栏“窗口”→“图层”命令，则会打开“图层”面板，如图 2-31 所示。

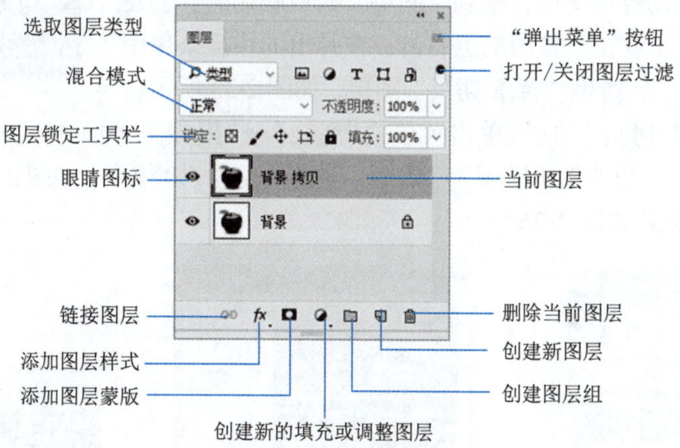

图2-31 “图层”面板

- 选取图层类型：当图层数量较多时，可在该下拉列表框中选择一种图层类型，包括“类型”、“名称”、“效果”、“模式”、“属性”、“颜色”、“智能对象”、“选定”和“画板”等。
- 混合模式：用来设置当前图层中的图像与下面图层中的图像之间的混合效果。
- 图层锁定工具栏：包含“锁定透明像素”、“锁定图像像素”、“锁定位置”、“防止在画板内外自动嵌套”和“锁定全部”等。
- 眼睛图标：显示或隐藏图层。
- 链接图层：将选择的多个图层进行链接。当对某一图层进行移动、旋转和变换操作时，与该图层具有链接属性的图层也会相应发生变化。
- 添加图层样式：单击此按钮，弹出“图层样式”子菜单，可选择需要的图层样式应用到图层中。
- 添加图层蒙版：为当前图层创建一个图层蒙版。

● 创建新的填充或调整图层：单击此按钮，在弹出的子菜单中可以选择相应的填充或调整命令，用来创建填充或调整图层。

● 创建图层组：在“图层”面板中新建一个用于放置图层的组。

● 创建新图层：在“图层”面板中新建一个空白图层。

● 删除当前图层：将当前图层从“图层”面板中删除。

● 当前图层：当前选中的图层。

● 打开 / 关闭图层过滤：启动或停用图层过滤功能。

● “弹出菜单”按钮：单击此按钮，弹出“图层”面板的编辑菜单，用于在图层中进行编辑操作。

2.4.4　案例——梦幻骏马图

【例 2-2】利用骏马图像素材，通过设置图层混合模式，制作图像的梦幻效果。

① 单击菜单栏“文件”→“打开”命令，打开骏马图像文件，如图 2-32 所示。

图2-32　骏马

② 单击菜单栏“窗口”→“图层”命令，在打开的“图层”面板中，单击并拖动背景图层，拖到“图层”面板底端的“创建新图层”按钮上（或在背景图层上右击，在弹出的快捷菜单中选择“复制图层”），产生“背景 拷贝”图层，如图 2-33 所示。

③ 选择“背景 拷贝”图层，单击菜单栏“滤镜”→“模糊”→“高斯模糊”命令，弹出“高斯模糊”对话框，设置半径为 6.0 像素，如图 2-34 所示。单击“确定”按钮，图像效果如图 2-35 所示。

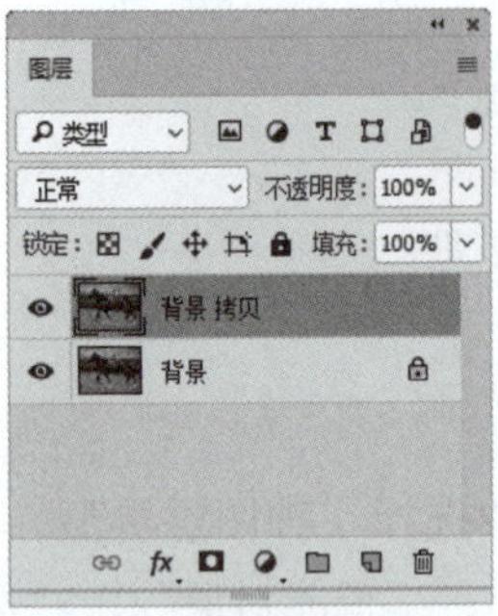

图2-33　“背景 拷贝”图层

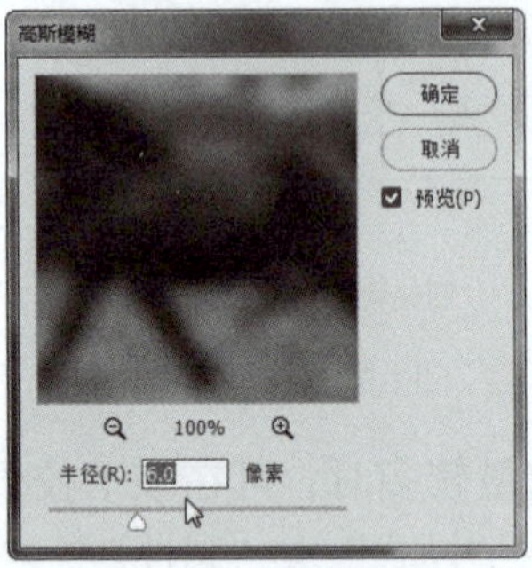

图2-34　“高斯模糊”对话框

图2-35　“高斯模糊”效果

④ 在图 2-36 所示的“图层”面板中设置“背景 拷贝”图层的“混合模式”为“柔光”，图像效果如图 2-37 所示。

图2-36　“背景 拷贝”图层

图2-37　“柔光”效果

⑤ 在“图层”面板的底端单击“创建新图层”按钮，新建图层“图层 1”，在工具箱中选择“渐变工具”按钮，在选项栏设置“渐变样式”为“径向渐变”，单击渐变识别器下拉列表，选择“渐变类型”为“蓝，黄，蓝”，如图 2-38 所示。

⑥ 在图像中心点位置按住鼠标左键，向外任意方向拖动鼠标，产生填充渐变，渐变效果如图 2-39 所示。

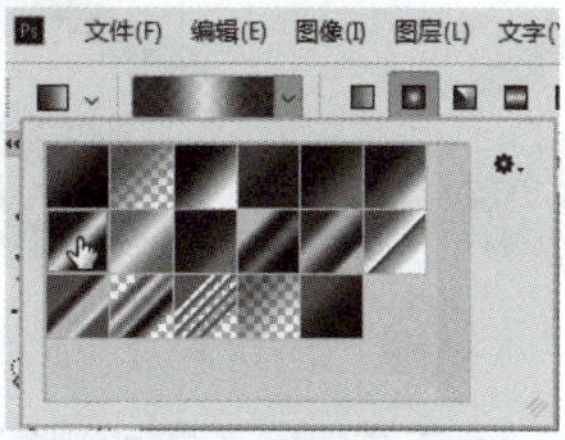

图2-38　“渐变识别器”下拉列表

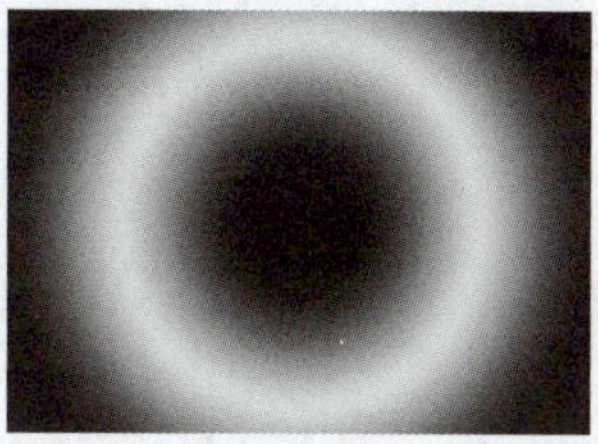
图2-39　渐变效果

⑦ 在“图层”面板上，设置“图层 1”图层的混合模式为“叠加”，单击“不透明度”下拉列表，移动滑块选择一个合适的不透明度，如图 2-40 所示。例如，调整不透明度为 15% 和 35% 的图像渐变效果分别如图 2-41 和图 2-42 所示。

⑧ 将最后的效果图像存储为 PSD 文件。

图2-40　调整不透明度

图2-41　调整不透明度为15%

图2-42　调整不透明度为35%

2.4.5　案例——你的眼睛有星空

【例 2-3】利用黑白眼睛图像素材，通过设置图层混合模式，制作彩色眼妆描绘效果。

① 单击菜单栏“文件”→“打开”命令，打开眼睛图像文件，再打开星空图像文件，并将星空图层拖到眼睛图层，如图 2-43 所示。

图2-43　打开文件

视频
你的眼睛有星空

② 选中图层 1，在工具栏中单击“椭圆选框工具”按钮，按住【Shift】键在图层 1 上面画一个眼珠大小的圆，如图 2-44 所示，然后同时按住【Ctrl+Shift+I】组合键进行反选，再按【Delete】键删除，得到一个圆，按【Ctrl+D】组合键取消选择，如图 2-45 所示。

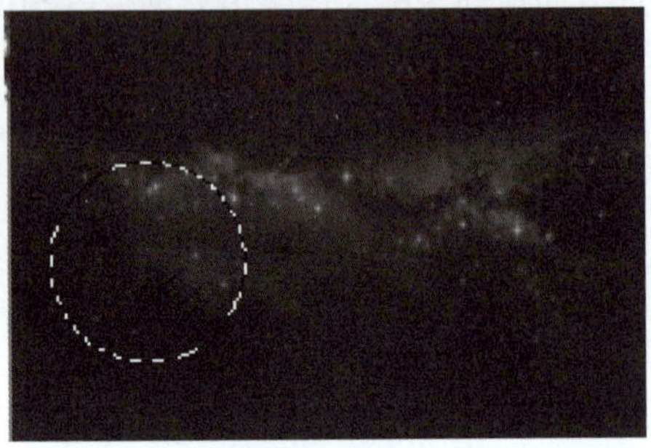
图2-44 星空

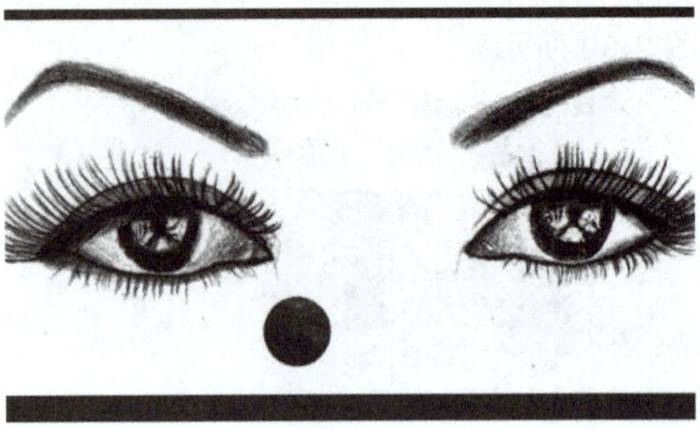
图2-45 圆

③ 在工具栏单击“移动工具”按钮，将图层 1 的圆移动到与图层 0 中眼珠重合的位置，单击菜单栏“编辑”→“自由变换”命令，再按住【Shift】键调整其大小与眼珠大小相同，并在右下方“图层”面板中调整其混合模式为“正片叠底”，适当调整其不透明度，如图 2-46 所示；用鼠标左键按住图层 1 拖到“图层”面板底端的“创建新图层”按钮上，产生“图层 1 拷贝”图层，并用“移动工具”将其移动到另一眼珠位置，如图 2-47 所示。

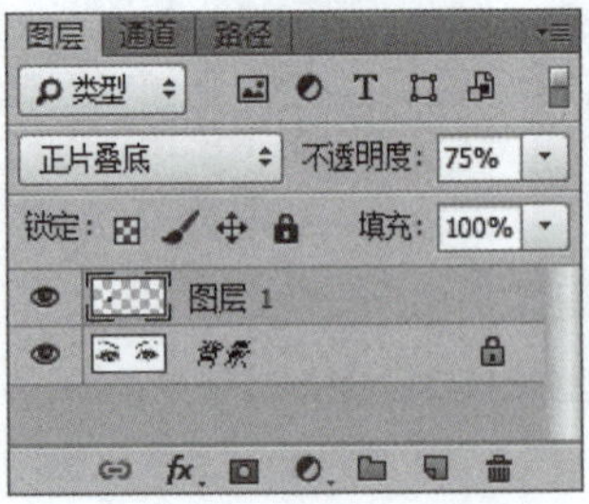

图2-46 调整不透明度

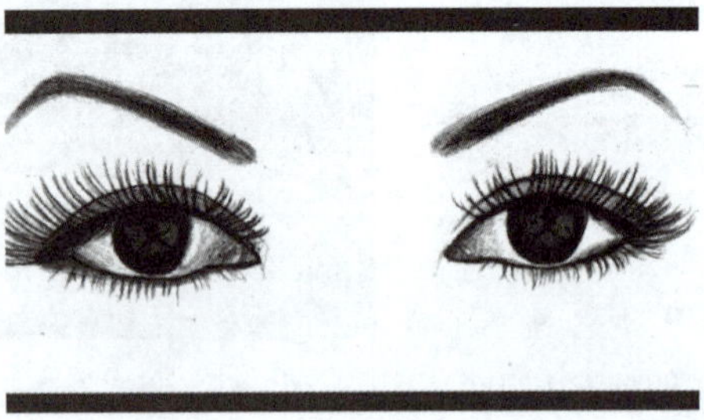
图2-47 眼睛里有星星

④ 在右下角单击“创建新图层”按钮，新建图层 2，在工具栏选择“画笔工具”按钮，适当调整画笔的大小，硬度为 30% 左右，如图 2-48 所示，将背景色设置为粉色或其他颜色；在图层 2 上画出两只眼睛上眼皮部分，如图 2-49 所示；在“图层”面板的混合模式中选择“正片叠底”，效果如图 2-50 所示。

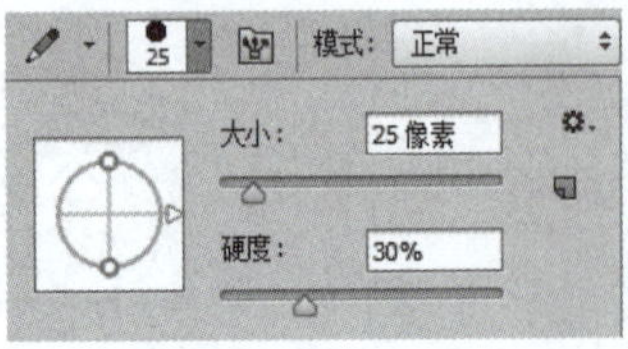

图2-48 画笔

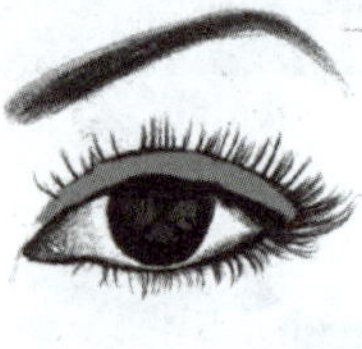
图2-49 粉眼影

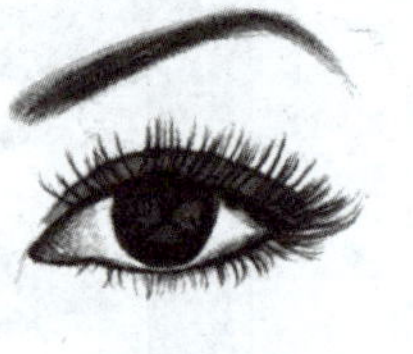
图2-50 粉眼影正片叠底

⑤ 再新建一个图层 3，同样使用“画笔工具”，将背景色设置为紫色或其他颜色，画出如图 2-51 所示的样子，然后在“图层”面板中设置其混合模式为“柔光”，效果如图 2-52 所示。

图2-51　紫眼影

图2-52　紫眼影柔光

⑥ 新建一个图层 4，使用“画笔工具”，调整其参数并将前景色改为红棕色，在眼角处画出如图 2-53 所示的样子，然后在“图层”面板中设置图层 4 的混合模式为“叠加”，最终效果如图 2-54 所示。

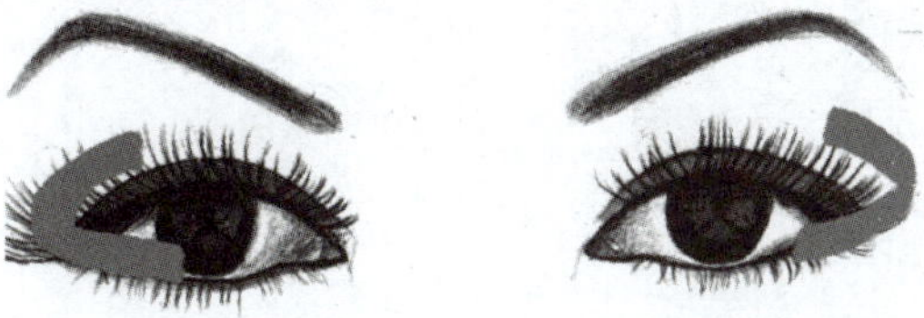

图2-53　红棕眼影

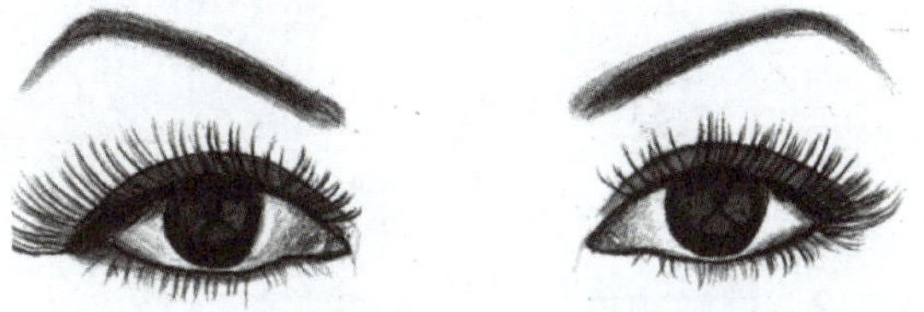

图2-54　红棕眼影叠加

⑦ 将最终的效果图像存储为 PSD 文件。

2.5　色彩和色调调整

视频

色彩和色调调整

要想在 Photoshop 中制作出精美的图像，色彩和色调的调整是必备技能。在“图像”→“调整”子菜单中提供了多种用于调节图像的工具，如图 2-55 所示，调整工具箱提供了模糊、锐化、涂抹、加深（增色）、减淡（减色）等多种工具。当用户对原始图像的色彩色调不满意，或希望翻新照片、改变背景明暗度时，可进行相关的调整。

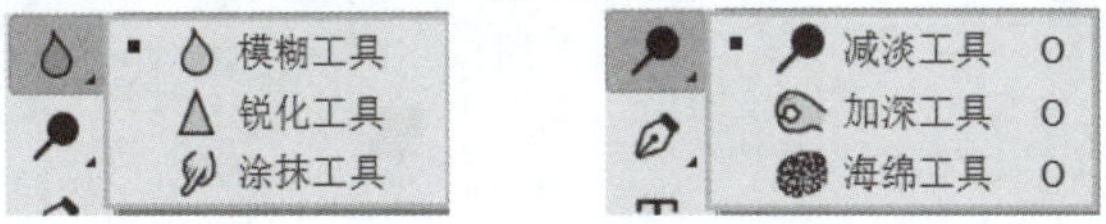

图2-55　调整工具

2.5.1　色彩调整

1. 颜色模式

常见的颜色模式包括 HSB（色相、饱和度、亮度）、RGB（红色、绿色、蓝色）、CMYK（青色、洋红、黄色、黑色）以及 LAB 等。此外，Photoshop 也包括了用于特别颜色输出的模式，如灰度、索引颜色和双色调。利用图 2-56 所示的“图像”→“模式”子菜单，可以转换图像的颜色模式。

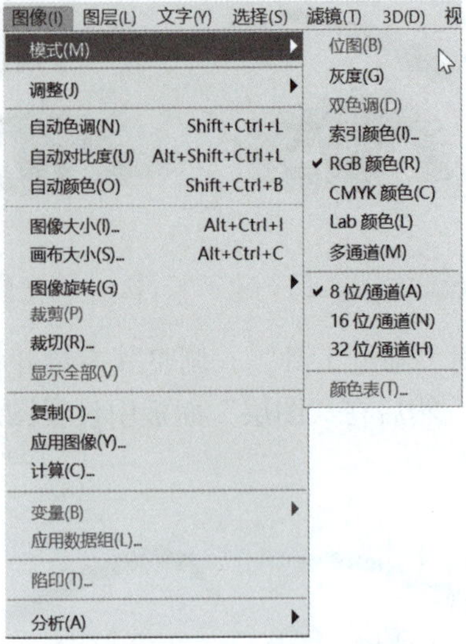

图2-56 “图像”→“模式”子菜单

2. 替换颜色

“图像”→“调整”子菜单中提供了替换颜色选项，允许用吸管吸取图像原色彩，然后通过颜色轮设置替换为新色彩，并利用颜色容差调整替换的色彩范围。其本质相当于使用魔术棒选取图像范围，使用“色相 / 饱和度”功能对选取部分的色调、色饱和度进行调整替换。图 2-57 至图 2-59 展示了通过选择“图像”→“调整”→“替换颜色”命令，就可以轻松将红绿鹦鹉变成黄蓝鹦鹉的效果。

图2-57 红绿鹦鹉

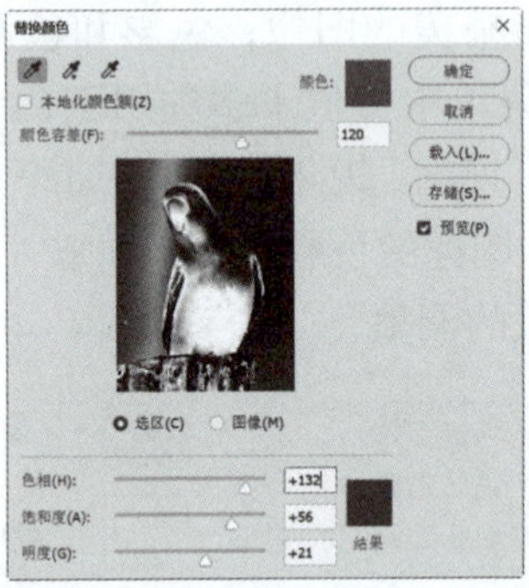

图2-58 “替换颜色”对话框

图2-59 黄蓝鹦鹉

3. 色彩平衡

色彩平衡可以用来控制图像的颜色分布，使图像达到色彩平衡的效果。可以针对图像整体进行调整，也可以对图像中的高亮度区、一般亮度区以及阴影区三者之一添加新的过滤色彩，并可混合各处色彩以增加色彩的均衡效果。

【例 2-4】将阴霾天空和泛黄湖水区域调整为蓝天湖水效果。

① 打开素材文件中的“湖边风景 .jpg”文件。观察到该图片的天空色调灰暗，湖水泛黄，如图 2-60 所示，需要增加蓝色调营造蓝天湖水效果。

② 单击菜单栏中的“选择”→“色彩范围”命令，利用吸管工具在天空处单击取样颜

色，设置颜色容差为 130，如图 2-61 所示，单击“确定”按钮建立选区。

提示：通过观察“色彩范围”对话框中缩略图的黑白对比，可多次取样颜色和容差值相互配合调整，判断是否最大限度选中了天空和湖水区域。

图2-60　原始图像

图2-61　利用“色彩范围”建立选区

③ 利用工具箱的套索工具对建立好的选区进行适当增减选区，使天空和湖水区域被完整选中。

④ 单击菜单栏中的“图像”→“调整”→“色彩平衡”命令，打开“色彩平衡”对话框。设置“中间调”色阶为 –20、0、+80，选中“高光”单选按钮，设置色阶为 –5、0、+60，如图 2-62 所示增加蓝色调。然后单击“确定”按钮，按【Ctrl+D】组合键取消选择。

提示：“色彩平衡”对话框中包括阴影、中间调和高光三个色调范围，对应拖动滑块都会有不同的色彩表现。

⑤ 按【Ctrl+S】组合键，将文件存储为 PSD 格式。

图 2-62　“色彩平衡”对话框

4. 色相 / 饱和度

“色相”是物体表面反射或透过物体传播的颜色与明亮程度，就是人们平常所说的颜色名称，如紫色、青色、品红等。“饱和度”指色彩的纯度，饱和度越高色彩越纯越浓，饱和度越低则色彩变灰变淡。改变色相 / 饱和度的同时下方的色谱也会跟着改变，调至最低时图像就变为灰度图像。图 2-63 所示是调整色相 / 饱和度前后对比图，可观察到调整后的花朵色彩鲜亮饱和了许多，扫图片附近二维码可看彩色版。

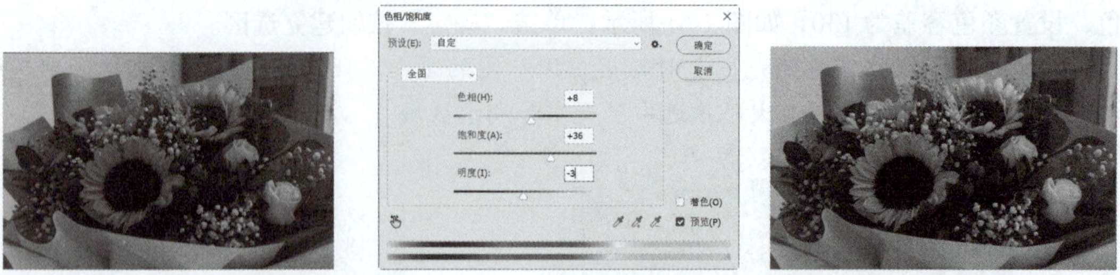

（a）调整前　　（b）调整色相 / 饱和度　　（c）调整后

图2-63　调整色相/饱和度前后对比图

PDF

图 2-63 ~ 图 2-65 彩色版

“色相 / 饱和度”对话框的底端显示有两个颜色条，代表颜色在颜色轮上的位置。上面的颜色条显示调整前的颜色，下面的颜色条显示调整后以全饱和的状态影响所有的色相。

2.5.2　色调调整

1. 调整色阶

色阶命令可以用来调节图像中的亮度值范围，同时也可以调节图像的饱和度、对比度、明亮度等色彩值。图 2-64 所示是调整色阶前后对比图（扫码可看彩色版）。

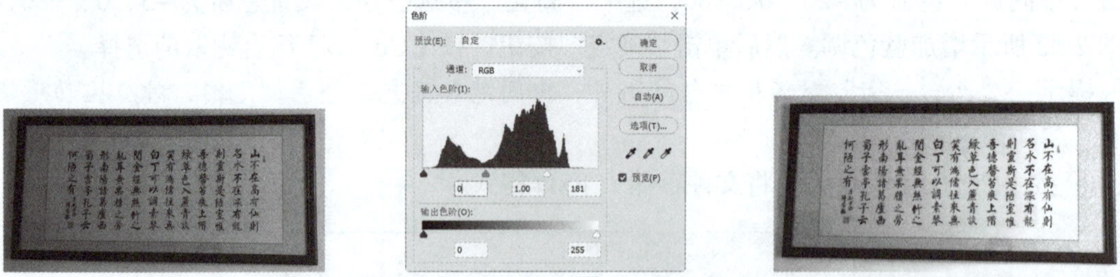

（a）调整前　　（b）调整色阶　　（c）调整后

图2-64　调整色阶前后对比图

色阶根据图像中每个亮度值（0 ～ 255）处像素点的多少进行区分。左边的黑色三角滑块控制图像的深色部分，用来调整图像中暗部的对比度；右边的白色三角滑块控制图像的浅色部分，用来调整图像中亮部的对比度；中间的灰色三角滑块则控制图像的中间色。

如果认为调整色阶很麻烦，可以选择菜单栏中的“图像”→“调整”→“自动色调”命令，Photoshop 将自动依次进行等量的“色阶”调整：将最亮的像素定义为白色，将最暗的像素定义为黑色，并按比例分配中间色的像素值。

2. 调整曲线

可以利用曲线修改 0 ～ 255 颜色范围内的任意点的颜色值，从而更加全面地修改图像的色调。图 2-65 所示是调整曲线前后对比图（扫图 2-63 附近二维码可看彩色版）。

改变曲线时，仅需要在曲线上单击、拖动即可。在曲线上单击，会增加一个调节点（最多可增加到 14 个调节点）。拖动调节点，就可以调节图像的色彩。将一个调节点拖出图表或选择一个调节点后按【Delete】键，可以删除调节点。曲线图有水平轴和垂直轴，水平轴表示图像原来的亮度值，相当于色阶中的输入色阶项；垂直轴表示新的亮度值，相当于“色阶”对话框中的输出色阶项。水平轴和垂直轴之间的关系可以通过调节对角线（曲线）来控制。

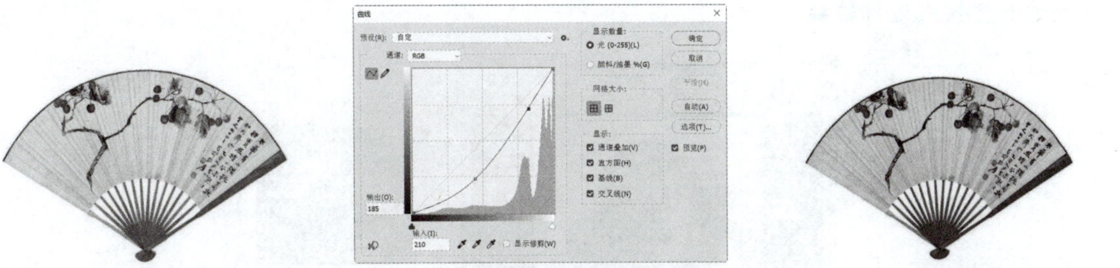

（a）调整前 （b）调整曲线 （c）调整后

图2-65 调整曲线前后对比图

2.5.3 其他调整工具

除了前面介绍的几种色彩调节工具之外，在“图像”→“调整”菜单中还提供了其他工具，如图 2-66 所示。

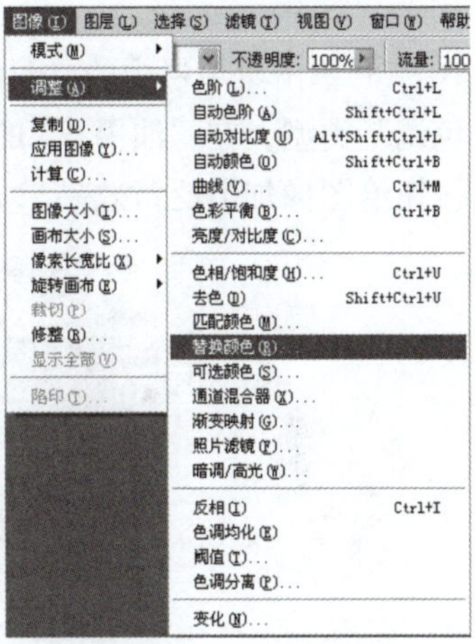

图2-66 “调整”菜单

- 亮度 / 对比度：曲线命令虽然功能强大，但操作方法过于复杂，现实中一般使用简单易懂的亮度 / 对比度来调节色调。建议不要将“亮度 / 对比度”命令用于处理高端输出图像，因为它会引起图像中细节的丢失。
- 去色：可使图像中的色饱和度为零，使图像变成灰度图。此命令可在不改变图的色彩模式的情况下使图像变成单色图像。
- 可选颜色：可分别对各原色调整 CMYK 色比例。
- 通道混合器：可以编辑图像的通道，从而改变图像的颜色并转换图像的颜色范围；可以转换高质量的灰度图像和彩色图像。
- 反相：可使图像变成负片，就好像相纸底片一样。
- 色调均化：使图像像素被平均分配到各层次中，较偏向于中间色调。它不是将像素在各层次进行平均化，而是将最低层次设置为 0，最高层次设置为 255，并将层次拉开。
- 阈值：可以根据给定阈值转换彩色图像或灰度图像，使原图像成为具有高度反差的黑白图像。可在阈值程度中输入阈值，当像素的层次低于或等于阈值时设为黑色，高于阈值时设为白色。
- 色调分离：可以减少图像层次而产生特殊的层次分离效果。
- 变化：可以调整图像的高亮度中色泽及阴影区等不同的亮度范围。

2.5.4 案例——新照片变旧照片

视频

新照片变旧照片

【例 2–5】首先将原图转换成黑白图像，然后添加土黄色制造陈旧感，再使用滤镜制造粗糙表面，最后添加照片边缘破损效果。

① 打开素材中的帽子模特 .jpg 文件，如图 2-67 所示。

② 单击菜单栏中的“图像”→“模式”→“灰度”命令，去掉颜色信

息把 RGB 图像转为灰度图像。

提示：此步骤的目的是转为双色调模式。因双色调模式不能直接由 RGB 模式转换，需通过灰度模式进行转换。

图2-67　打开素材

③ 单击菜单栏中的“图像”→“模式”→“双色调”命令，在弹出的对话框中选择“双色调”类型，在“油墨 2”的色彩处单击，设置为土黄色（R250,G200,B10），单击“确定”按钮给图像加上泛黄效果，如图 2-68 所示。

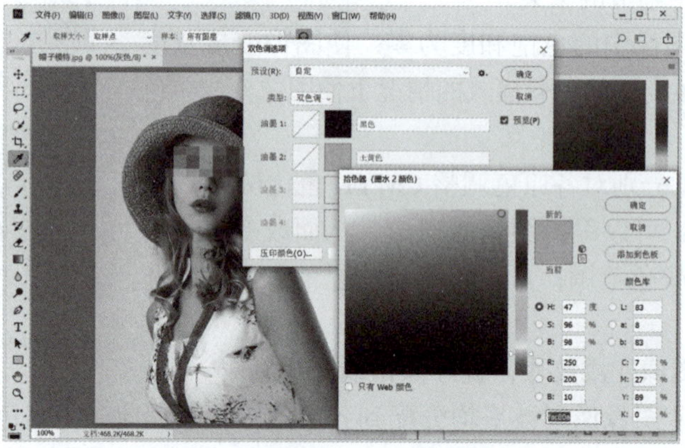

图2-68　双色调选项

④ 单击菜单栏中的“滤镜”→“杂色”→“添加杂色”命令，设置杂点数量为 4%。

⑤ 单击菜单栏中的“滤镜”→“滤镜库”→“纹理”→“龟裂缝”命令，打开“龟裂缝”对话框，设置裂缝间距为 2，深度为 1，亮度为 1，如图 2-69 所示。

⑥ 单击菜单栏中的“滤镜”→“模糊”→“进一步模糊”命令制造模糊效果。

⑦ 使用工具箱中的套索工具选取图像的边缘地带，清除边角的部分图像，制造相片破损的效果。

⑧ 单击菜单栏中的“图像”→“画布大小”命令，稍微加宽画布 1 cm，凸显破损效果，如图 2-70 所示。

⑨ 单击菜单栏中的“图像”→“模式”→“RGB 颜色”命令，转换回标准图像模式，保存文件。

图2-69　“龟裂缝”对话框

图2-70　制造破损效果

利用 Photoshop，旧黑白照片也可以翻新为彩色照片，根据照片的不同有不同的翻新方法。有人习惯用色彩平衡、色调/饱和度等来着色，但这些方法的制作结果，只是单纯的染色，有了艺术效果而少了真实效果。专业的照片翻新一般涉及滤镜、通道等知识，较为复杂，有兴趣的读者可以参阅其他相关书籍。

2.6　蒙　　版

视频

蒙版的概念

蒙版是浮在图层上的一块“挡板”，它本身不包含图像数据，只是对图层的部分数据起遮挡作用。当对图层进行操作处理时，被遮挡的数据将不会受影响。

2.6.1　蒙版的概念

蒙版在 Photoshop 里的应用相当广泛，蒙版最大的特点就是可以反复修改，却不会对图层产生影响。如果对蒙版调整的图像不满意，则可以去掉蒙版，而原图像不会受任何影响。蒙版其实就是 Photoshop 里面的一个层，最常见的是单色的层或有图案的层，叠在原有的照片层上面，就像是在一张照片上面放一块玻璃，单色的层就是单色玻璃，有图案的层就是花纹玻璃，然后透过玻璃看照片就会有颜色或花纹的变化。比如，放了绿色的蒙版之后画面的绿色就加强了。相对于调曲线和调色阶，蒙版是最简单易学的，因为要调节的参数不多，通常只有一个透明度需要调整，而且保存为 PSD 文件可以保留蒙版层，所以即使有突发事件也可以保存供日后继续调整。用蒙版调色适合于恢复色调比较灰的照片，如果要全面修改画面的色调，那么最好配合其他工具一起使用。

简而言之，蒙版是一种选区，但与常规选区又不同。常规选区是对选区进行编辑处理，蒙版则是对选区进行保护，使其避免受到操作的影响，不会对图像进行破坏。蒙版的作用是将不同灰度值转换为不同的透明度，并作用到它所在的图层，使图层不同部位的透明度产生相应的变化。

视频
矢量蒙版和剪贴蒙版

2.6.2 蒙版的类型

蒙版分为快速蒙版、图层蒙版、矢量蒙版和剪贴蒙版等多种形式，根据不同的设计需求会用到不同的蒙版类型，建议掌握两种以上。

- 快速蒙版：在当前图像中创建一个半透明的图像。可以将任何选区作为蒙版进行编辑。
- 图层蒙版：可以将图像进行合成，可使用各种工具在蒙版中涂色。涂黑色的区域表示图层蒙版中的图像是隐藏的；涂白色的区域表示图层蒙版中的图像是可见的；灰色区域表示图层蒙版中的图像变为半透明，透明度取决于涂色的深浅。
- 矢量蒙版：由路径工具创建的蒙版，可以通过路径与矢量图形控制图形的显示区域。
- 剪贴蒙版：也称剪贴组，通过使用下方图层的形状来限制上方图层的显示状态。

2.6.3 蒙版设置

在“图层”面板中，选择需要添加图层蒙版的图层或图层组，单击“图层”面板底端的“添加蒙版”按钮，添加图层蒙版，在“属性”面板中出现“图层蒙版”属性。“属性”面板用于调整图层中的图层蒙版、矢量蒙版的不透明度和羽化范围。“属性”面板如图 2-71 所示。

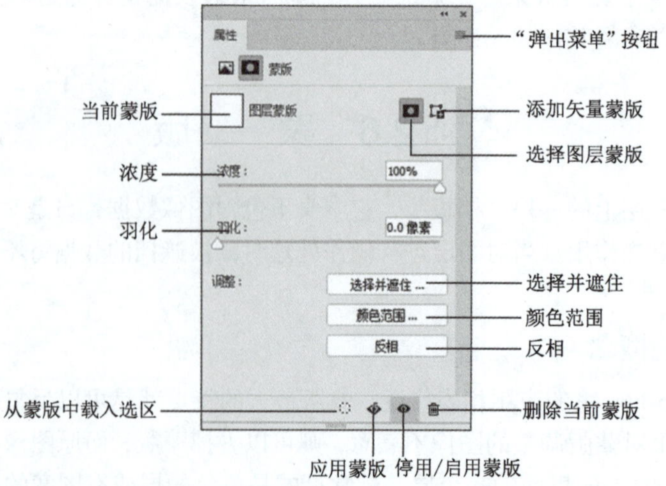

图2-71 “属性”面板

- 当前蒙版：当前选择的蒙版，显示了在“图层”面板中选择的蒙版类型。
- 浓度：拖动滑块可以控制蒙版的不透明度，即蒙版的遮盖强度。
- 羽化：拖动滑块可以柔化蒙版的边缘。
- 从蒙版中载入选区：将蒙版载入为选区。
- 应用蒙版：将蒙版效果应用到图层中。
- 停用 / 启用蒙版：停用或启用蒙版。
- 删除当前蒙版：单击此按钮，可以删除当前蒙版。
- 反相：可以反转蒙版的遮盖区域。
- 颜色范围：单击此按钮，可以弹出“色彩范围”对话框，可在图像中取样并调整颜色容差来修改蒙版范围。
- 选择并遮住：调整图像的蒙版遮盖程度和边缘。
- 选择图层蒙版：选择当前图层的蒙版。
- 添加矢量蒙版：单击此按钮，为当前图层添加矢量蒙版。
- “弹出菜单”按钮：单击此按钮，弹出“通道”面板的编辑菜单，用于在通道中进行编辑操作。

【例 2-6】将图 2-72 所示的汽车图像复制到图 2-73 所示的树木图像中，利用画笔和滤镜编辑图层蒙版，合成特殊效果的图像。

图2-72　汽车图像

图2-73　树木图像

① 单击菜单栏“文件”→“新建”命令，弹出“新建”对话框，设置宽度为 500 像素，高为 400 像素，分辨率为 72 dpi，新建一个图像文件。

② 在工具箱中选择“渐变工具”按钮，在选项栏设置“渐变样式”为“径向渐变”，单击渐变识别器下拉列表，选择“渐变类型”为“透明彩虹渐变”，如图 2-74 所示。

③ 在工具箱中选择“渐变工具”按钮，从新图像的左上角顶点向右下角顶点按住鼠标左键拖动，产生填充渐变，渐变效果如图 2-75 所示。此时“图层”面板只有一个“背景”图层，如图 2-76 所示。

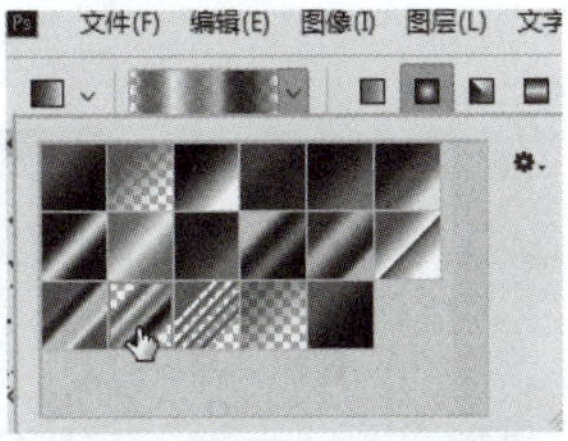

图2-74　“渐变识别器”下拉列表

图2-75　渐变效果

图2-76　“背景”图层

④ 打开树木图像素材文件 tree.jpg，选择“矩形选框工具”拖动鼠标，产生一个选区，

如图 2-77 所示。单击菜单栏“编辑”→“拷贝”命令和“编辑”→“粘贴”命令，将此图复制到新文件中，此时“图层”面板多了一个“图层 1”图层，如图 2-78 所示。

⑤ 在“图层 1”中使用“矩形选框工具”创建一个选区，如图 2-79 所示。单击菜单栏“图层”→“图层蒙版”→“显示选区”命令，产生“图层 1”蒙版，如图 2-80 所示。

图2-77　树木图像选区

图2-78　新图像选区

图2-79　“图层1”图层

⑥ 编辑图层蒙版：在“图层”面板中选择“图层 1”蒙版，单击菜单栏“滤镜”→“滤镜库”命令，在弹出的对话框中，选择“画笔描边”→“喷溅”，设置“喷色半径”为 18，“平滑度”为 3，效果如图 2-81 所示。

⑦ 单击菜单栏“滤镜”→“扭曲”→“挤压”命令，设置“数量”为 50%；单击菜单栏“滤镜”→“扭曲”→“旋转扭曲”命令，设置“角度”为 300°，图像效果如图 2-82 所示，“图层”面板如图 2-83 所示。

图2-80　“图层1”蒙版

图2-81　“喷溅”效果

图2-82　“扭曲”效果

⑧ 打开汽车图像素材文件 car.jpg，选择“矩形选框工具”，拖动鼠标，产生一个选区。单击菜单栏“编辑”→“拷贝”命令和“编辑”→“粘贴”命令，将此图复制到新文件中。“图层”面板产生了“图层 2”图层，如图 2-84 所示。按组合键【Ctrl+T】出现尺寸框，调整汽车图像大小，调整好后按【Enter】键确认。选择“移动工具”，将汽车移动到合适的位置，效果如图 2-85 所示。

图2-83　“图层1”蒙版

图2-84　“图层2”图层

图2-85　复制、调整汽车

⑨ 在“图层”面板单击底端的“添加蒙版”按钮，添加图层蒙版，在“图层”面板中产生“图层 2”蒙版，如图 2-86 所示。

⑩ 选择“图层 2”蒙版，将“颜色”面板或工具箱的前景色设置为“黑色”，选择“画笔工具”，用画笔涂抹汽车的背景。涂抹图像内部时，按【]】键可以增加画笔的直径，加快涂抹速度。涂抹图像边缘细微处时，按【[】键可以减少画笔的直径，确保涂抹精确。若图像涂抹过多，则将前景设置为“白色”，将涂抹失误的地方重新涂抹回原样。涂抹完成后效果如图 2-87 所示。此时“图层”面板的“图层 2”蒙版如图 2-88 所示。

⑪ 将最后的效果图像存储为 PSD 文件。

图2-86　新建“图层2”蒙版

图2-87　最后效果图像

图2-88　修改后的“图层2”蒙版

> **小知识**
>
> 在涂抹过程中，如需进行黑色前景色和白色背景色的互换，可在英文输入法状态的情况下按【X】键进行互换。在窗口左下角可设置图像的显示比例，也可以使用【Ctrl++】组合键或【Ctrl+−】组合键（即同时按下【Ctrl】键和【+】键或【−】键），放大或缩小图像进行仔细涂抹。

2.6.4　案例——灯泡鱼效果

视频：灯泡鱼的制作

【例 2-7】利用画笔涂抹实现对蒙版的编辑，进而建立特殊选区，将灯泡、小鱼、水花三幅素材图像合成灯泡鱼效果的图像。

① 单击菜单栏“文件”→“打开”命令，打开灯泡图像文件，如图 2-89 所示。

② 打开水花素材，并在工具栏选择“移动工具”按钮，将其拖入灯泡图层中，如图 2-90 所示。

图2-89　灯泡图

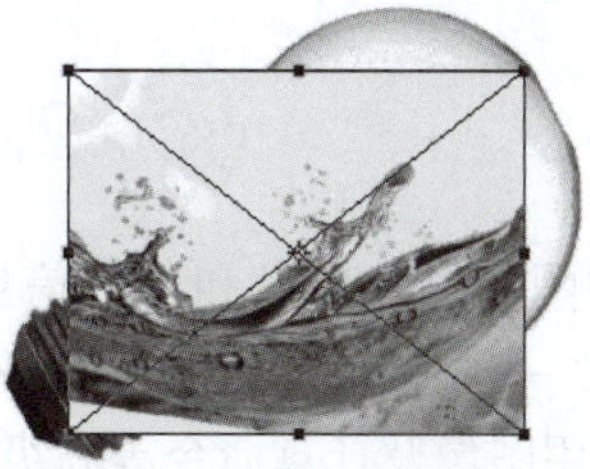

图2-90　水花图

③ 选中水花图层，按【Ctrl+T】组合键调出自由变换控制框，进行位置和尺寸调整确认；将其放置在灯泡图像的右上方位置，如图 2-91 所示。

④ 在“图层”面板中设置水花图层的混合模式为“正片叠底”。在“图层”面板的右下方单击“图层蒙版”按钮，为水花图层添加图层蒙版，设置前景色为黑色，在工具栏选择“画笔工具”按钮，并在其左上方的工具选项条中设置适当的画笔大小和硬度，在图层蒙版中进行涂抹，效果如图 2-92 所示。

⑤ 打开鱼素材图，复制到水花图层上形成新图层，按住【Ctrl+T】组合键调出自由变换控制框，按住【Shift】键拖拉控点调整鱼的尺寸（按住【Shift】键变换是为了使图像保持原比例缩放）。

⑥ 将鱼放置于灯丝位置，并给鱼图层添加图层蒙板。设置前景色为黑色，选择画笔工具，并在其工具选项条中设置适当的画笔大小和硬度进行涂抹，得到最终效果，如图 2-93 所示。

提示： 此步骤也可通过“选择”菜单中的“色彩范围”对话框吸取蓝色的背景，实现更好抠出小鱼的效果。

图2-91 调整水花

图2-92 水花蒙版

图2-93 鱼图层

⑦ 在“图层”面板中选中灯泡背景层，在工具箱选择套索工具，将鱼身体与灯丝交接处圈中，如图 2-94 所示。按【Ctrl+J】组合键（复制图层命令）得到图层 3，并在“图层”面板中将图层 3 调整为最上层，如图 2-95 所示。

⑧ 单击图层 3，设置图层混合模式为“正片叠底”，最后效果图如图 2-96 所示。

⑨ 将最终的效果图像存储为 PSD 文件。

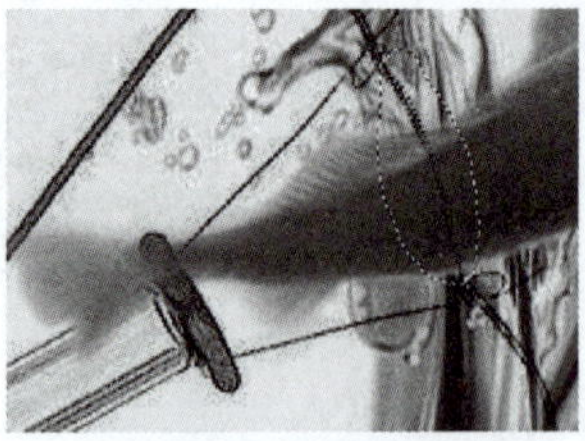

图2-94 灯丝

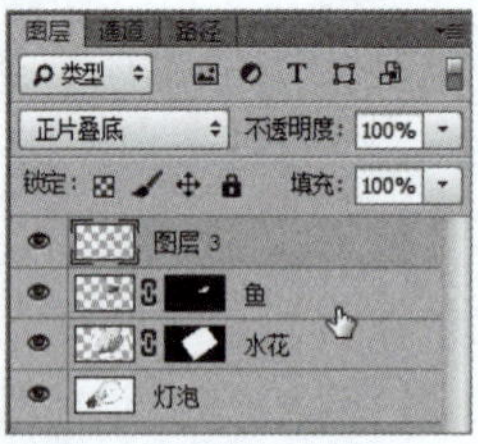

图2-95 正片叠底

图2-96 灯泡鱼

2.7 通　道

通道是存储图像颜色信息和选区信息等不同类型信息的灰度图像。通道是 Photoshop CC 的重要内容之一，它与图像内容、色彩和选区相关。在通道中可以存储选区、单独调整通道的颜色，应用图像及计算命令等高级操作。

2.7.1 通道的概念

视频
通道的概念

通道的概念，是由蒙版演变而来的，也可以说通道就是选区。在通道中，以白色代表透明，表示要处理的部分（选择区域）；以黑色代替表示不需处理的部分（非选择区域）。因此通道与蒙版一样，没有其独立的意义，而只有在依附于其他图像（或模型）存在时，才能体现其功用。

在 Photoshop 中，不同的图像模式下，通道是不一样的。首先，以 RGB 颜色模式为例，一个通道层同一个图像层之间最根本的区别在于：图层的各个像素点的属性是以红绿蓝三原色的数值来表示的，而通道层中的像素颜色是由一组原色的亮度值组成的。再说通俗点，通道中只有一种颜色的不同亮度，是一种灰度图像。通道最初是用来存储一个图像文件中的选择内容及其他信息的。举个例子，你费尽千辛万苦从图像中勾画出了一些极不规则的选择区域，保存后，这些“选择”即将消失。这时，我们就可以利用通道，将“选择”存储成为一个个独立的通道层；需要选择哪些时，就可以方便地从通道将其调入。这个功能，在特技效果的照片上色案例中得到了充分应用。通道的另一主要功能是用于同图像层进行计算合成，从而生成许多不可思议的特效，这一功能主要用于特效文字的制作。此外，通道的功能还有很多，在此就不一一列举。

2.7.2 通道的类型

通道根据其存储信息的类型的不同，主要分为复合通道、颜色通道、Alpha 通道和专色通道。

- 复合通道：用户可以同时预览和编辑所有颜色通道。
- 颜色通道：用于记录图像颜色信息的通道，在打开新图像时自动创建的，同时还创建了复合通道。图像的颜色模式决定了所创建的颜色通道的数目。例如，RGB 图像的每种颜色（红色、绿色和蓝色）都各有一个通道。
- Alpha 通道：将选区存储为灰度图像。可以添加 Alpha 通道来创建和存储蒙版，这些蒙版用于处理和保存图像中的某些区域。Alpha 通道是计算机图形学中的术语，指的是特别的通道。
- 专色通道：保存专色信息，具有 Alpha 通道的特点，也具有保护选区的作用。每个专色通道可以存储一种专色信息，而且是以灰度来存储的。

2.7.3 “通道”面板

在 Photoshop CC 中，通道有自己单独的一个面板。“通道”面板显示了图像中的所有通道。对于 RGB、CMYK 和 Lab 图像，首先列出复合通道。通道缩略图显示在通道名称的左侧，在编辑通道时，会自动更新缩略图。

单击菜单栏“窗口”→“通道”命令，则会打开“通道”面板，如图 2-97 所示。

- 通道缩略图：显示该通道的内容。
- 通道名称：显示对应通道的名称。
- 眼睛图标：也称为“指示通道可视性”按钮，用于显示 / 隐藏当前通道。若隐藏某一个颜色通道，则复合通道 RGB 自动隐藏；若显示复合通道，则所有颜色通道都显示。
- 将通道作为选区载入：单击该按钮，可以载入所选通道内的选区。
- 将选区存储为通道：单击该按钮，可以将图像中的选区保存在通道内。
- 创建新通道：单击该按钮，可以创建 Alpha 通道。

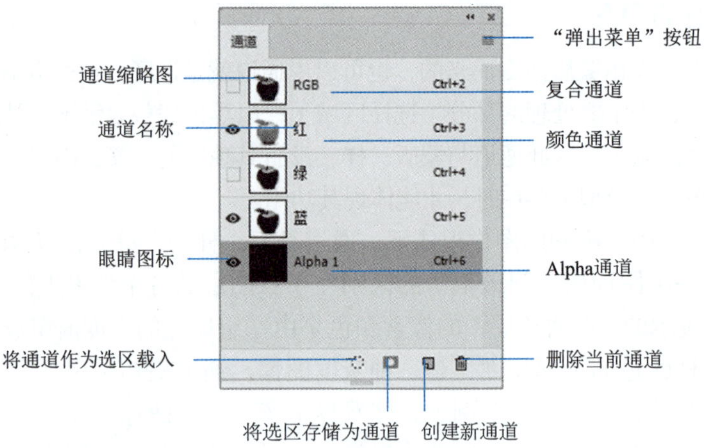

图2-97 “通道”面板

- 删除当前通道：单击该按钮，可以删除当前通道，但复合通道不能删除。
- Alpha 通道：原来保存选区的通道。
- 颜色通道：用于记录图像颜色信息的通道。
- 复合通道：面板中最先列出的通道是复合通道，在复合通道下可以同时预览和编辑所有颜色通道。
- “弹出菜单”按钮：单击此按钮，弹出“通道”面板的编辑菜单，用于在通道中进行编辑操作。

视频

美肤效果

2.7.4 案例——美肤效果

【例 2-8】利用通道抠图实现美肤效果，并添加耳环。

① 单击菜单栏“文件”→“打开”命令，打开“少女”文件，在“图层面板”复制一个新的图层，如图 2-98 所示。

② 放大图像，查看皮肤细节，对脸上的痘痘使用“仿制图章工具”进行消除。操作时可根据痘痘的大小灵活调整仿制图章的大小和硬度，接着按住【Alt】键，单击痘痘附近的光滑皮肤进行取样，然后松开【Alt】键，在痘痘皮肤处单击或拖动鼠标，即可将痘痘遮盖住，得到如图 2-99 所示效果。

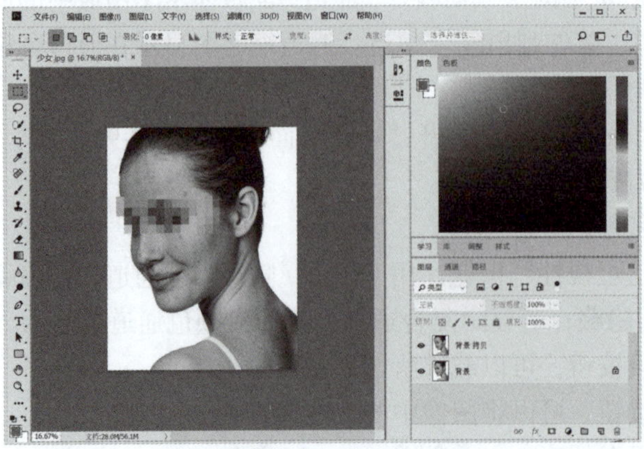

图2-98 新建图层

图2-99 仿制图章工具祛痘效果

③ 在“通道”面板中选择蓝通道，如图 2-100 所示（此步骤选择其他通道亦可，美化后的皮肤效果各有千秋）。

图2-100　选择蓝通道

④ 复制蓝通道，得到蓝通道副本。选择工具栏中的套索工具，在蓝通道副本中把肤色不均匀的皮肤部分使用套索工具选中，单击菜单栏“选择”→“修改”→“羽化”命令，设置羽化 10 像素，以免肤色过渡生硬，效果如图 2-101 所示。

⑤ 单击菜单栏“滤镜”→“杂色”→“蒙尘与划痕”命令，在弹出窗口中调节半径和阈值大小，如图 2-102 所示。调好后单击“确定”按钮，并按【Ctrl+D】组合键取消选择。

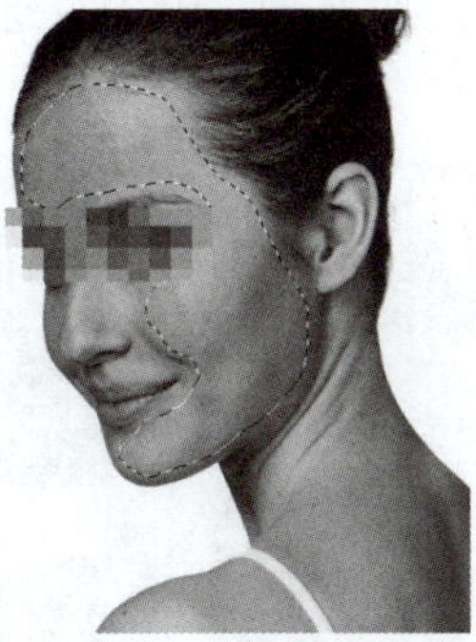

图2-101　用套索工具选择肤色不均区域

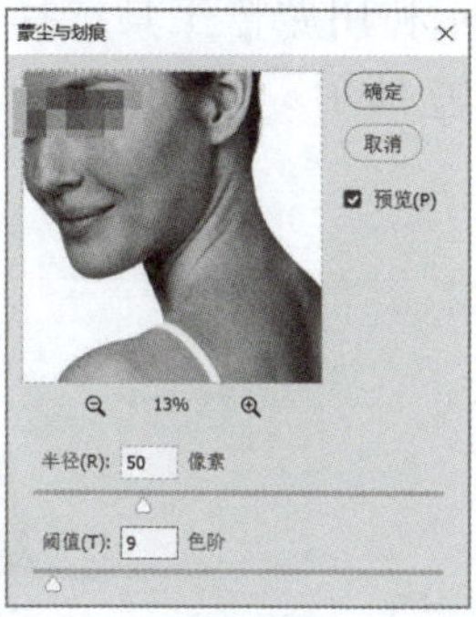

图2-102　“蒙尘与划痕”对话框

⑥ 单击菜单栏“选择”→“全部”命令将蓝通道副本整体选中，再单击“编辑”→“拷贝”命令。回到“图层”面板，新建一个图层 1，再单击“编辑”→“粘贴”命令，图层混合类型设置为“明度”，如图 2-103 所示，得到图 2-104 所示磨皮效果。

⑦ 打开耳环图像，复制一个新的图层，得到“背景 拷贝”，切换到“通道”面板，选择色差看起来最大的通道，在这里是蓝通道，复制蓝通道得到“蓝 拷贝”，如图 2-105 所示。

⑧ 单击“图像”→“调整”→“色阶”命令，打开“色阶”对话框，适当调整“蓝 拷贝”通道色阶参数，使“耳环”边缘与背景反差更明显，如图 2-106 所示，单击“确定”按钮。

⑨ 利用画笔工具和白色前景色，涂抹游离在耳环边缘的多余杂色。

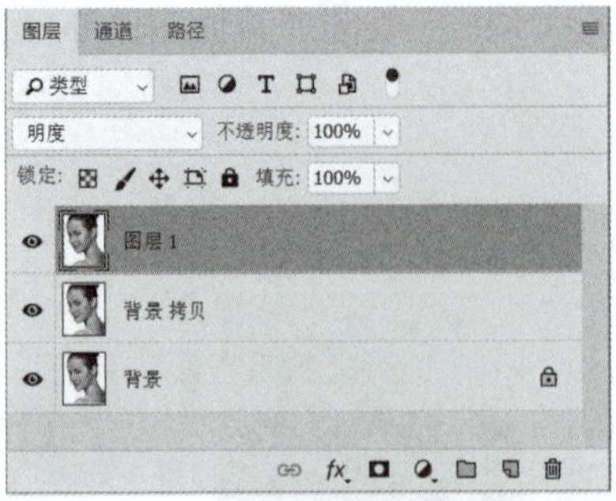

图2-103　混合类型

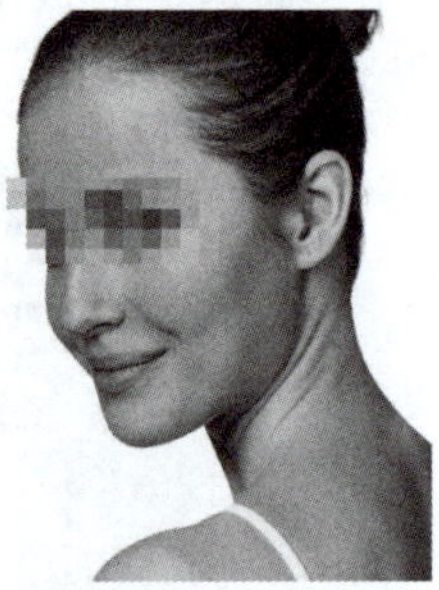

图2-104　磨皮效果

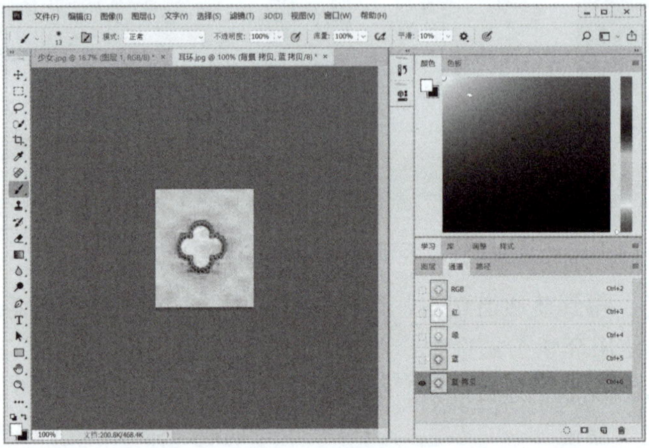

图2-105　蓝 拷贝

⑩ 利用魔棒工具选择白色背景，再反选选中耳环，切换到“RGB”综合通道，如图 2-107 所示。

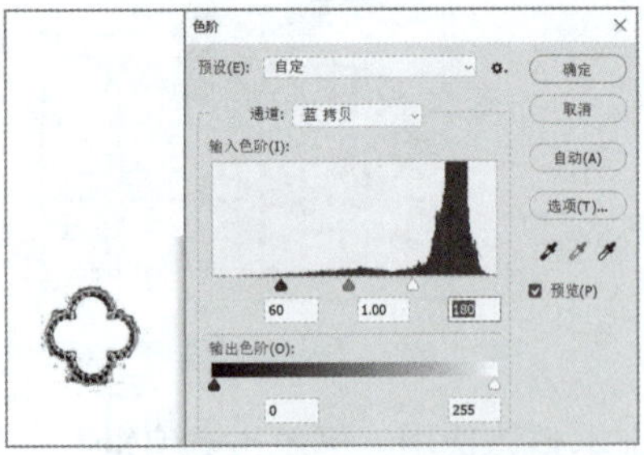

图2-106　调整通道色阶参数

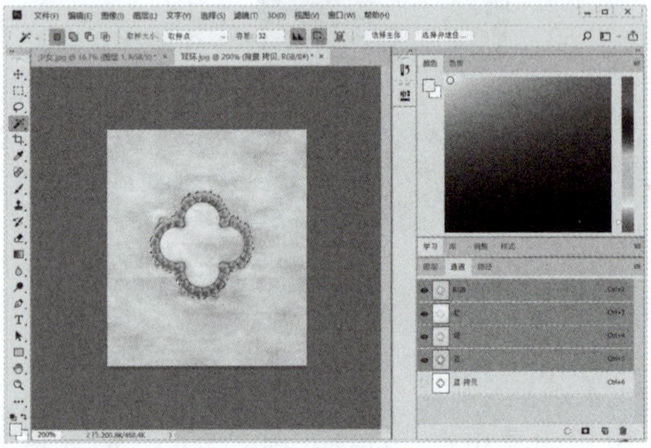

图2-107　自由变换

⑪ 单击“编辑”→“拷贝”命令，切换到少女图像，单击“编辑”→“粘贴”命令，将耳环粘贴到少女图中形成新图层。

⑫ 单击“图层”面板下方的“添加图层样式”按钮，添加“斜面和浮雕”样式，选择“浮雕效果”，如图 2-108 所示。

⑬ 用“快速选择工具”选中其中一只“耳环”，切换到耳环“背景”图层，再用“移动工具”按住鼠标左键将其拖至“少女”图中的耳垂位置，如图 2-108 所示。

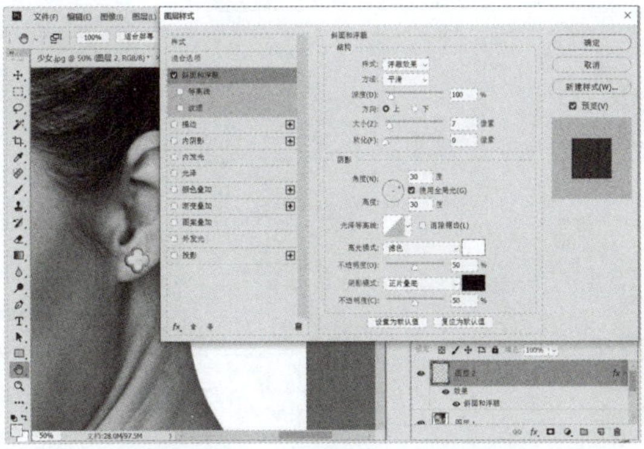

图2-108 移动耳环至耳垂位置

⑭ 单击菜单栏“图像”→“调整”→“曲线”命令，适当调节曲线使“耳环”与“少女”看上去更加协调，如图 2-109 所示。

⑮ 最终效果如图 2-110 所示，将其存储为 PSD 文件。

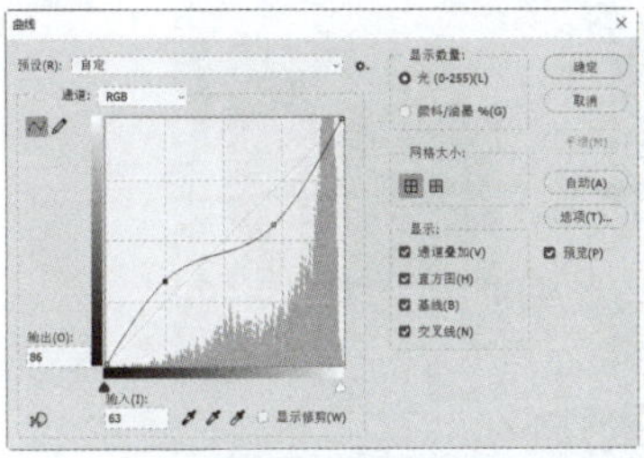

图2-109 调整曲线

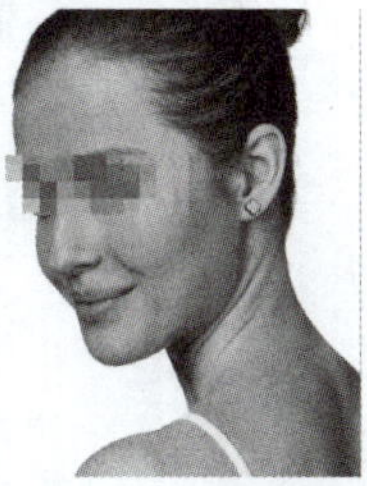

图2-110 最终效果

视频

硝烟中的变形金刚

2.7.5 案例——硝烟中的变形金刚

【例 2–9】有图 2-111 所示的三幅素材图，利用通道抠图分离出白云和篝火，然后和变形金刚图合成为如图 2-112 所示的硝烟效果图并添加文字。

（a）蓝天白云 （2）变形金刚 （3）篝火图

图2-111 素材图

① 单击菜单栏“文件”→“打开”命令，打开蓝天白云图、篝火图和变形金刚图三幅原始素材图。

② 复制“变形金刚”背景，得到“背景 拷贝”图层，右击“背景 拷贝”弹出快捷菜单，选择“混合选项”命令，打开“图层样式”界面，取消通道“R（R）”的勾选，如图 2-113 所示，然后单击“确定”按钮。

图2-112 效果图

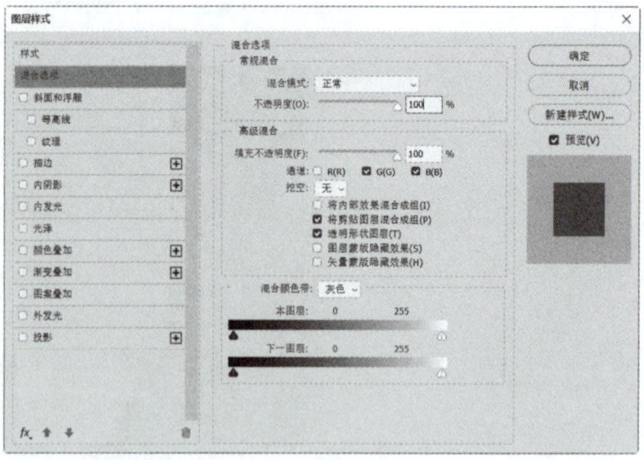

图2-113 “图层样式”对话框

③ 单击左侧工具栏“移动工具”，将“背景 拷贝”图层向下移动，得到如图 2-114 所示幻影效果。

图2-114 幻影效果

④ 观察蓝天白云图的“通道”面板，对比其对应的红、绿、蓝三个颜色通道，挑选出黑白对比最强烈、能最大限度完整抠选出白云的一个通道，对比之下发现红色通道最适合。

说明： 此时如果直接转为选区可马上抠图，但抠出的白云过于厚重，为了能更好地模拟稀薄的烟雾效果，可先调整色阶。

⑤ 将红通道拖拉到下方的“新建”按钮上，形成“红 拷贝”通道，如图 2-115 所示。

⑥ 单击菜单栏“图像”→“调整”→“色阶”命令，打开“色阶”对话框，拖动色阶调节点至合适位置，如图 2-116 所示，然后单击“确定”按钮，使得白云较为稀薄，如图 2-117 所示。

图2-115 “红 拷贝”通道

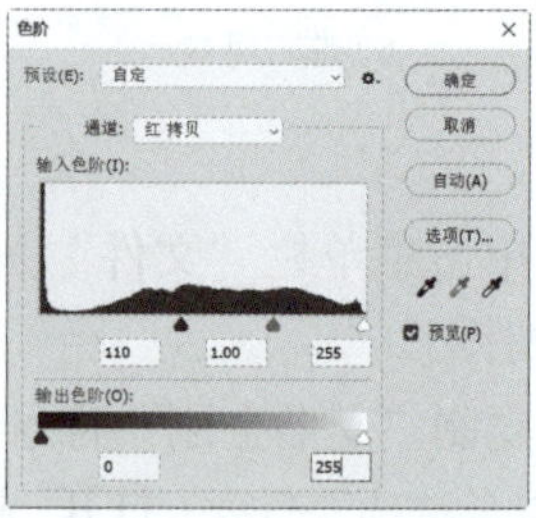

图2-116 “色阶”对话框

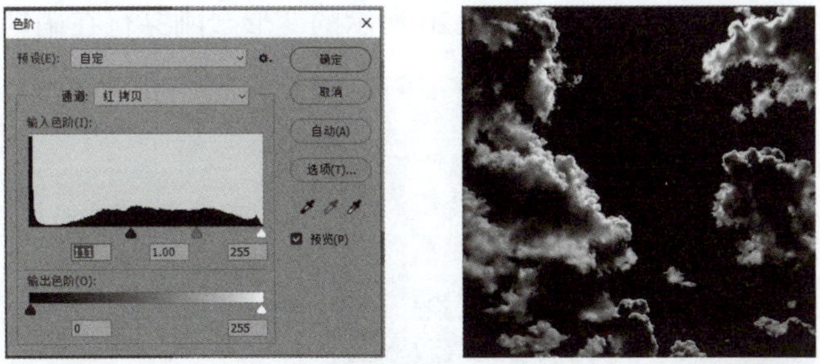

图2-117　调整色阶

⑦ 单击通道下方的“转为选区”按钮，转换为选区，可看到建立好的白云选区，如图 2-118 所示。

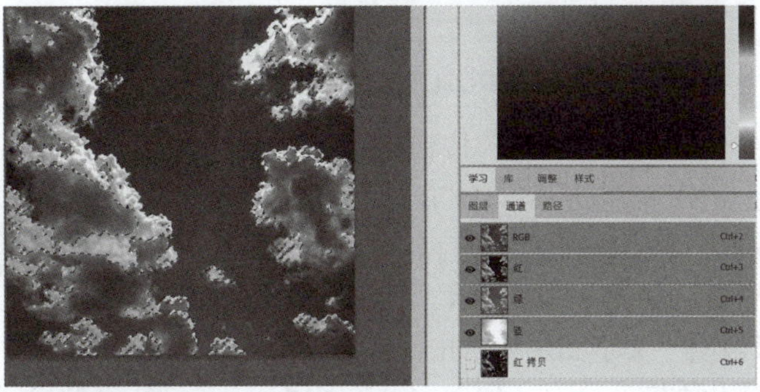

图2-118　建立白云选区

⑧ 切换到“RGB”复合通道，单击菜单栏“编辑”→“拷贝”命令，将选区图像送到剪贴板。

⑨ 切换到变形金刚图，单击菜单栏“编辑”→“粘贴”命令，形成一个新的图层 1。

⑩ 单击菜单栏“编辑”→“自由变形”命令，调整烟雾的尺寸，并移动烟雾到合适的位置，如图 2-119 所示。

图2-119　移动烟雾

⑪ 同理，打开篝火图，复制红通道，得到“红 拷贝”，单击下方的“转为选区”按钮转换为选区，然后切换到“RGB”复合通道，将篝火选区复制粘贴到变形金刚图中形成图层 2，

并调整篝火的大小和位置，合成为如图 2-120 所示的变形金刚穿行在硝烟中的效果。

图2-120 移动篝火

⑫ 单击工具栏“横排文字工具”按钮T，在画面中插入文字“变形金刚”。单击菜单栏“窗口”→“字符”命令，在“字符”面板中适当调整字符属性，并移动文字到合适的位置，如图 2-121 所示。

图2-121 插入文字

⑬ 复制“变形金刚”文字图层，右击“变形金刚拷贝”，选择“栅格化文字”命令，然后右击该图层，选择“混合选项”命令，打开“图层样式”界面，选择“渐变叠加”，双击渐变条，在渐变编辑条中单击增加色标点，依次设置五个色标值颜色为 # 7c6705、# a69610、# a5950a、# f0e588、# 534c03 色号，形成图 2-122 所示的金属渐变色，单击“确定”按钮。

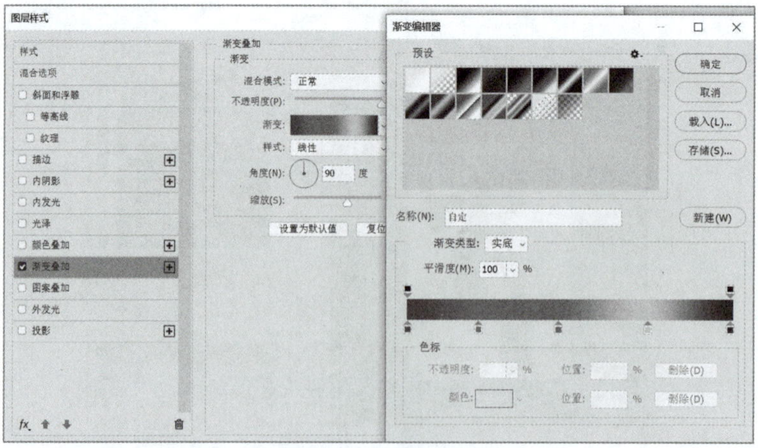

图2-122 设置渐变叠加

⑭ 勾选“斜面和浮雕”选项，适当调整深度和角度，如图 2-123 所示。

⑮ 勾选“内阴影”选项，调整不透明度，如图 2-124 所示。

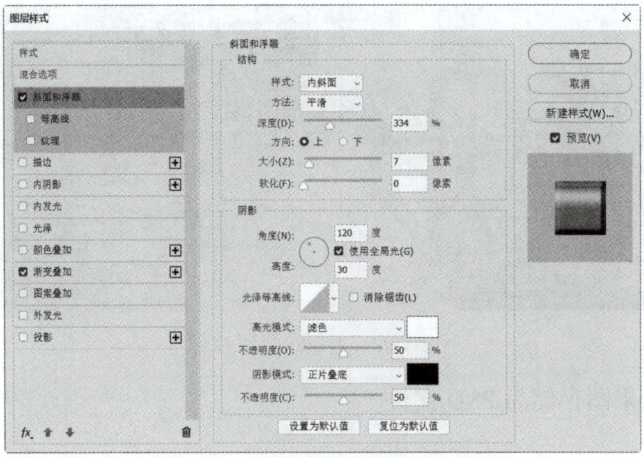

图2-123　设置斜面和浮雕

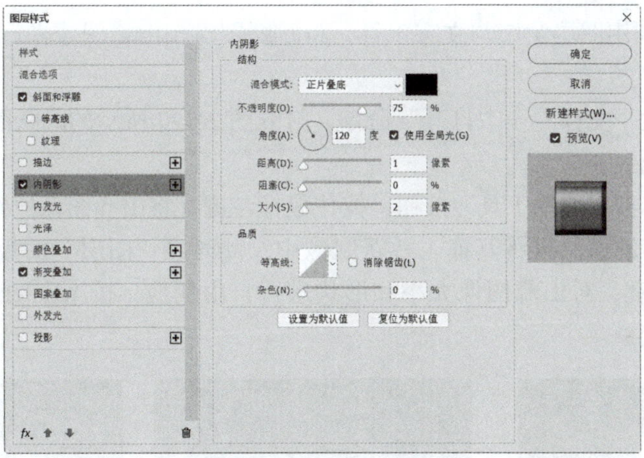

图2-124　设置内阴影

⑯ 勾选“投影”选项，适当调整距离和大小，增强文字立体感，如图 2-125 所示，单击“确定”按钮。文字效果如图 2-126 所示。

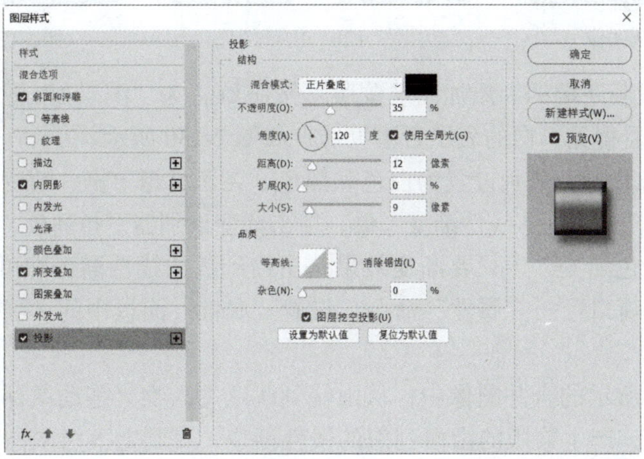

图2-125　设置投影

图2-126　文字的金属效果

⑰ 将最终的效果图存储为 PSD 文件。

2.8　综合案例——“飞扬的青春”宣传海报

【例 2-10】利用图层蒙版与文字工具，将跳跃图像与山峰图像进行融合，制作“飞扬的青春”宣传海报。

① 单击菜单栏“文件”→“打开”命令，打开图 2-127 所示的跳跃图像文件和图 2-128 所示的山峰图像文件。

② 在工具箱单击“移动工具”按钮，按住鼠标左键，将山峰图像拖到跳跃图像标题栏，使山峰图像成为浮动窗，再将其拖入跳跃图像中，此时在“图层”面板产生“图层 1”。按【Ctrl+T】组合键，对山峰图像大小和形状进行自由变换，按【Enter】键变换，效果如图 2-129 所示。

图2-127　跳跃图像

图2-128　山峰图像

图2-129　合并图像

③ 单击图层蒙版底端的“添加图层蒙版”按钮，为“图层 1”图层添加一个空白图层蒙版（黑的表示看得见，白的表示看不见），如图 2-130 所示。

④ 将前景色和背景色分别设置为白色和黑色。在工具箱单击“渐变工具”按钮，在选项栏设置“渐变样式”为“线性渐变”，单击渐变识别器下拉列表，选择“渐变类型”为“前景色到背景色渐变”（只要渐变效果是由白到黑的线性渐变即可），如图 2-131 所示。单击菜单栏“窗口”→“属性”命令，设置“属性”面板中的“羽化”为 5 像素，如图 2-132 所示。

⑤ 在图 2-133 所示的合并图像中，从山峰到跳跃的人物处拖动鼠标，然后放开鼠标，此操作可重复多次，产生蒙版的由白到黑的线性渐变，直到上下两图像之间的渐变达到渐变的要求，效果如图 2-133（a）所示。对于渐变效果不太满意的地方，可通过画笔涂抹来

调整：选择“图层 1”蒙版，选择“画笔工具”，调整画笔的透明度为 59%，对于前景的黑白颜色（白色表示出现山峰，黑色表示遮盖山峰）用画笔涂抹山峰，涂抹出半透明的山峰图像，使两幅图像很好地渐变融合在一起。涂抹效果如图 2-133（b）所示。此时“图层”面板如图 2-134 所示。

图2-130　空白图层蒙版

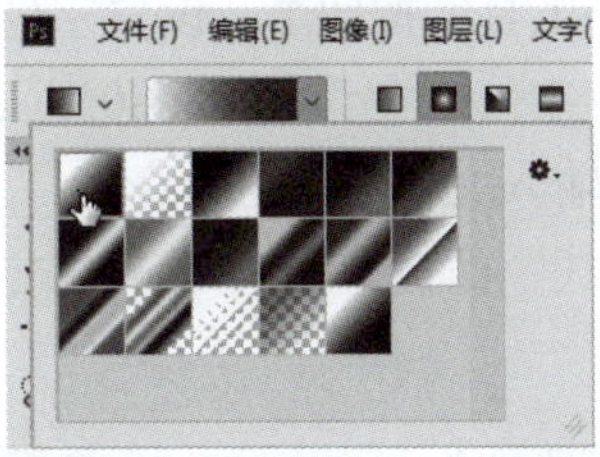

图2-131　“渐变识别器”下拉列表

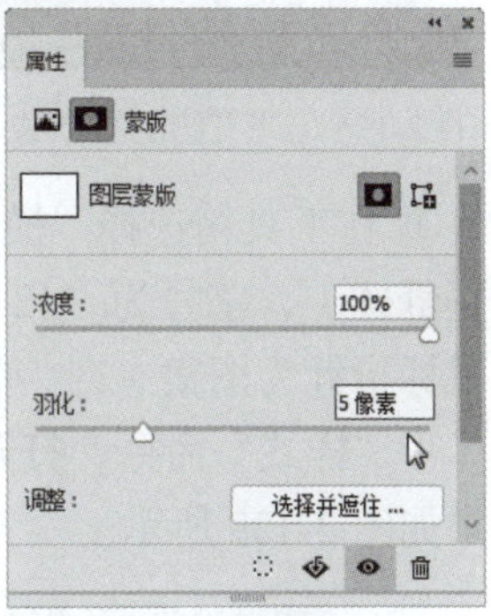

图2-132　“属性”面板

（a）由白到黑的线性渐变　　（b）涂抹效果

图2-133　渐变和涂抹效果

图2-134　“图层”面板

⑥ 在工具箱单击“横排文字工具”按钮，在图像的左上角拖出文本框，设置字体为“叶根友毛笔行书 2.0 版”（或方正舒体），字号为“12 点”，字体颜色为“#fed805”，输入文字“飞扬的”后按【Enter】键。单击菜单栏“窗口”→“样式”命令，打开“样式”面板，在“默认样式”中选择“过喷（文字）”样式，效果如图 2-135 所示。

⑦ 在工具箱选择“横排文字工具”按钮，在图像的左上角拖出文本框，字号为“18 点”，输入文字“青春”。在“样式”面板的右上角单击样式编辑菜单按钮，选择“Web 样式”，在弹出的确认对话框中单击“确认”按钮，在“Web 样式”中选择“黄色回环”样式，效果如图 2-136 所示。在工具箱选择“移动工具”按钮，适当调整文字的位置。

⑧ 单击菜单栏“文件”→“存储为”命令，将效果图像存储为 PSD 文件。

另外，也可以运用弯度钢笔工具制作路径文字，以产生特殊文字效果。以上第⑥步和第⑦步的操作，也可以换成下面的操作：

⑨ 在工具箱选择“弯度钢笔工具”按钮，在工具选项栏的“选择工具模式”下拉列表中选择“路径”，在图像的左上部绘制弧形路径，如图 2-137 所示。

图2-135 “飞扬的”效果图

图2-136 “飞扬的青春”效果图

图2-137 弧形路径

⑩ 在工具箱选择“横排文字工具”按钮T，设置字体为“叶根友毛笔行书2.0版”（或方正舒体），字号为“12点”，字体颜色为“#fed805”，将鼠标指针移动到路径的左端，当鼠标指针为图案时，单击并输入文字“飞扬的青春”，如图2-138所示。单击菜单栏“窗口”→“样式”命令，打开“样式”面板，在“默认样式”中选择“过喷（文字）”样式，效果如图2-139所示。

图2-138 输入“飞扬的青春”

图2-139 效果图

本章小结

Photoshop作为主流的图形图像处理软件，在实际的工作中有非常广泛的用途。本章介绍了Photoshop工具箱的使用，使读者认识Photoshop的丰富功能，并使用其进行图像编辑、合成、修补、文字美化等操作。本章主要讲解Photoshop工具箱中各种工具的用途和使用方法；各种形状选区的建立和编辑；图像的绘制与色彩调整；滤镜的使用方法；图层、蒙版、通道与文字路径的相关知识。通过操作实例，引导读者快速有效地学习技能。Photoshop可制作令人叹为观止的图像效果，事实上并不复杂，需要在实际操作中仔细体会，实践出真知。

第 3 章　动画制作 Animate

内容提要

◎动画的起源和发展。

◎图像的绘制与元件的创建。

◎补间效果的设置方法。

◎图层的设置与时间轴的编辑。

◎属性、颜色、变形、对齐。

高品质的多媒体作品中离不开大量动画，因而动画的制作也是多媒体作品中必不可少的一部分。当前，在众多二维动画制作软件中，应用最为广泛的是 Adobe 公司出品的 Animate，简称 An。使用 An，用户可以制作出变换自由的矢量图形和栩栩如生的动画，并可以发布到网站、网络应用程序和电子游戏中。同时，An 也是一款前端工程师实现动画交互的必备工具。本章将重点介绍动画的基础知识，使用 Animate 制作二维动画。

3.1　动画基础知识

视频

动画基础知识

在屏幕上看到的动态效果，一般都融合了很多动画技术。动画吸引人的地方就在于“动”，动画的“动”依赖于视觉暂留现象。视觉暂留是指光刺激在视网膜上逗留的时间比它从人们眼前闪过的实际时间要稍微长些。例如，翻阅“手翻书”时，可以发现当一些画面快速或连续交替出现的时候，画面内的静态图像会产生运动的感觉；一个人站在黑暗浴室的镜子前，迅速开灯，然后马上关掉，此时可以发现他的身影是从镜子里渐渐消失的。

3.1.1　动画的常用术语

1. 帧每秒

帧每秒就是一秒中处理帧的数目。一般来说，每秒 10 帧左右是产生动感效果的最低速度，但是 Web 上动画从 1 帧 /s 到 30 帧 /s 都有。要使控制效果较好，就要做到接近每秒 20 帧，所以在制作动画的帧和数据速率时，要仔细考虑这些数据。

2. 帧尺寸

帧尺寸表示横向像素数与纵向像素数的乘积，例如，电视画面的帧是 640×480 像素。Web 动画可以根据用户计算机的下载和回放性能设计成任意的尺寸。

3. 动画尺寸

通常动画尺寸是指按千字节（KB）来计算动画文件在硬盘上存储所需要占用的空间，注意不要与帧尺寸或分辨率相混淆。

4. 数据速率

数据速率是对播放一幅动画时所用的数据量的描述，通常用“千字每秒”表示。这个参数对于流式动画有很大作用，因为要下载动画，必须首先考虑整个动画文件的大小。

5. 色度

色度定义了一个图或动画中可以使用的颜色数目，是以 2 的幂次来计算的，例如，一个 8 位灰度的调色板定义了从白色到黑色的 256 种灰度，4 位灰度的调色板只有从白色到黑色的 16 级灰度，而 1 位灰度的调色板只能显示出纯白色或纯黑色。

6. 抖动

当在低分辨率下看较高分辨率的图像，或低色模式下显示更多色模式（如在 VGA16 色图形模式下显示 256 色及全彩色图像）时会出现颜色和图像变形的问题。抖动技术混合了使用较少颜色的调色板中的一些颜色，试图使其接近图像中所需要的颜色。抖动是把调色板中不同颜色的像素通过交叠来实现的。它不如纯色那样平滑，如果仔细看，可以看到用于模仿出新的颜色的微小区域。抖动是保持图像质量的好办法，但它对图像的压缩却总是不利的。

3.1.2 常见动画文件格式

不同的动画制作软件可以产生不同的文件存储格式。目前常见的动画文件格式有 GIF、FLV、SWF 和 FLIC 等。

1. GIF 格式

GIF（graphics interchange format，图形交换格式）是由 CompuServe 公司开发的位图文件格式，非常适合于较简单的图像，可利用于小动画或低分辨率电影剪辑等，文件扩展名为“.gif”。

由于采用了压缩率较高的 LZW 无损数据压缩方法，因此 GIF 文件体积较小，而且比单个图片能包含的信息量大很多。一个 GIF 文件中可以存储多幅彩色图像，将这些图像数据逐个读出并显示到屏幕上，就可以构成一个简单的动画。网上很多小动画都是使用 GIF 格式，很多图像浏览器都可以直接观看 GIF 动画文件。

2. FLV 格式

FLV（flash video）是在雷神（Sorenson）公司的压缩算法的基础上开发出来的在网络上随处可见的一种动画格式，文件扩展名为“.flv”，可实现网络在线播放。FLV 格式形成的文件小，加载速度快，并且能起到保护版权的作用。

3. SWF 格式

SWF（shock wave flash）格式是 MicroMedia 公司（现已被 Adobe 公司收购）的 RealFlash 和 Shockwave Flash 的专用动画格式，文件扩展名为“.swf”。

SWF 支持矢量和点阵图形的动画文件格式，缩放时不会失真，文件体积小，采用流媒体技术，可以一边下载一边播放，广泛应用于网页设计和动画制作等领域。相对 FLV 格式来说，SWF 的体积则很大。浏览器在安装 Adobe Flash Player 插件后就能播放 SWF 文件。

4. FLIC（FLI/FLC）格式

FLIC 是 Autodesk 公司在其出品的 Autodesk Animator、Animator Pro 和 3D Studio 等 2D/3D 动画制作软件中采用的彩色动画文件格式，文件扩展名为“.fli”和“.flc”。

FLIC 是 FLI 和 FLC 的统称。FLI 是最初的基于 320 × 200 分辨率的动画文件格式。在 Autodesk 公司出品的 Autodesk Animator 和 3D Studio 等动画制作软件均采用了这种文件格式。而 FLC 则是在 FLI 的基础上扩展，采用了更高效的无损数据压缩技术，FLC 比 FLI 具有更高的压缩比，分辨率也更高。

3.1.3 动画的制作过程

1. 传统动画的制作过程

传统的动画制作，尤其是大型动画片的创作，是一项集体性劳动。创作人员的集体合作是影响动画创作效率的关键因素。一部长篇动画片的生产需要许多人员，有导演、制片、动画设计人员和动画辅助制作人员。动画辅助制作人员是专门进行中间画面添加工作的，即动画设计人员画出一个动作的两个极端画面，动画辅助制作人员则画出它们中间的画面。画面整理人员把画出的草图进行整理，描线人员负责对整理后画面上的人物进行描线，着色人员把描线后的图着色。由于长篇动画制作周期较长，因此还需要专职调色人员调色，以保证动画片中某一角色着色前后一致。此外，传统的动画制作还需要特技人员、编辑人员、摄影人员、生产人员和行政人员等。

2. 计算机二维动画制作

一般来说，按计算机软件在动画制作中的作用分类，计算机动画有计算机辅助动画和造型动画两种。计算机辅助动画属于二维动画，其主要用途是辅助动画师制作传统动画，而造型动画则属于三维动画。二维计算机动画制作，同样要经过传统动画的制作步骤（见图 3-1）。

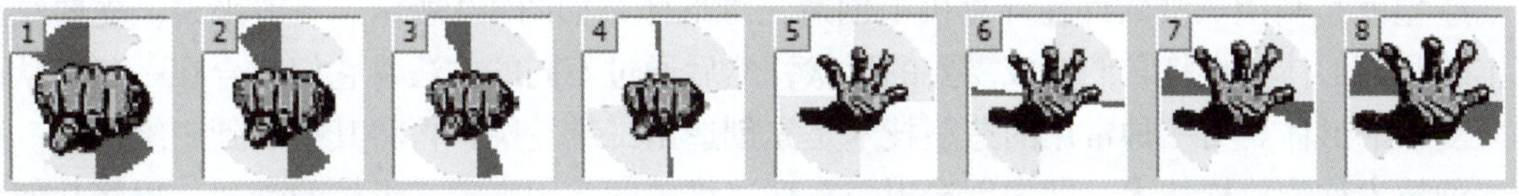

图3-1　二维动画制作

不过由于计算机的使用，大大地简化了工作程序，既方便快捷，又提高了效率，这主要表现在以下几个方面：

（1）关键帧的产生

关键帧及背景画面可以用数码摄像机、扫描仪实现数字化输入，也可以用相应软件直接绘制。动画软件一般都会提供各种工具，以方便绘图，这大大改进了传统动画画面的制作过程，并且可以随时存储、检索、修改和删除任意画面，使传统动画制作中的角色设计及原画创作等几个步骤，一步即可完成。

（2）中间画面的生成

利用计算机对两幅关键帧进行插值计算，自动生成中间画面，这是计算机辅助动画的主要优点之一。用这种方法制作的动画不仅精确、流畅，而且可将动画制作人员从烦琐的劳动中解放出来。

（3）分层制作合成

传统动画的一帧画面，是由多层透明胶片上的图画叠加合成的，这是保证质量、提高效率的一种方法，但制作中需要精确对位，而且受透光率的影响，透明胶片最多不超过4张。在动画软件中，也使用了分层的方法，但对位非常简单，层数从理论上说没有限制，对层的各种控制，如移动、旋转等，也非常容易。

（4）着色

动画着色是非常重要的一个环节。计算机动画辅助着色可以解除乏味、昂贵的手工着色。用计算机描线着色界线准确、不需晾干、不会串色、改变方便，而且不会因层数多少而影响颜色，且速度快，更不需要为前后色彩的变化而担心。动画软件一般都会提供许多绘画颜料效果，如喷笔、调色板等，这也很接近传统的绘画技术。

（5）预演

在生成和制作特技效果之前，可以直接在计算机屏幕上演示草图或原画，检查此过程中的动画和时限以便及时发现问题并进行修改。

（6）图库的使用

计算机动画中的各种角色造型以及它们的动画过程，都可以存在图库中反复使用，而且修改也十分方便。例如，在动画中套用动画，就可以使用图库来完成。

3. 计算机三维动画制作

制作三维动画是一个涉及范围很广的话题。从某种角度来说，三维动画的创作有点类似于雕刻、摄影、布景设计及舞台灯光的使用，它允许用户在三维环境中控制各种组合，随时调用光线和三维对象等。要制作出好的三维动画，除了需要基本技能外，还需要更多的创造力。作为专业级的作品至少要经过三步：造型、动画和绘图。

（1）造型

造型就是利用三维软件在计算机上创造三维形体，如图3-2所示。一般来说，先要绘出基本的几何形体，再将它们变成需要的形状，然后通过不同的方法将它们组合在一起，从而建立复杂的形体。另一种常用的造型技术是先创造出二维轮廓，再将其拓展到三维空间。还有一种技术称为放样技术，即先创造出一系列二维轮廓，用来定义形体的骨架，再将几何表面附于其上，从而创造出立体图形。由于造型有一定难度，工作量又大，因此对于经验不足的新手，可在市场上找到包罗万象的三维造型库，从中直接调用三维形体以提高工作效率。

（2）动画

动画可使各种造型运动起来，由于计算机有非常强的运算能力，制作人员所要做的只是定义关键帧，中间帧交给计算机去完成，这就使人们可以做出与现实世界非常一致的动画。例如，一些电影的很多镜头都是用计算机合成的，观众却无法分辨。而传统的动画片，由于是手工绘制，帧与帧之间没有过渡，观众看到的是画面不断跳跃的卡通片。

（3）绘图

绘图包括贴图和光线控制，当完成这些工作要给动画上色时，就会发现计算机的性能对制作三维动画的重要性。动画一秒钟大约为30帧，合成一帧（就是一个画面）可能用几秒，也可能用几十分钟，性能不佳的计算机将无法完成这些工作。

制作三维动画需要大量的时间。为了获得更高的效率，通常可将一个项目分为几个部分，特别是对于那些投资巨大的制作，因此分工协作显得非常重要。

图3-2　三维造型

3.2　动画制作软件 Animate

Animate 是 Adobe 公司开发的一款二维动画制作软件，简称 An。Animate 软件的原名为 Flash。随着 HTML 5 的发展，Adobe 公司于 2016 年将 Flash 软件正式更名为 Animate，在维持原有 Flash 开发工具支持的基础上，新增了 HTML 5 创作工具，为网页开发者提供更适应现有网页应用的音频、图片、视频、动画等创作支持。这款软件的功能非常强大，可以轻松完成多种动画制作。下面以 Adobe Animate 2020 版本为例详细介绍 Animate 的功能和使用方法。

视频

动画制作软件 Animate

1. 打开软件

Adobe Animate 2020 成功安装后，在桌面找到 An 软件，图标如图 3-3 所示，双击它打开软件。

图3-3　An软件图标

2. 创建文件

创建面板可根据自己的要求创建合适尺寸大小的文档。单击“新建”按钮或单击菜单栏中的“文件”→“新建”命令，弹出“新建文档”窗口，如图 3-4 所示，选择预设或自行输入相关信息后，单击右下角的“创建”按钮，完成文件的创建。

3.2.1　Animate 的工作界面

An 的界面中包括“菜单栏”“工作区”“时间轴 / 动画编辑器面板组”“属性 / 库等面板组”“工具面板”等组成部分，如图 3-5 所示。

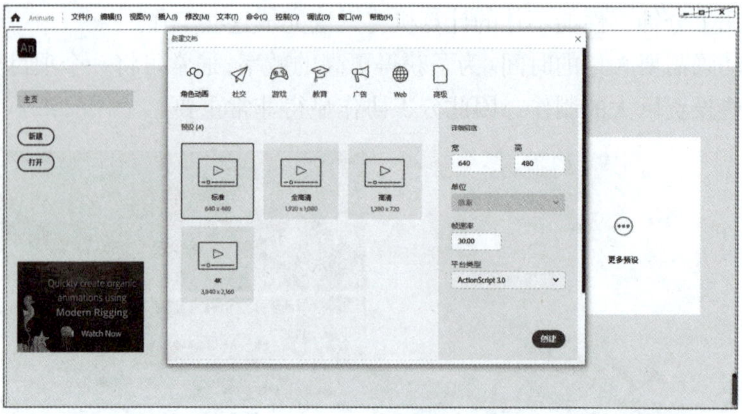

图3-4 An软件的“新建文档”窗口

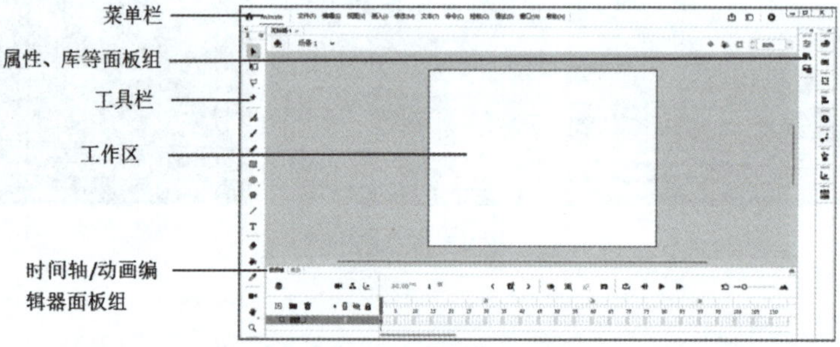

图3-5 An软件界面

1. 菜单栏

An 菜单栏主要提供了“文件”“编辑”“视图”“插入”“修改”“文本”“命令”“控制”“调试”“窗口”“帮助”功能，如图 3-6 所示。

图3-6 An软件的菜单栏

2. 工作区

工作区是最重要的组成部分之一，其作用是显示绘制的图形图像以及辅助绘制的各种参考线。工作区中主要包括场景工具栏和舞台两个部分，如图 3-7 所示。

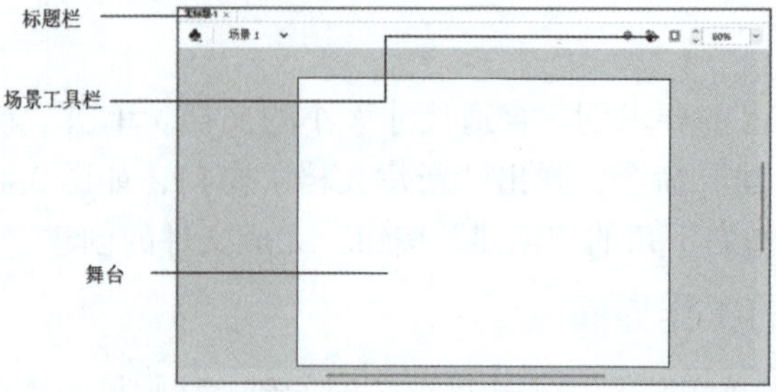

图3-7 An软件工作区

3.2.2 面板组介绍

1. 时间轴 / 动画编辑器面板组

时间轴是指动画播放所依据的一条抽象的轴线。在 An 中，抽象的轴线具象化到了一个面板中，即“时间轴”面板。“动画编辑器”与“时间轴”面板共存于一个面板组，如图 3-8 所示。

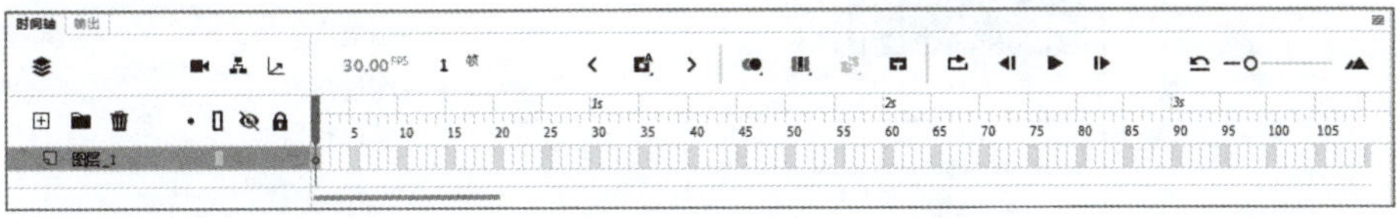

图3-8 时间轴/动画编辑器面板组

2. 属性 / 库 / 资源面板组

“属性”面板用于修改工具、对象、帧、文档的属性，如图 3-9 所示。“库”面板的作用类似一个仓库，其中存放着当前打开的影片中所有元件。用户可以对“库”面板中的元件进行复制、编辑和删除等操作。“资源”面板中提供了丰富的 An 自带的资源，包括角色、骨架、声音等，可直接拖到舞台场景中。

3. 工具栏

“工具栏”是 An 软件中的重要面板，主要包括绘制和编辑矢量图的各种操作工具，如图 3-10 所示。用户可以根据需要对“工具栏”中的工具进行增删。

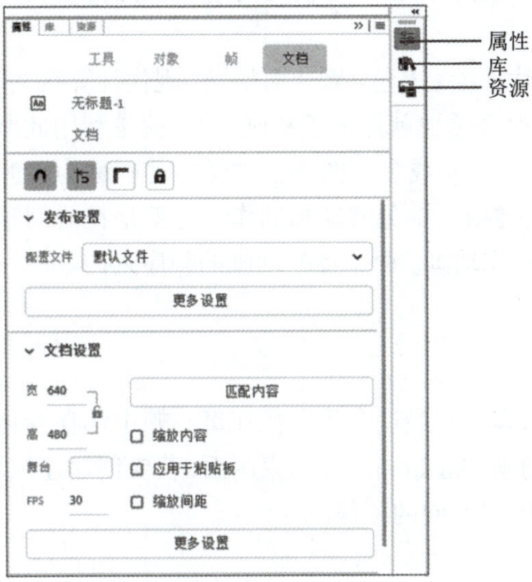

图3-9 An软件“属性”面板

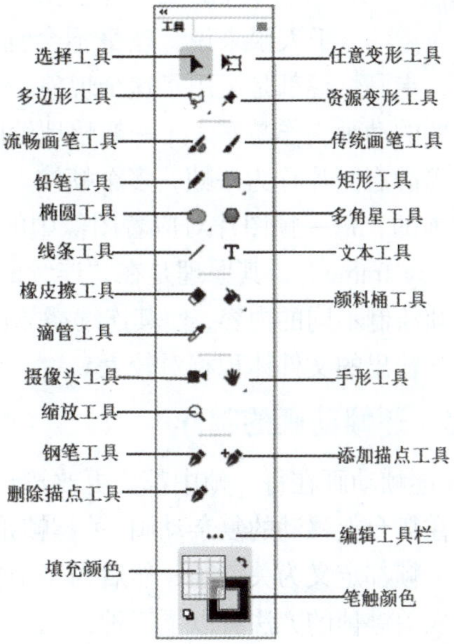

图3-10 An软件工具栏

4. 其他面板组

此外，在 An 还包含了其他面板组，包括颜色、样本、变形、对齐、图层深度、画笔库等，如图 3-11 所示。单击工具栏中的“窗口”选项，可以显示或隐藏这些面板。

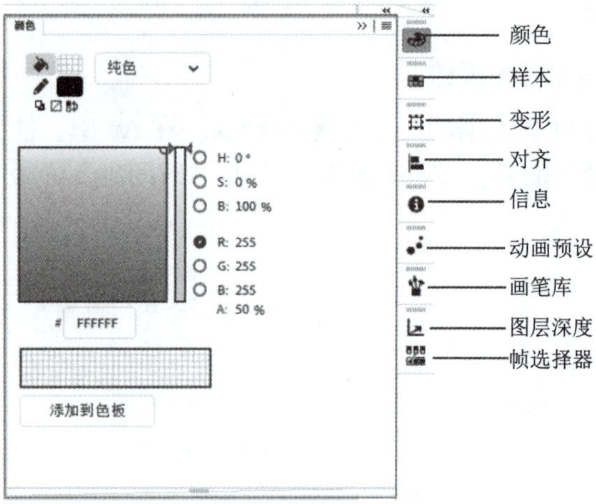

图3-11　“颜色”面板

3.3　逐帧动画

视频

逐帧动画

逐帧动画是一种常见的动画形式，几乎可以表现任何想表现的内容，同时适合于表演很细腻的动画，如 3D 效果、人物或动物急剧转身等效果。

3.3.1　逐帧动画的概念

传统的动画片事实上是把一幅幅静态图片按一定的速度顺序播放，对于人眼来说，丝毫不会觉察画面有停顿。这就是所谓的视觉暂留现象，如留影盘、走马灯等都是运用了这个现象。

古老的动画制作是靠人工一幅幅地给图片描绘、上色，繁杂而枯燥。现代计算机动画中，把每一幅静态图片称为一帧，多个帧按一定次序播放就形成了动画。An 就是利用此原理制作帧动画的，每一帧图片对应着图像中的一个图层或多个图层，这样的动画称为逐帧动画（frame by frame），其原理是在“连续的关键帧”中分解动画动作，也就是在时间轴的每帧上逐帧绘制不同的内容，使其连续播放而形成动画。由于逐帧动画的帧序列内容不一样，因此最终输出的文件体积相对较大。

3.3.2　逐帧动画的制作

An 逐帧动画在每一帧中都会更改舞台内容，它最适合于图像在每一帧中都在变化，而不仅是在舞台上移动的复杂动画。关键帧是动画的起始画面和结束画面，若要创建逐帧动画，可将每个帧都定义为关键帧，然后为每个帧创建不同的图像。

插入关键帧的方法有以下三种：

方法 1：选择对应的帧，单击菜单栏中的“插入”→“时间轴”→“关键帧”命令。

方法 2：在对应的帧上右击，弹出快捷菜单，选择“插入关键帧”命令。

方法 3：选择对应的帧，按【F6】快捷键。

另外，可以通过插入帧的方式扩展两个关键帧之间的距离，增加动画的延续时间；相反，删除帧可以缩小两个关键帧之间的距离，减少动画的延续时间。

3.3.3 案例——“猫表情”逐帧动画

【例 3-1】利用多幅图像和逐帧动画制作如图 3-12 所示的“猫表情”动画效果。

视频
“猫表情”逐帧动画

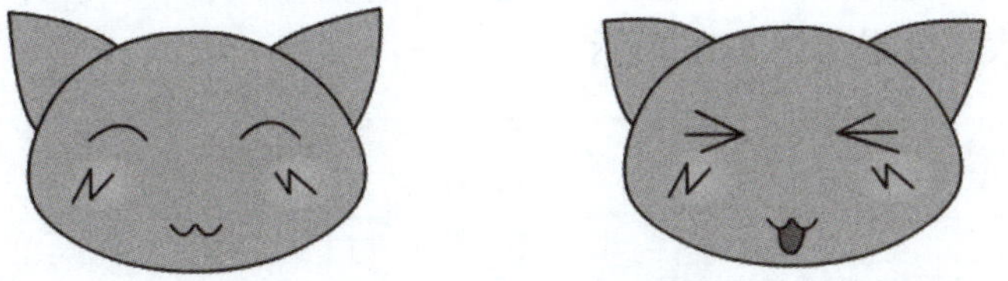

图3-12 猫表情效果

① 打开 Animate，单击菜单栏中的“文件”→“新建”命令，弹出“新建文档”对话框，单击“预设”组中的“标准”按钮将其选中，其他项保持默认设置，如图 3-13 所示，然后单击“创建”按钮，创建一个 640×480 像素的舞台。

② 单击菜单栏中的“视图”→“网格”→“编辑网格”命令，打开“网格”对话框，将宽和高都设置为 25 像素，并单击选中“显示网格”复选框，如图 3-14 所示，单击“确定”按钮。

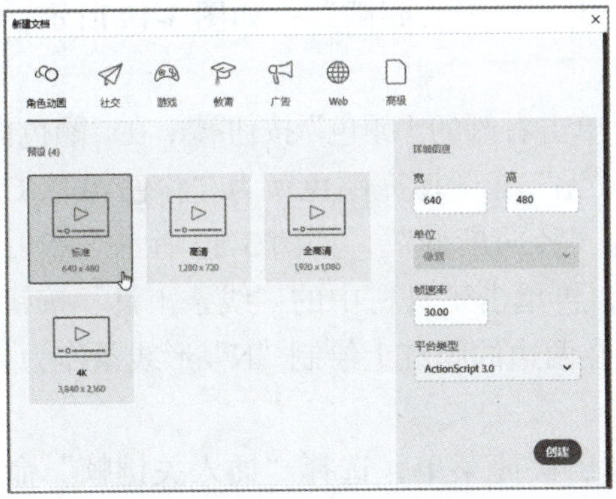

图3-13 “新建文档”对话框

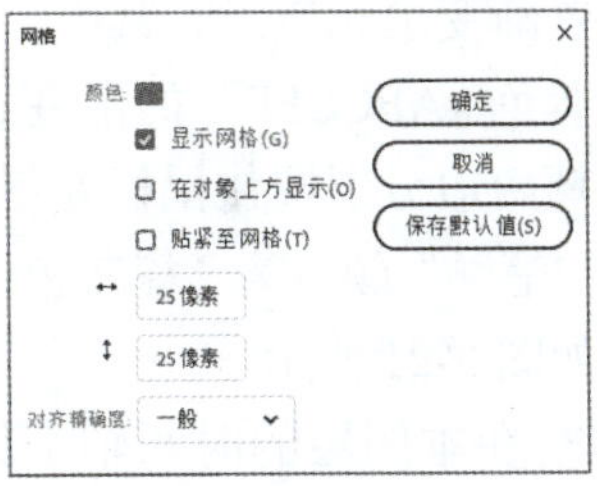

图3-14 “网格”对话框

③ 单击工具栏中的“椭圆工具”按钮，再单击右侧“属性”按钮，在“属性”面板的“工具”选项卡中设置“填充”颜色为“无”，“笔触”颜色为“深蓝色 #0000CC”，“笔触大小”为“3px”，如图 3-15 所示。然后在场景中按下鼠标左键不放，拖动鼠标画出一个椭圆，如图 3-16 所示，作为小猫的脸。

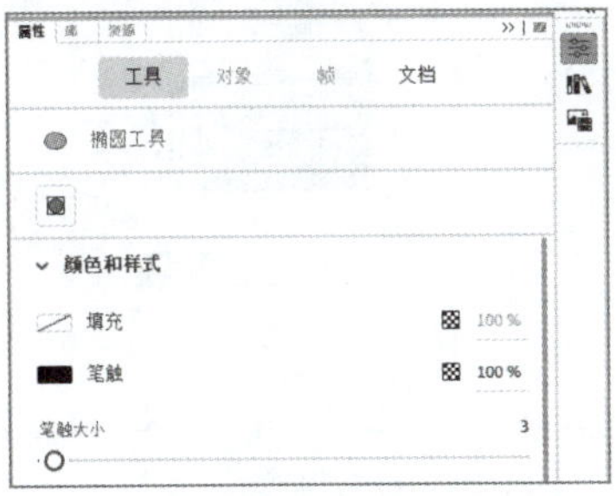

图3-15 “属性”面板“工具”选项卡中的设置

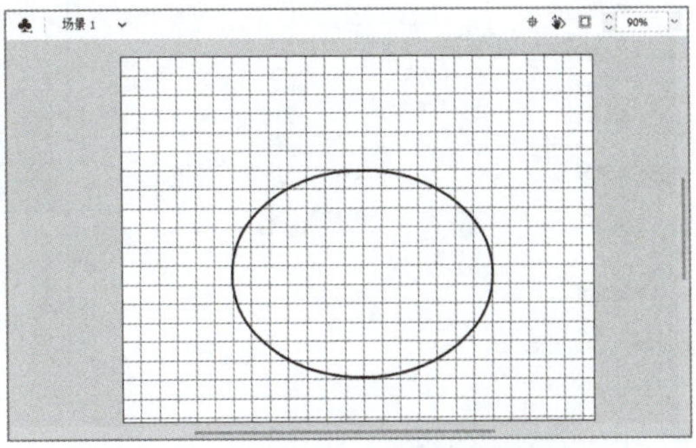

图3-16 使用“椭圆工具”绘制猫脸

④ 单击工具栏中的“线条工具”按钮，在场景中依次使用按下鼠标左键不放，拖动鼠标绘制线条的方式，画出小猫的五官，如图 3-17 所示。

⑤ 单击工具栏中的“选择工具”按钮，靠近线条的位置，光标变为，按住鼠标左键，改变线条弧度，使猫表情效果如图 3-18 所示。

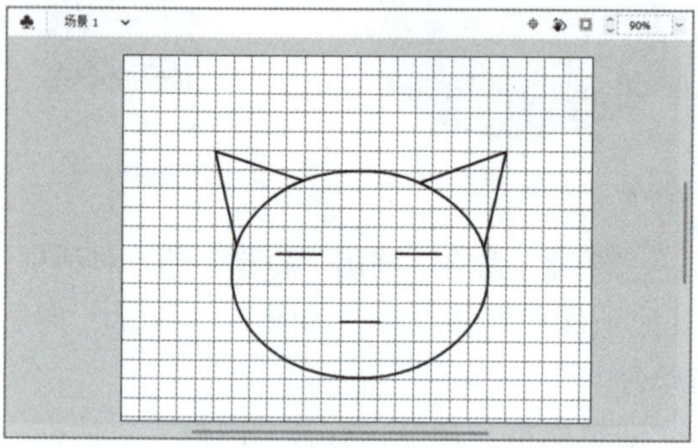

图3-17 使用“线条工具”绘制小猫五官

图3-18 改变线条弧度调整小猫五官

⑥ 单击工具栏中的“颜料桶工具”按钮，在“属性”面板的“工具”选项卡中设置“填充”颜色为“蓝色 #AECCFF”，“间隙大小”为“封闭大间隙”，如图 3-19 所示，对小猫进行颜色填充。

⑦ 单击工具栏中的“椭圆工具”按钮，再单击右侧的“颜色”按钮，在“颜色面板”中设置渐变填充效果，其中，“笔触颜色”为“无”，“填充颜色”为“粉色 #FFCCFF”到“蓝色 #AECCFF”的渐变，“颜色类型”为“径向渐变”，如图 3-20 所示。然后在小猫脸颊两边分别按住鼠标左键拖动，绘制腮红，再单击工具栏中的“线条工具”按钮，设置“笔触”颜色为“深蓝色 #0000CC”，分别在两边的腮红上绘制“N”形线条作为点缀，效果如图 3-21 所示。

⑧ 在本图层的时间轴上第 5 帧上右击，弹出快捷菜单，选择“插入关键帧”命令。然后分别用“线条工具”“选择工具”“颜料桶工具”等适当修改小猫的表情，效果如图 3-22 所示。

⑨ 按【Ctrl+'】组合键清除网格，按【Enter】键播放动画。保存为 FLA 格式的源文件，导出 SWF 格式的影片文件。至此，“猫表情”制作完成。

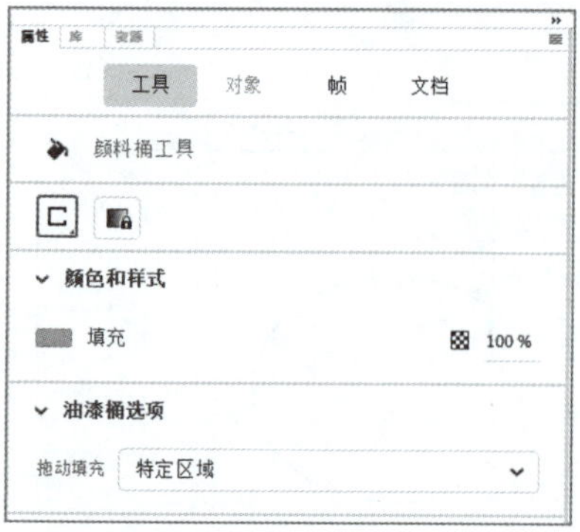

图3-19 设置“颜料桶工具”参数

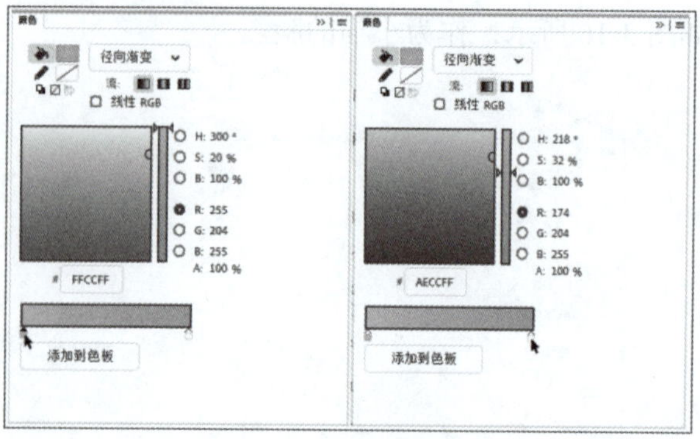

图3-20 设置渐变

图3-21 腮红效果

图3-22 修改表情

3.3.4 案例——“小鸡”逐帧动画

视频

“小鸡”逐帧动画

本节将利用逐帧画技法制作“小鸡”动画。要求按照运动规律，分别在各个关键帧中描绘出物体的不同状态，实现动画效果，同时为了美化效果，需要注意使用绘图工具栏绘制小鸡的四肢、表情等部位，进行细节处理，提升视觉效果。

【例 3–2】制作“小鸡”逐帧动画。

① 打开 Animate 软件，创建一个 1 080 × 1 920 像素的全高清文档，如图 3-23 所示。

② 单击菜单栏中的“视图”→“网格”→“编辑网格”命令，打开“网格”对话框，将宽和高都设置为 25 像素，并单击选中“显示网格”复选框，如图 3-24 所示，单击“确定”按钮。

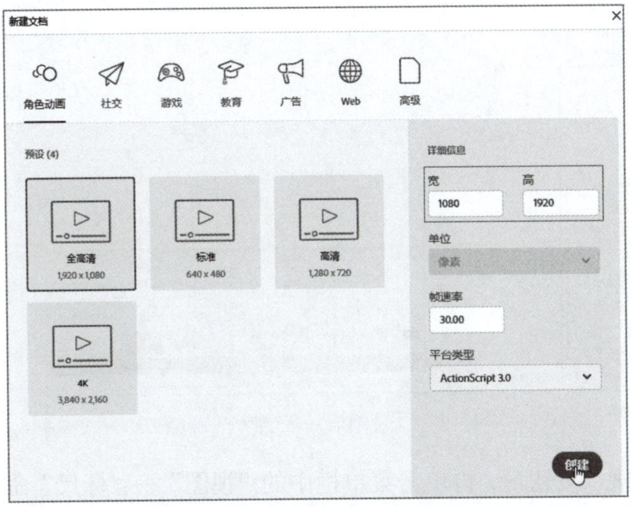

图3-23 新建一个1 080 × 1 920像素的全高清文档

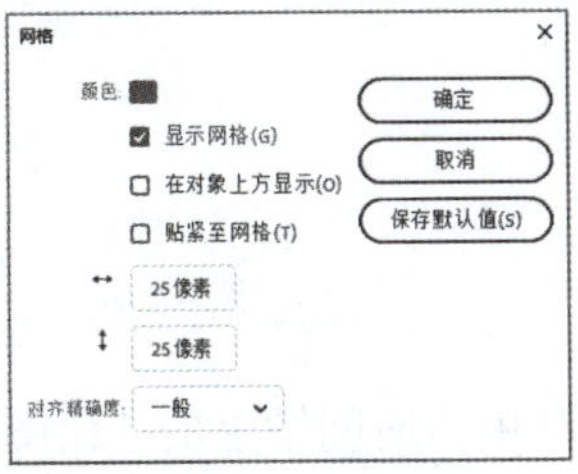

图3-24 创建网格

③ 使用“椭圆工具”在场景中绘制一个“金黄色 #FFFF33”的圆形，然后分别在第 1、12、24 帧处插入关键帧，如图 3-25 所示。

④ 使用“选择工具”移动圆形的位置，其中第 1 和第 24 帧位置相同，圆形放置在舞台上方 1/3 处，第 12 帧圆形放在舞台下方 1/3 处，均为居中对齐，如图 3-26 所示，然后按【Ctrl+'】组合键清除网格。

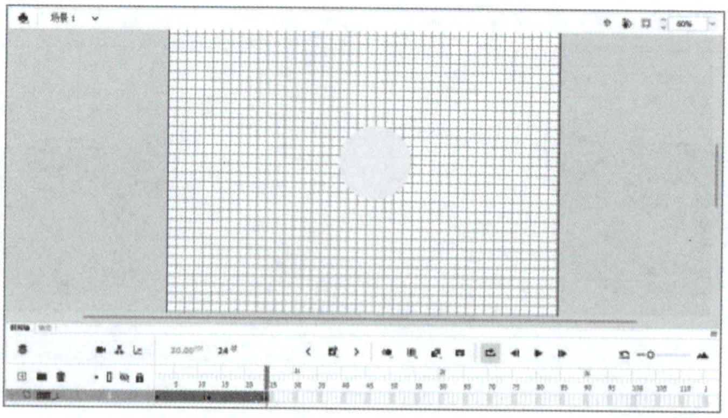

图3-25　绘制圆形

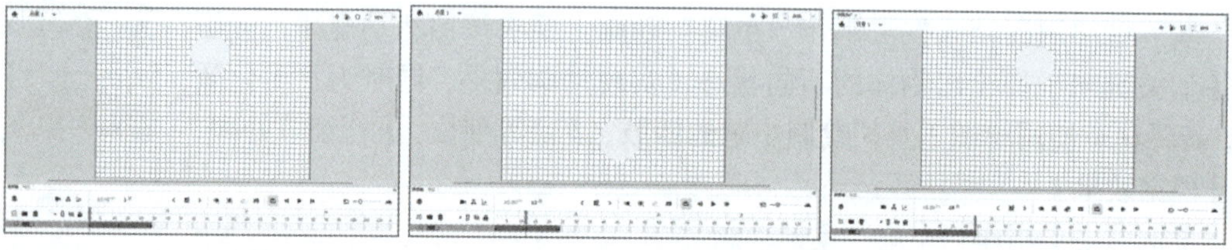

图3-26　移动圆形

⑤ 在第 1 ～ 12 帧、第 12 ～ 24 帧之间创建补间形状，并设置其缓动类型为属性（一起），缓动效果“Quad-Ease in”，其中缓动效果设置步骤如图 3-27 所示。

⑥ 在第 10、11、13、14 帧都分别插入关键帧，然后选中第 12 帧，如图 3-28 所示。

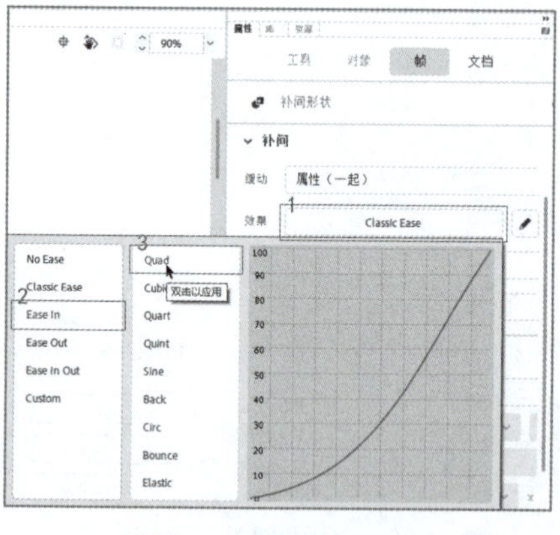

图3-27　缓动效果设置

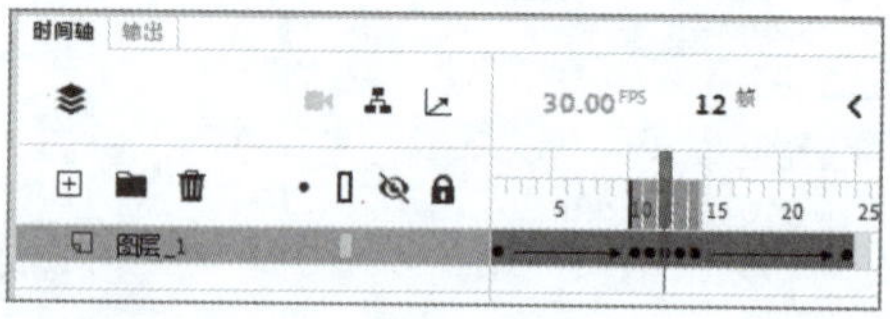

图3-28　插入关键帧

⑦ 单击时间轴上的“绘图纸外观”按钮，再单击菜单栏中的“视图”→“标尺”命令，按住横向的标尺向下拖到第 12 帧的球体最下方，然后单击菜单栏中的“视图”→“锁定辅助线”命令，如图 3-29 所示。

⑧ 选择第 10 帧，单击工具栏中的“任意变形工具”按钮，按住【Shift】键，按下鼠标左键不放，拖动鼠标将该帧的圆形纵向拉长，并将椭圆移动至最低端对齐辅助线，如图 3-30 所示。同理，将第 11、12 帧的圆形横向拉长，移动至最低端对齐辅助线，要求第 12 帧的椭圆比第 11 帧更加扁长，如图 3-31 所示。

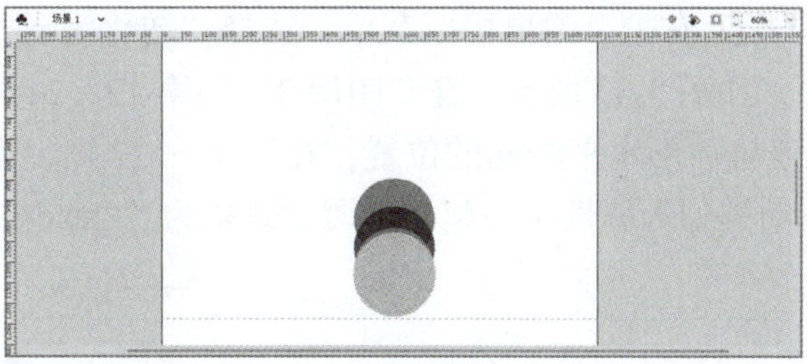

图3-29　创建辅助线

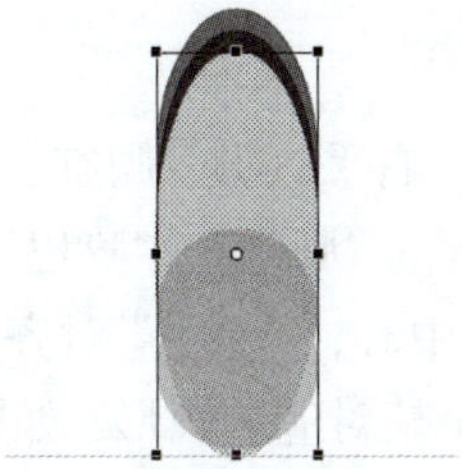

图3-30　第10帧图像变形

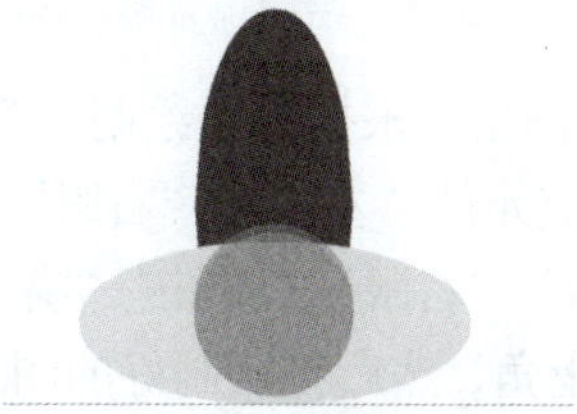

图3-31　图像横向拉长

⑨ 关闭绘图纸外观，单击工具栏中的“钢笔工具”按钮，将第 11 帧的椭圆进行变形，最终形状如图 3-32 所示。

⑩ 使用“钢笔工具”将第 12 帧的椭圆进行变形，最终形状如图 3-33 所示。

图3-32　第11帧的椭圆变形

图3-33　第12帧的椭圆变形

⑪ 使用“任意变形工具”将第 14 帧的圆形纵向拉长并移动到复制线上方约 1cm 处，最终效果如图 3-34 所示。

⑫ 单击时间轴上的“新建图层”按钮⊞，新建“图层 2”，将素材文件夹中的“小鸡”图形拖入舞台，放置在圆形左侧便于参照，完成后锁住“图层 2”，如图 3-35 所示。

图3-34　第14帧圆形变形

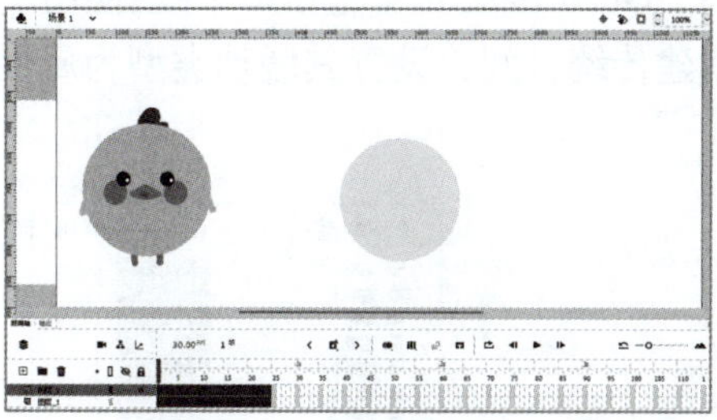

图3-35　新建图层2

⑬ 同理，新建“图层 3”，在第 1 帧圆形右侧绘制一个红色正方形，高度与圆形相同，

如图 3-36 所示。在正方形上右击，弹出快捷菜单，选择“转化为元件”命令，将正方形转换成元件“表情控制”，如图 3-37 所示。在“图层 3”的第 12、24 帧的位置插入关键帧，在 12 帧将该元件移动到与圆形水平相同的位置，在第 1 ～ 12 帧、第 12 ～ 24 帧之间创建传统补间，并设置其缓动类型为属性（一起），缓动效果为“Quad-Ease in”。

图3-36 绘制正方形

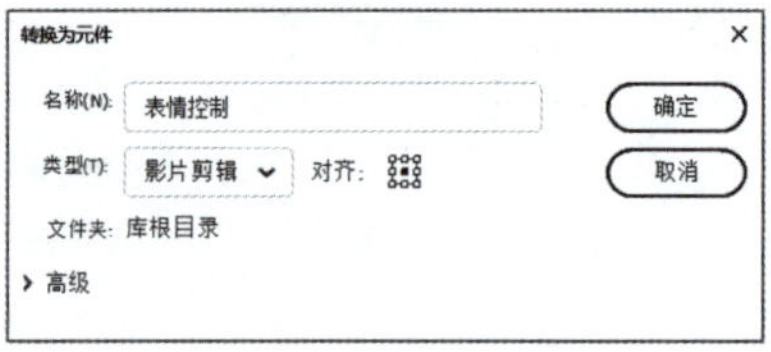

图3-37 转换为元件

⑭ 新建图层，根据参照绘制小鸡的左眼、右眼、左手、右手、脚、腮红、嘴巴、鸡冠，并分别转换成元件“左眼”“右眼”“左手”“右手”“脚”“腮红”“嘴巴”“鸡冠”，其中，“左眼”“右眼”“腮红”“嘴巴”“鸡冠”“脚”对齐中心，“左手”对齐右上角，“右手”对齐左上角，然后将绘制好的图形移动至“图层 1”第 1 帧对应的圆形，如图 3-38 所示，完成后删除图层 2。

图3-38 绘制小鸡

⑮ 选择第 1 帧，单击时间轴中的“显示父级视图”按钮，单击对应图层“设置父级”按钮，即可创建该图层的父子关系，“图层”面板如图 3-39 所示。

⑯ 选择“左手”图层，在第 1 帧使用“任意变形工具”将中心移至右上角，如图 3-40 所示，然后在第 10、13、24 帧插入关键帧，第 11、12 帧转为空白关键帧。在第 10 帧使用“变形工具”将其旋转 135°，再在第 1 ～ 10 帧之间创建传统补间，设置其缓动类型为属性（一起），缓动效果“Quad-Ease in”。在第 13 帧使用“变形工具”将其旋转 -45°，再在第 13 ～ 24 帧之间创建传统补间，设置其缓动类型为属性（一起），缓动效果“Quad-Ease in”。右手同理。

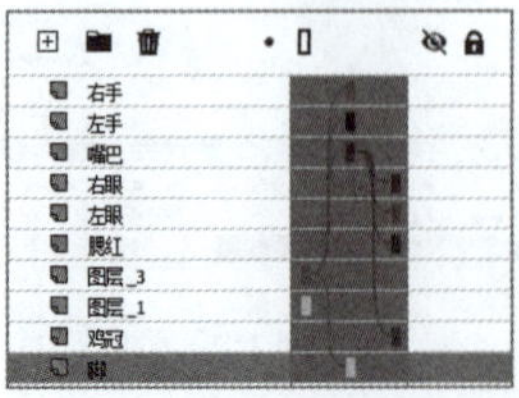

图3-39 父子关系

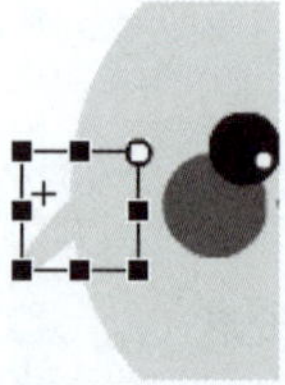

图3-40 编辑左手

⑰ 预览动画，从左到右，为各表情对应的图层添加关键帧，调整好位置即可，注意下移过程。图层效果如图 3-41 所示。

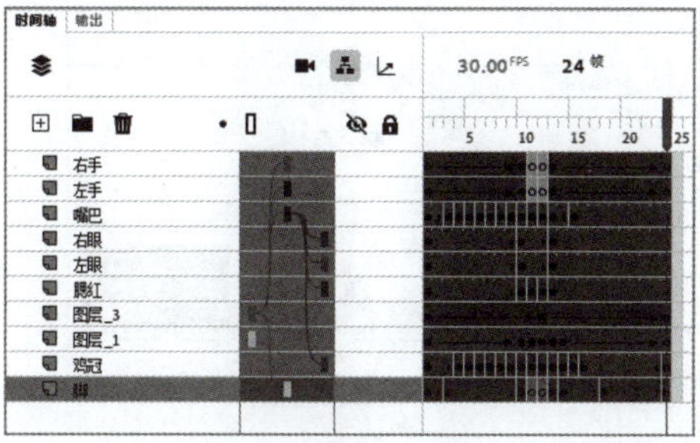

图3-41 图层效果

⑱ 隐藏图层 3，清除辅助线，按【Enter】键播放动画。保存 FLA 格式的源文件，导出 SWF 格式的影片文件，参考效果如图 3-42 所示。

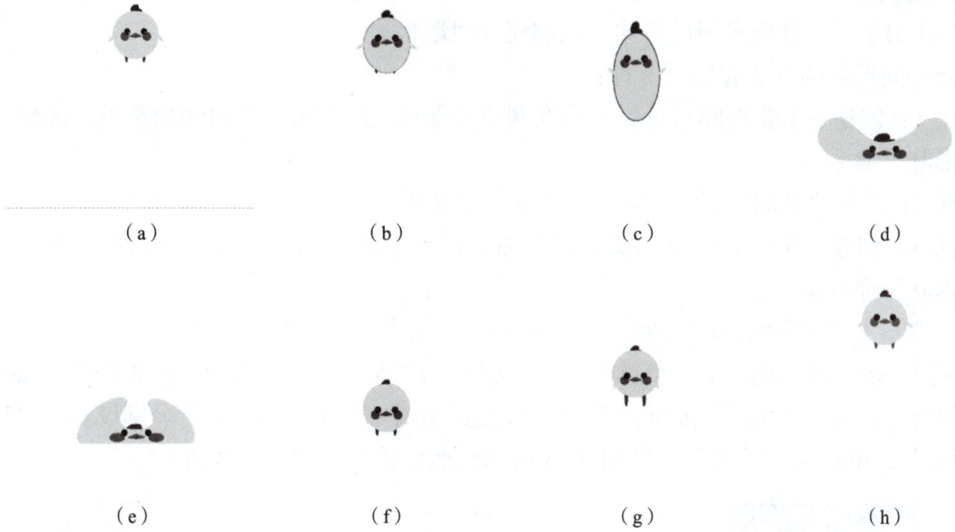

图3-42 动画效果

3.4 补间动画

上节讲述的逐帧动画是由手工控制的，可以表现任何想表现的内容，具有较大的灵活性。但由于帧序列内容不一样，不仅增加了制作负担而且最终输出的文件庞大，帧与帧之间的过渡可能会不自然、不连贯。而补间动画只需要为第一个关键帧和最后一个关键帧创建内容，两个关键帧之间帧的内容由软件自动生成，不需要人为处理，实现方法更简单，帧与帧之间连贯自然，文件占用资源少。

视频
补间动画

3.4.1 补间的概念

所谓“补间”，就是确定了开头、结尾和延续时间之后，让计算机自动生成的动画。

这是 An 的一个重要功能，是创建随时间移动或者更改的动画的一种有效方法。在 An 中，补间有补间形状、传统补间、补间动画三种。三者的颜色和标志在时间轴上的显示各不相同，如图 3-43 所示。

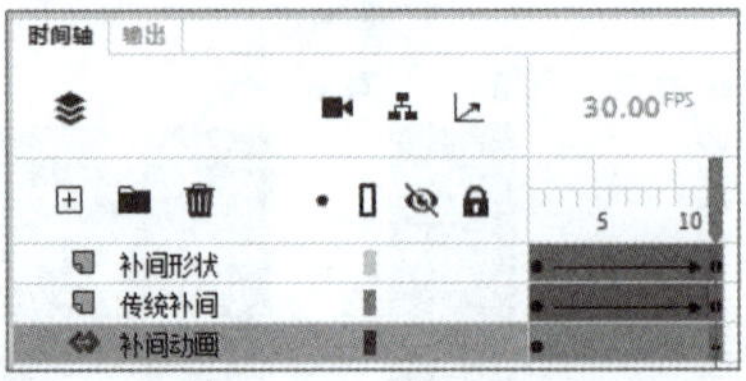

图3-43 在时间轴上显示的3种补间

3.4.2 形状补间动画的制作

制作形状补间动画需要在一个时间点绘制一个对象，然后在另一个时间点更改该元素的形状、颜色、位置，或绘制另一个形状对象，该对象必须为分离状态，若使用的是元件、按钮、文字、组这些对象，必须先单击菜单栏中的“修改”→“分离”命令（或按快捷组合键【Ctrl+B】），分离成图形后才可以创建补间形状。

创建补间形状的方法有以下三种：

方法 1：创建一个要补间对象，然后在两个关键帧之间右击，弹出快捷菜单，选择“创建补间形状”命令。

方法 2：选择要补间的对象，然后单击菜单栏中的“插入”→“补间形状”命令。

方法 3：创建一个要补间的对象，然后右击舞台上的实例，弹出快捷菜单，选择“创建补间形状”命令。

【例 3-3】利用形状补间动画制作如图 3-44 所示的“端午安康”贺卡。

① 打开 Animate 软件，单击菜单栏中的“文件”→“新建”命令，弹出“新建文档”对话框，单击“预设”栏种的“高清”按钮，将“详情信息”组中的“宽”和“高”分别设置为“720”和“1 280”，单位为“像素”，如图 3-45 所示，然后单击“创建”按钮。

图3-44 “端午安康”贺卡效果

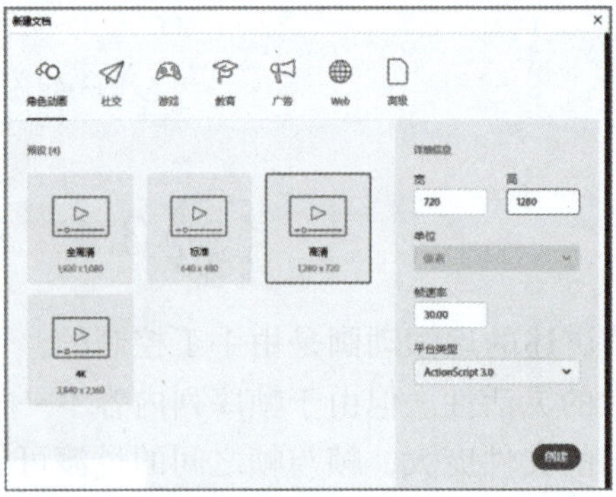

`图3-45 新建文档

② 将素材文件夹中的“端午”背景图拖入场景，单击“属性”→“对象”命令，设置图片的“宽”和“高”分别为“720”像素和“1 280”像素，并调整其位置，如图 3-46 所示，然后在第 60 帧上右击，弹出快捷菜单，选择“插入帧”命令。

图3-46　设置背景

③ 单击时间轴上的“新建图层”按钮⊞，新建“图层 -2”，双击“图层 -2”字样，将其名称改为“端”，单击空白处提交更改。在选择图层“端”的第 5 帧，然后单击工具栏中的“椭圆工具”按钮●，设置填充颜色为“绿色 #315S1E”，笔触颜色为“无”，在“端午”背景图上绘制一个圆形，如图 3-47 所示。

图3-47　绘制圆形

④ 在图层“端”第 15 帧上右击，弹出快捷菜单，选择“插入空白关键帧”命令，然后单击工具栏中的“文本工具”按钮T，再单击右侧“属性”按钮，在“属性”面板的“工具”选项卡中设置字符字体为“华文行楷”，大小为“180 px”，填充为“绿色 #315S1E”，然后在与绿色圆形相同的位置单击，在新建的文字框内输入字符“端”，如图 3-48 所示，单击空白处提交输入。

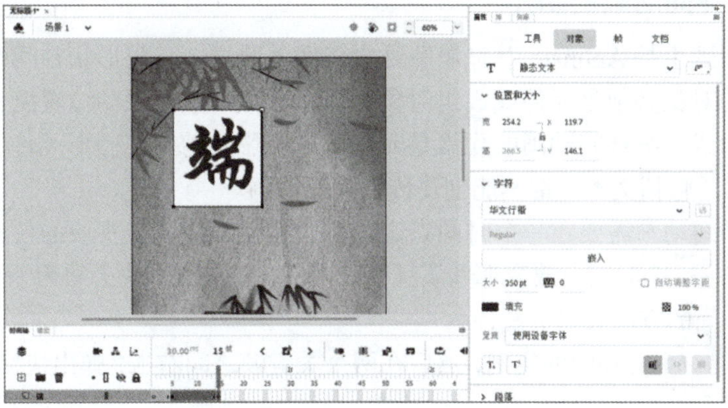

图3-48　输入字符

⑤ 在字符“端”上右击，弹出快捷菜单，选择“分离”命令，将其转为形状，然后在时间轴上第 5 帧和第 15 帧之间右击，弹出快捷菜单，选择“创建补间形状”命令，然后在第 60 帧的位置右击，弹出快捷菜单，选择“插入帧”命令，如图 3-49 所示。

⑥ 重复步骤③～⑤，在对应的位置分别创建补间动画“午”“安”“康”，如图 3-50 所示。

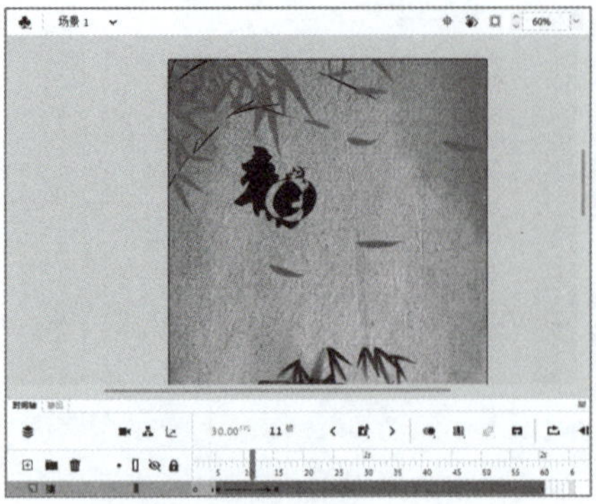

图3-49　插入帧

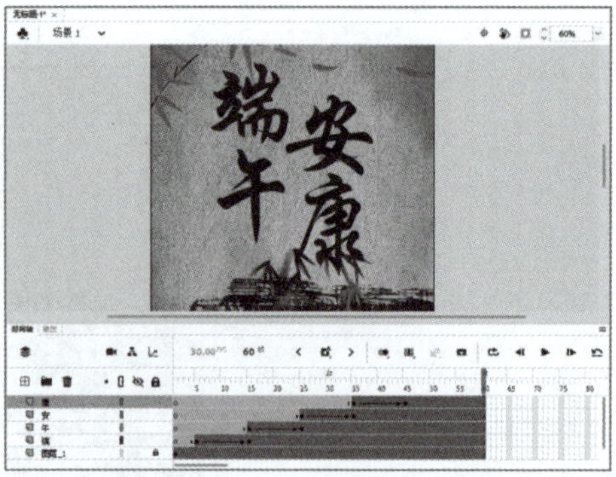

图3-50　编辑动画

⑦ 按【Enter】键播放动画。保存 FLA 格式的源文件，导出 SWF 格式的影片文件，最终效果如图 3-51 所示。

图3-51　最终效果

3.4.3　传统补间动画的制作

传统补间动画也是 Animate 中非常重要的表现手段之一。与形状补间动画不同的是，传统补间动画的对象必须是元件或成组对象，它适合做一些对象的位置变化和缩放，不适合变形动画。构成传统补间动画的元素是元件，包括影片剪辑、图形元件、按钮等。除了元件，其他元素（包括文本）都不能创建传统补间动画。

制作传统补间动画需要在一个时间点定义一个实例、组或文本块的位置、大小和旋转等属性，然后在另一个时间点改变那些属性，该实例、组或文本块必须为一个独立的元件。

创建传统补间的方法有以下三种：

方法 1：创建一个要补间的实例，然后在两个关键帧之间右击，弹出快捷菜单，选择“创建传统补间”命令。

方法 2：选择要补间的实例，然后单击菜单栏中的“插入”→“传统补间”命令。

方法 3：创建一个要补间的实例，然后右击舞台上的实例，弹出快捷菜单，选择“创建传统补间”命令。

【例 3-4】利用传统补间动画制作“灯左右摆动”动画。

① 打开 Animate 软件界面，单击菜单栏“文件”→“新建”命令，弹出“新建文档”

对话框，单击“预设”栏中的“全高清”按钮，其他设置如图 3-52 所示，然后单击“创建”按钮，创建一个 1 920 × 1 080 像素的舞台。

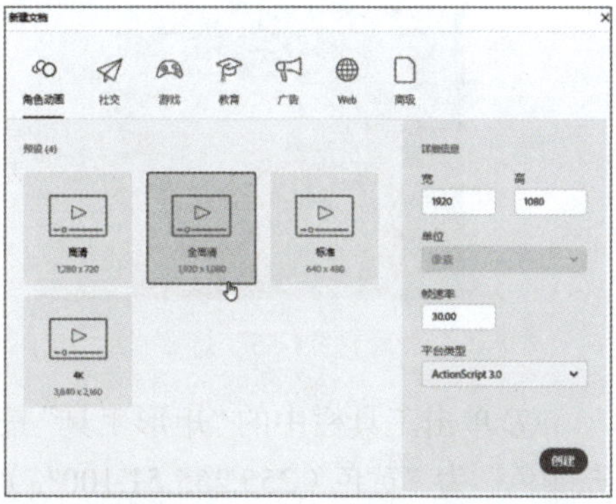

图3-52　新建“灯左右摆动”的动画文档

② 在舞台中右击，弹出快捷菜单，选择“文档”命令，弹出“文档设置”对话框，将“舞台颜色”设置为“蓝色 #33CCFF”，如图 3-53 所示，然后单击“确定”按钮。

③ 单击工具栏中的“线条工具”按钮，在“属性”面板的“工具”选项卡下设置“笔触颜色”为“橘色 #FF6600”，“笔触大小”为“10 px”，在舞台中按住鼠标左键拖动，绘制一根“灯线”，使之与舞台水平居中对齐，在“灯线”上右击，弹出快捷惨淡，选择“转换为元件”命令，弹出“转换为元件”对话框，将“名称”改为“灯线”，然后单击“确定”按钮，将线条转换成元件“灯线”，如图 3-54 所示。

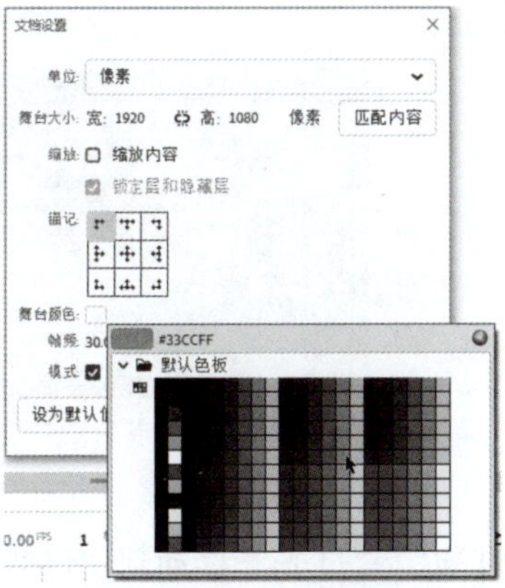

图3-53　设置舞台颜色

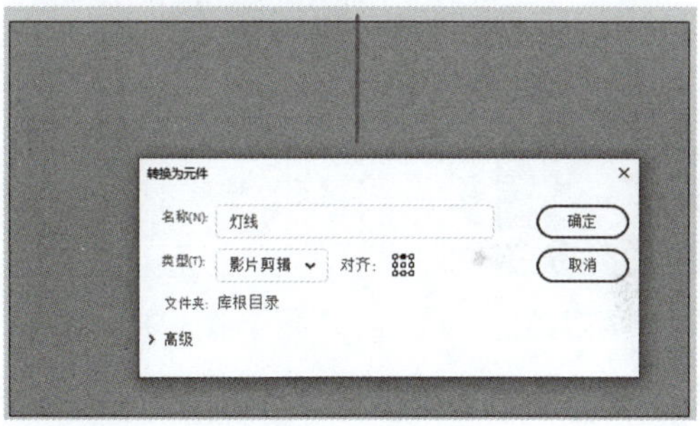

图3-54　灯线

④ 单击工具栏中的“矩形工具”按钮，在“属性”面板的“工具”选项卡下设置“笔触颜色”为“粉色 #FF9999”，“填充颜色”为“浅粉色 #FFCCFF”，“笔触大小”为“10 px”，按住鼠标左键不放在舞台中拖动，绘制形状“灯罩前”，单击工具栏中的“选择工具”按钮，靠近线条的位置，光标变为，按住鼠标左键，改变线条弧度，使图形“灯罩前”如图 3-55 所示。

⑤ 用“选择工具”选中形状“灯罩前”，然后右击弹出快捷菜单，选择“复制”命令，再右击弹出快捷菜单，选择“粘贴到当前位置”命令，得到图形“灯罩后”，在“属性”面板的“工具”选项卡下修改其“填充颜色”为“浅紫色 #CC99CC”，单击空白处取消选择。用“选择工具”调整“灯罩后”的下边缘线，如图 3-56 所示。将形状“灯罩前”转换成元件“灯罩前”，同时将形状“灯罩后”转换成元件“灯罩后”。

⑥ 单击工具栏中的“椭圆工具”按钮，在“属性”面板的“工具”选项卡下设置“笔触颜色”为“黄色 #FFFF33”，“填充颜色”为“浅黄色 #FFCC33”，“笔触大小”为“10 px”，按住鼠标左键在舞台中拖动，绘制形状“灯泡”，如图 3-57 所示。将形状“灯泡”转换成元件“灯泡”。

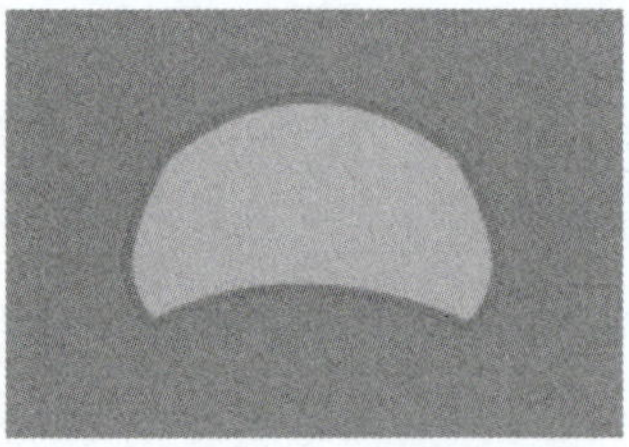

图3-55　灯罩前

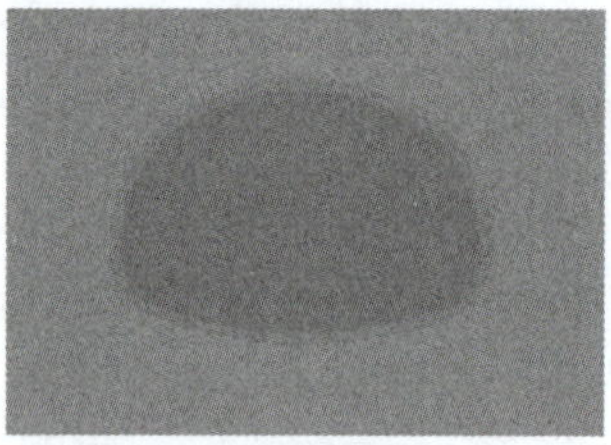

图3-56　灯罩后

⑦ 单击工具栏中的“矩形工具”按钮▢，在“颜色面板”中设置“笔触颜色”为“无”，“填充颜色”为“黄色（255,255,51,100%）”到“无色透明（255,255,255,0%）”的“线性渐变”，如图 3-58 所示。按住鼠标左键在舞台中拖动，绘制形状“灯光”，使用“任意变形工具”改变其形状和方向，使形状“灯光”如图 3-59 所示。将形状“灯光”转换成元件“灯光”。

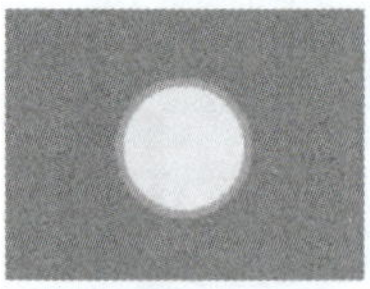

图3-57　灯泡

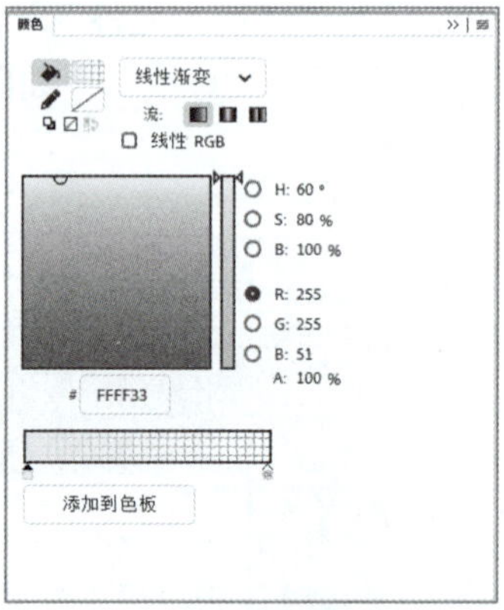

图3-58　渐变

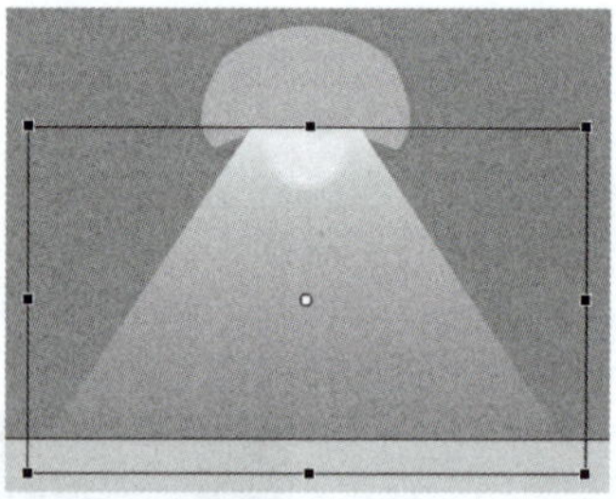

图3-59　灯光

⑧ 按住【Shift】键，将“灯罩前”“灯罩后”“灯泡”“灯光”移动到“灯线”下方，然后将这木四个元件选中，单击菜单栏中的“修改”→“对齐”→“水平居中”命令，将这四个元件水平居中对齐，同时利用【Ctrl+ ↑】组合键和【Ctrl+ ↓】组合键调整元件层次，用【↑】键和【↓】键调整元件位置，如图 3-60 所示。

⑨ 同时选中“灯罩前”“灯罩后”“灯泡”“灯光”“灯线”四个元件，将这四个元件转换成元件“灯全体”，然后单击功能栏中的“任意变形工具”按钮▢，将中心点移动到中上方，如图 3-61 所示。

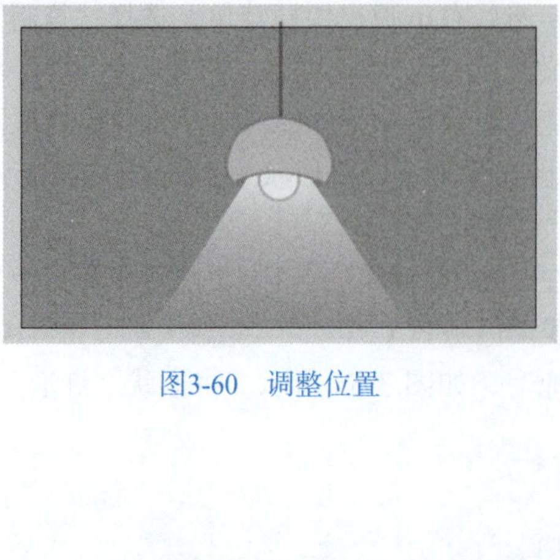

图3-60　调整位置

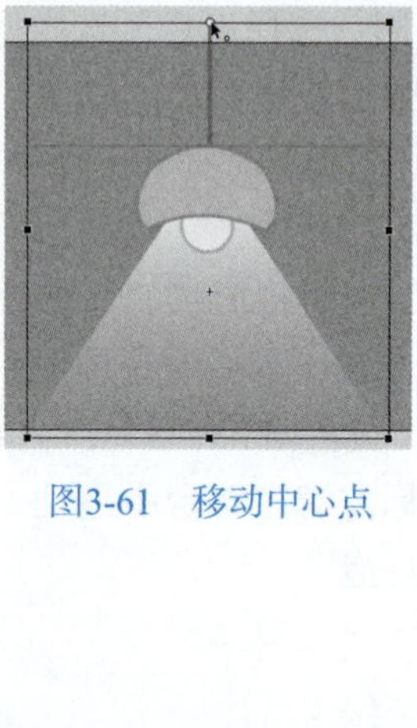

图3-61　移动中心点

⑩ 在时间轴第 24、48 帧的位置分别右击，弹出快捷菜单，选择“插入关键帧”命令。选中第 1 帧，然后单击“变形”按钮，将“旋转”改为 45°，将元件“灯全体”旋转 45°，如图 3-62 所示，单击空白处提交变形，同理选中第 48 帧，将该元件旋转 -45°。分别在时间轴第 1 ～ 24 帧和 24 ～ 48 帧之间右击，弹出快捷菜单，选择“创建传统补间”命令。

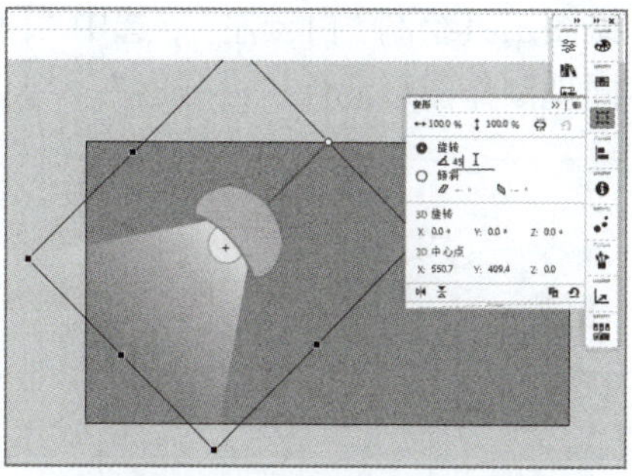

图3-62　旋转

⑪ 按【Enter】键播放动画。保存 FLA 格式的源文件，导出 SWF 格式的影片文件，最终效果如图 3-63 所示。

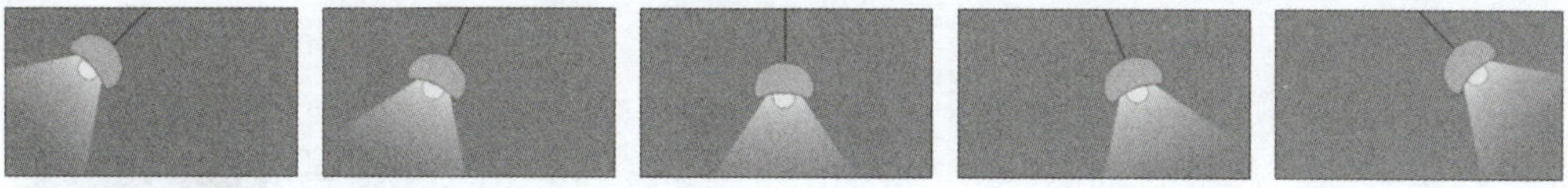

图3-63　最终效果

3.4.4　补间动画的制作

补间动画是通过为不同帧中的对象属性指定不同的值而创建的动画，在需要变化的帧上修改对象属性后，计算机会在该帧上生成属性关键帧，无须我们手动创建。属性关键帧是在补间范围中为补间目标对象定义一个或多个属性值的帧。这些属性可能包括位置、不透明度、色调等。与传统补间动画一样，构成补间动画的对象必须是元件，包括影片剪辑、图形元件、按钮、文字等，但不能是形状，只有把“形状”转换成“元件”后，才可以创建传统补间动画。

创建补间动画可以使用以下三种方法：

方法 1：创建一个要补间的实例，然后在一个关键帧之后右击，弹出快捷菜单，选择“创建补间动画”命令。

方法 2：选择要补间的实例，然后从单击菜单栏中的“插入”→“补间动画”命令。

方法 3：创建一个要补间的实例，然后右击舞台上的实例，弹出快捷菜单，选择“创建补间动画”命令。

【例 3–5】利用补间动画制作“夜幕降临”动画。

① 打开 Animate 软件界面，单击菜单栏“文件”→“新建”命令，弹出“新建文档”对话框，设置“宽”和“高”分别为“640”和“480”，“帧频率”为“15”，如图 3-64 所示，然后单击“创建”按钮，创建一个 640 × 480 像素的舞台。

② 在“属性”面板的“文档”选项卡中将“舞台颜色”改为“浅黄色 #FFFFCC”，如图 3-65 所示。

③ 使用工具箱中的绘图工具在“图层 1”上绘制如图 3-66 所示“青山”，在图层名称上双击，将图层名称改为“青山”，然后选择第 30 帧，按【F5】快捷键插入帧。需要注意的是，必须先把所需要填充的空间大致闭合才可使用“油漆桶工具”对其进行色彩填充。

视频

补间动画实例——“夜幕降临”

④ 新建“图层 2”，将其图层名称改为“白云左”，使用工具箱中的

绘图工具绘制“白云左”，选中“白云左”，按【F8】快捷键将其转换为图形元件“白云左”。同理制作图形元件“白云右”“太阳”“大雁”，调整图层位置如图 3-67 所示。

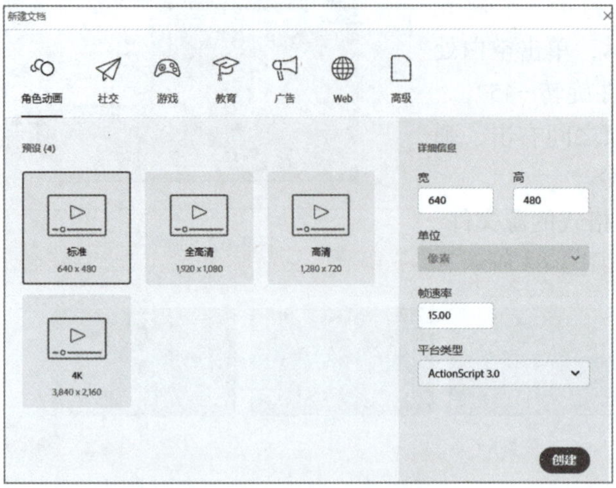

图3-64　创建“夜幕降临”文档

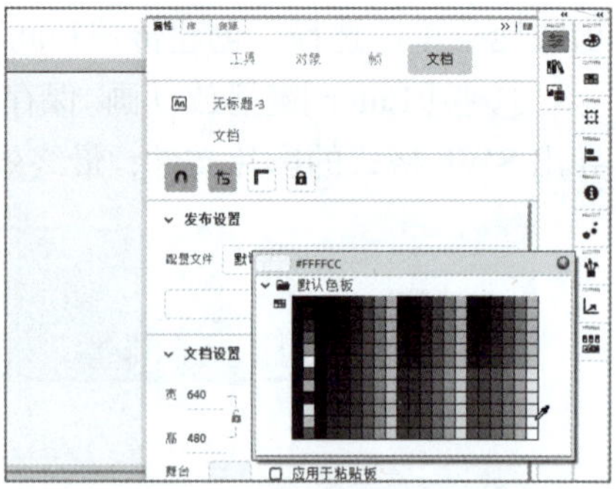

图3-65　修改“舞台颜色”

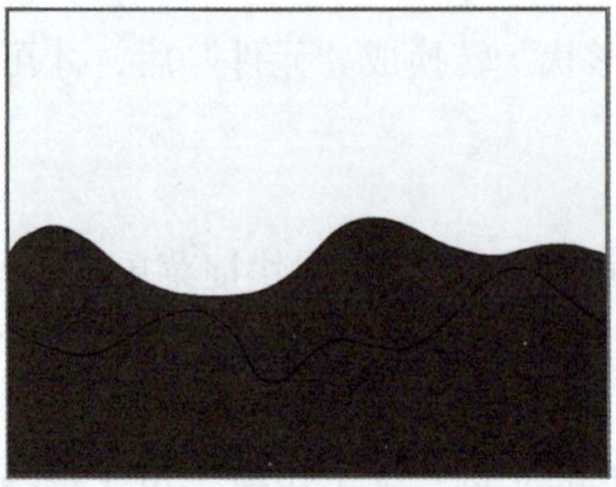

图3-66　绘制“青山”

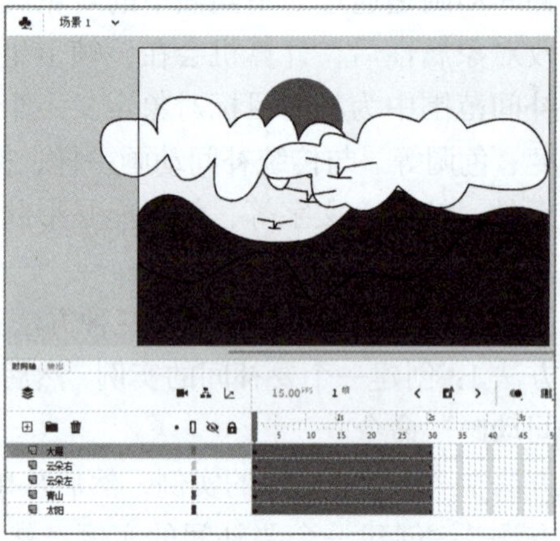

图3-67　绘制“白云右”“太阳”“大雁”

⑤ 选择图层“太阳”的第 15 帧，按【F6】快捷键插入关键帧，在第 30 帧上右击，弹出快捷菜单，选择“创建补间动画”命令，然后将图形元件“太阳”向下移动到山脊线下，如图 3-68 所示。

提示：当场景中元素较多时，可以单击图层名称后方的“隐藏图层”按钮或“轮廓”按钮，将暂时无须处理的图层隐藏或是仅显示轮廓线。

⑥ 双击图形元件“白云左”进入“编辑元件”界面，在第 15、30 帧上分别插入关键帧。选择第 1 帧，将“白云左”的填充颜色改为“黄色 #FFFF66”。选择图层“白云左”的第 15 帧，将“白云左”向左移动到“太阳”左边，在第 1～15 帧之间右击，弹出快捷菜单，选择“创建补间形状”命令。选择图层“白云左”的第 30 帧，在“颜色”面板中将“白云左”的“填充颜色”和“轮廓颜色”的不透明度都改为 100%，在第 15～30 帧之间创建补间形状，如图 3-69 所示。

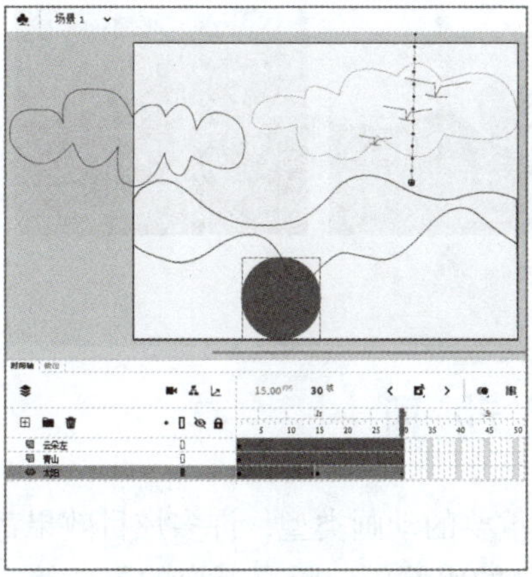

图3-68　“太阳”向下移动

图3-69　创建补间形状

⑦ 参考步骤⑥，完成“白云右”向右移动并逐渐消失的形状补间动画。

⑧ 选择图层“大雁”的第 1 帧，将图形元件“大雁”移动至舞台右上角，在第 30 帧上右击，弹出快捷菜单，选择“创建补间动画”命令。单击“变形”工具按钮⌗，选择约束，将“大雁”放大到 200%，如图 3-70 所示。然后将大雁移动到左下角，适当调整路径的弧度，如图 3-71 所示。

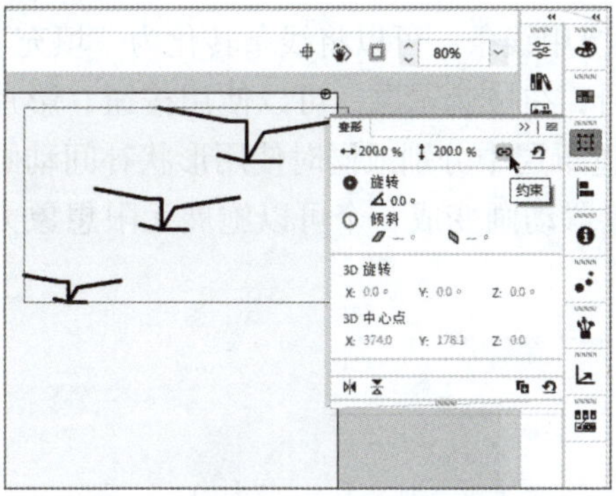

图3-70　将“大雁”放大

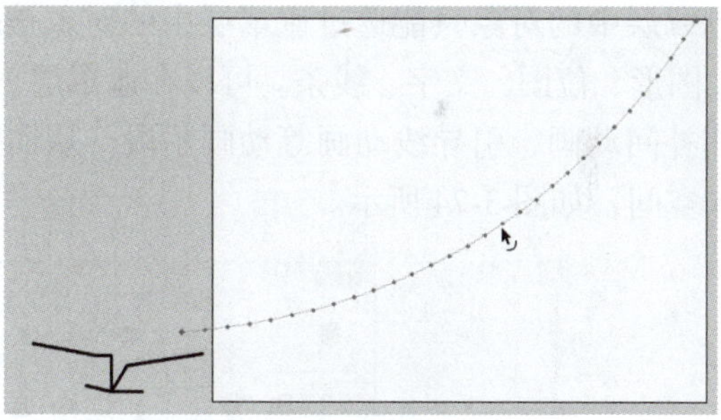

图3-71　调整路径的弧度

⑨ 新建图层“天色”，使用“矩形工具”在第 15 帧绘制一个与舞台同等大小的矩形，“填充颜色”为“无”。在第 30 帧插入关键帧，然后将无色矩形的“填充颜色”改为“蓝色 #000066”，“不透明度”设置为“50%”，在第 15 ～ 30 帧之间创建补间形状，如图 3-72 所示。

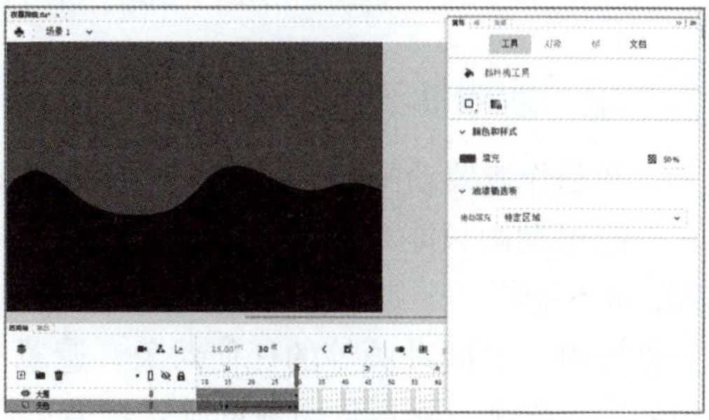

图3-72　在第15～30帧之间创建补间形状

⑩ 按【Enter】键播放动画。保存 FLA 格式的源文件，导出 SWF 格式的影片文件，最终效果如图 3-73 所示。

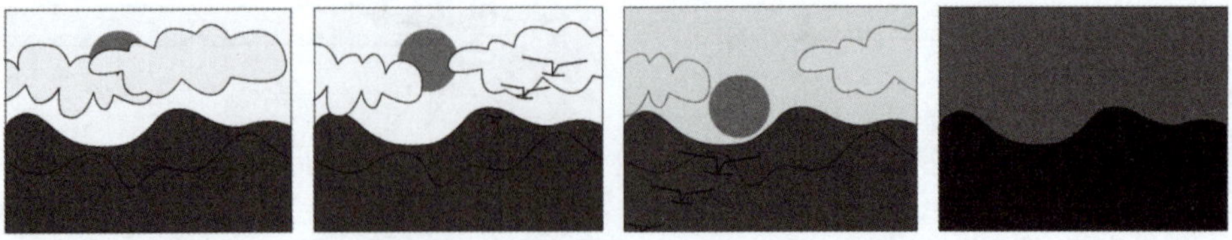

图3-73 “夜幕降临”动画效果

3.5 遮罩动画

视频

遮罩动画

遮罩动画是 An 创作中的一个很重要的动画类型，许多炫目效果都是通过遮罩动画来完成的，例如波光粼粼的水倒影、瞬息万变的万花筒、变换整齐的百叶窗，还有探照灯、放大镜、望远镜等。

3.5.1 遮罩动画的概念

在 An 的图层中有一个遮罩图层类型，为了得到特殊的显示效果，可以在遮罩层上创建一个任意形状的“视窗”，遮罩层下方的对象可以通过该“视窗”显示出来，而“视窗”之外的对象将不会显示。这种运用遮罩制作而成的动画就称为遮罩动画。

遮罩层中的图形对象在播放时是看不到的，遮罩层中的内容可以是按钮、影片剪辑、图形、位图、文字等，但不能使用线条，如果一定要用线条，可以将线条转化为“填充”；被遮罩层中的对象只能透过遮罩层中的对象被看到。在被遮罩层，可以使用按钮、影片剪辑、图形、位图、文字、线条。可以在遮罩层、被遮罩层中分别或同时使用形状补间动画、动作补间动画、引导线动画等动画手段，从而使遮罩动画变成一个可以施展无限想象力的创作空间，如图 3-74 所示。

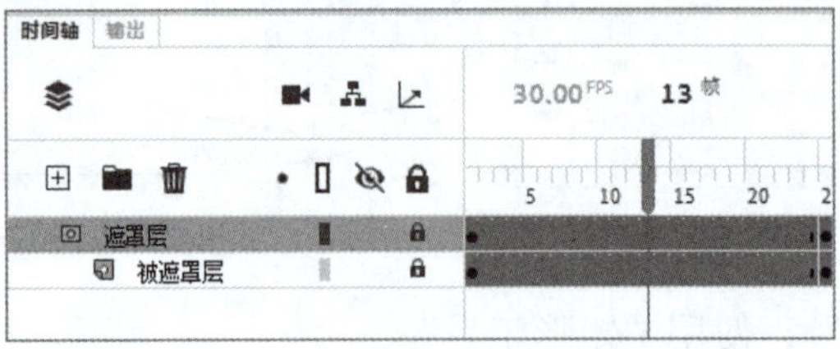

图3-74 遮罩层与被遮罩层

3.5.2 遮罩动画的制作

在制作遮罩动画时，只需在“图层”面板上设置遮罩层即可建立遮罩。

遮罩动画只能有一个遮罩层，且遮罩层只能包含一个遮罩项目。遮罩层不能在按钮内部，也不能将一个遮罩应用于另一个遮罩。但可以有多个遮罩层，其中包括位图、文本对象、元件实例、补间动画等的任何对象。遮罩动画显示出来的颜色是被遮罩层的颜色，与遮罩层的颜色无关。在场景中预览遮罩效果必须保持遮罩层与被遮罩层同时被锁定。

使用文本创建遮罩动画，必须使用传统文本。在文本没有分离的情况下作为遮罩，有时遮罩效果在生成 SWF 文件后不能显示，如果遇到此类情况应将遮罩层文字分离为普通图形。

3.5.3 案例——“探照灯”遮罩动画

视频 “探照灯”遮罩动画

【例 3–6】利用遮罩动画制作“探照灯”动画。

① 打开 Animate 软件界面，单击菜单栏“文件”→“新建”命令，弹出“新建文档”对话框，单击“预设”栏中的“标准”按钮，设置如图 3-75 所示，然后单击“创建”按钮，创建一个 640 × 480 像素的舞台。

② 在“属性”面板的“文档”选项卡中设置舞台的“背景颜色”为“浅黄色 #FFFFCC”，如图 3-76 所示。

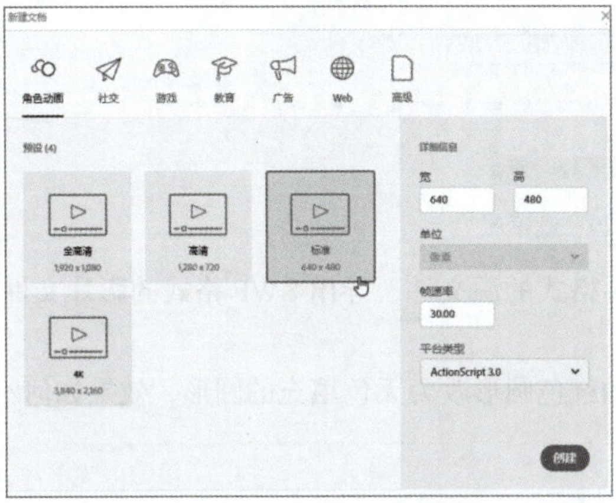

图3-75 新建“探照灯”文档

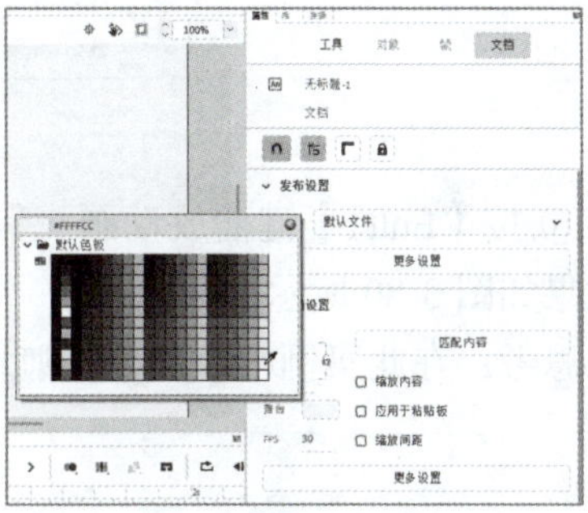

图3-76 设置舞台背景

③ 选择“图层 1”的第一帧，单击工具栏中的“文本工具”按钮T，在“属性”面板的“工具”选项卡中设置“字体”为“楷体”，“大小”为“150 pt”“文本颜色”为“青色 #66FF33”，在舞台中输入文字“遮罩动画”，单击空白处提交输入，然后在时间轴的第 30 帧上右击，弹出快捷菜单，选择“插入帧”命令，如图 3-77 所示。

④ 单击时间轴上的“新建图层”按钮⊞，新建一个图层并更改其图层名称为“Mask”。选择图层“Mask”的第 1 帧，单击工具栏中的“椭圆工具”按钮●，在舞台中绘制一个“填充颜色”为“红色 #FF0000”的圆形，其大小要求能够大于单个字符，然后将其移动到文本“遮”的左边，如图 3-78 所示。选中圆形，单击菜单栏中的“修改”→“转换为元件”命令，将其转换为元件“Mask”。选择图层“Mask”的第 30 帧，右击弹出快捷菜单，选择“插入关键帧”命令，然后将元件“Mask”水平移动到文本“画”的右侧。

图3-77 输入文字

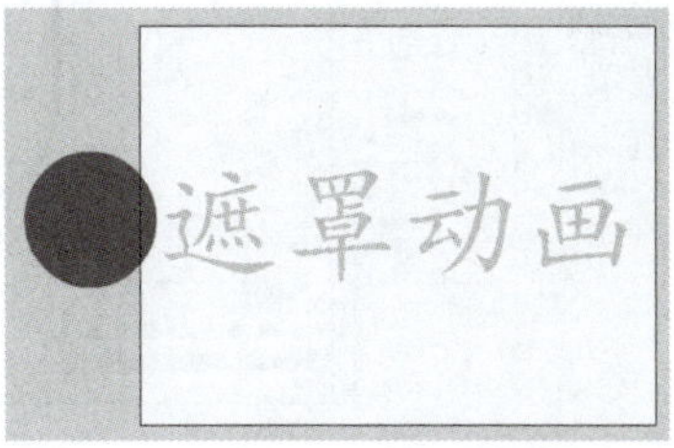

图3-78 绘制圆形

⑤ 在图层“Mask”的第 1～30 帧之间右击，弹出快捷菜单，选择“创建传统补间”命令，然后在图层“Mask”的图层名称上右击，弹出快捷菜单，选择“遮罩层”命令，如图 3-79 所示。

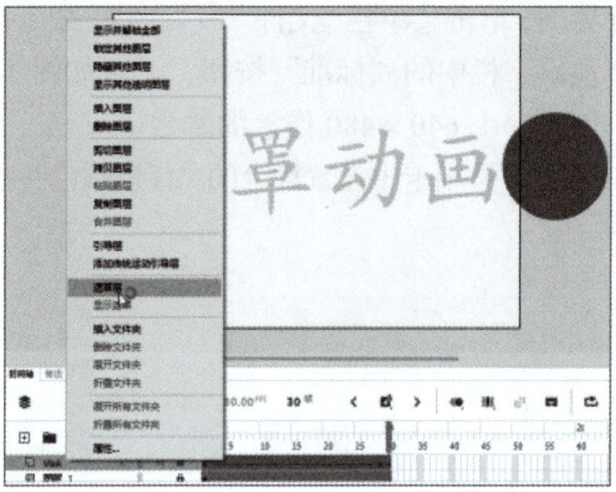

图3-79　遮罩层

⑥ 按【Enter】键播放动画。保存 FLA 格式的源文件，导出 SWF 格式的影片文件，最终效果如图 3-80 所示。

思考：在此实例中，如果把遮罩层中的红色圆形改为无色填充的圆形，效果如何？

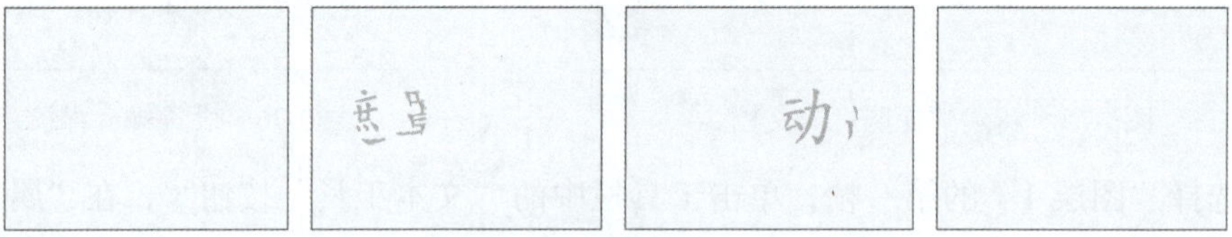

图3-80　“探照灯”动画效果

3.5.4　案例——“转动的风扇”遮罩动画

【例 3-7】利用遮罩动画制作“转动的风扇”。

① 打开 Animate 软件界面，创建一个 1 920 × 1 080 像素的文档。

② 用“矩形工具”在“图层 1”绘制一个“笔触颜色”为“黑色 #000000”，“填充颜色”为“无”，“笔触大小”为“8”，“边角半径”为“500”的圆角矩形，如图 3-81 所示。

视频
“转动的风扇”遮罩动画

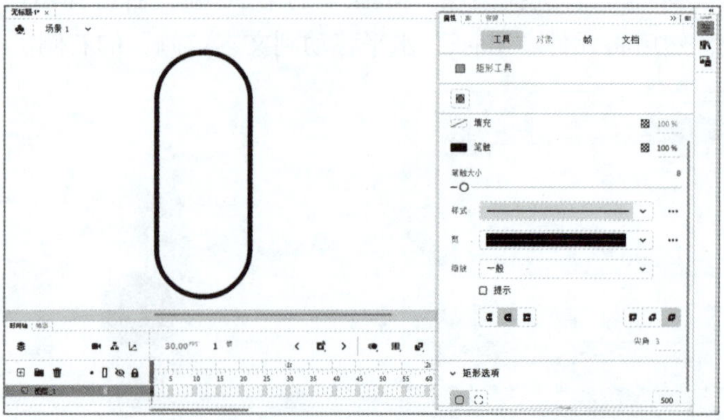

图3-81　绘制圆角矩形

③ 通过【Ctrl+C】组合键和【Ctrl+Shift+V】组合键将绘制好的圆角矩形复制并粘贴到当前位置，在“变形”面板中解开缩放约束，将竖缩放的参数改为 70%，如图 3-82 所示。

④ 再次粘贴圆角矩形，将竖缩放的参数改为 40%，如图 3-83 所示。

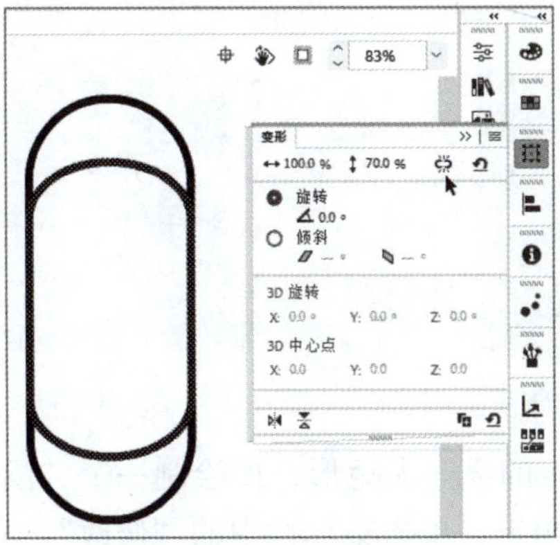

图3-82　缩放为70%

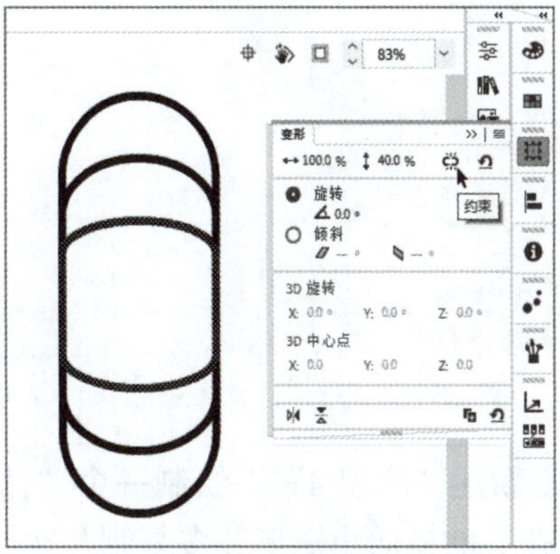

图3-83　缩放为40%

⑤ 按【F8】键将风扇头转换为图形元件“风扇头”，如图 3-84 所示。

⑥ 新建“图层 2”，绘制一个横向的圆角矩形，如图 3-85 所示。

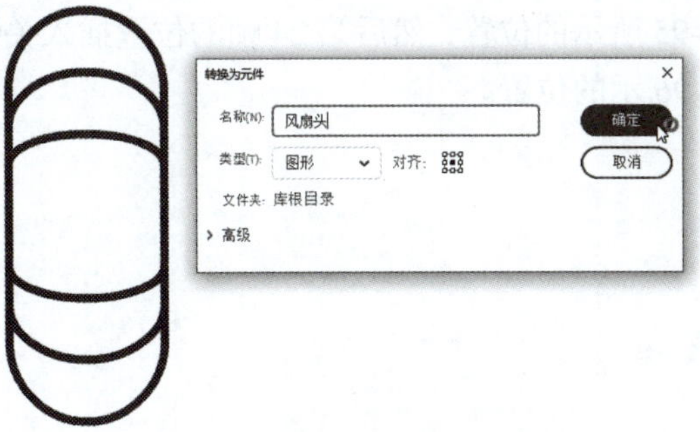

图3-84　风扇头

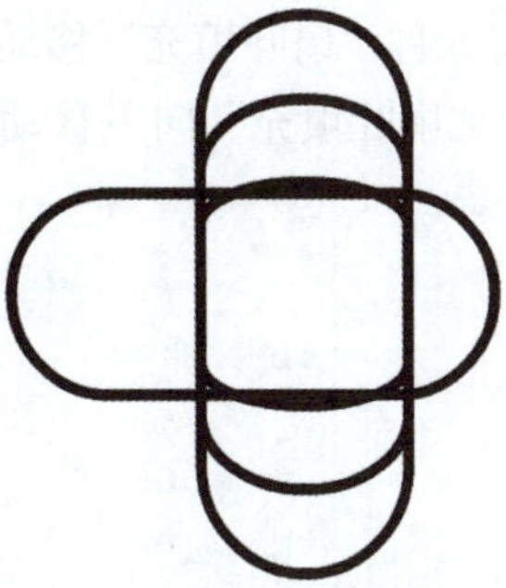

图3-85　绘制横向圆角矩形

⑦ 在“图层 2”与“图层 1”纵向重叠的位置上绘制两条直线，隐藏“图层 1”后，如图 3-86 所示，然后删除掉不需要的部分，如图 3-87 所示。

⑧ 使用“任意变形工具”，按住【Ctrl】键将右边的部分向左压扁，如图 3-88 所示，然后将其填充为“白色 #FFFFFF”。

⑨ 绘制一条直线在左边部分的中间然后分别将上、下两个部分填充为“白色 #FFFFFF”和“灰色 #CCCCCC”，如图 3-89 所示。

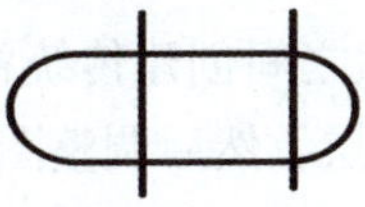

图3-86　绘制直线

图3-87　删除

图3-88　压扁

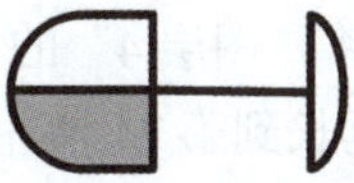

图3-89　填充

⑩ 将舞台背景色改为“蓝色 #66FFFF”，然后将所有黑色边线改为白色，如图 3-90 所示。

⑪ 新建“图层 3”，绘制一个“灰色 #999999”的圆形，如图 3-91 所示。

⑫ 新建图层“扇叶”，绘制一个“笔触颜色”为“无”，“填充颜色”为“白色 #FFFFFF”的圆角矩形，然后将其转换为图形元件“扇叶”，如图 3-92 所示。

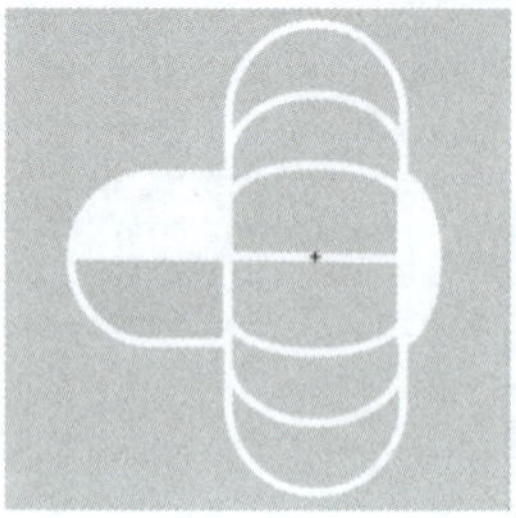
图3-90　更改颜色

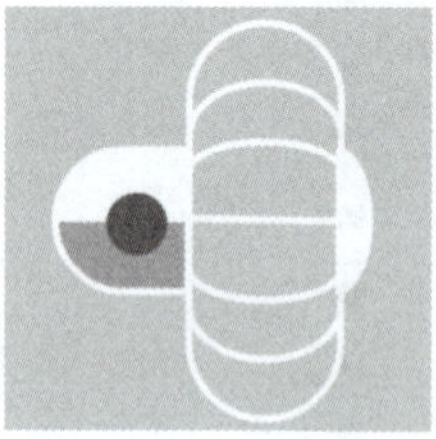
图3-91　绘制圆形

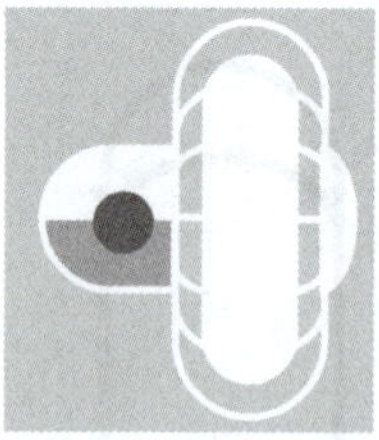
图3-92　扇叶

⑬ 新建“图层 4”，绘制一个“蓝色 #00CCFF”的纵向大矩形，再绘制一个“浅蓝色 #0075FF”的横向小矩形并多复制几次。选中全部小矩形，单击菜单栏中的“修改”→“对齐”→“按高度均匀分布”命令，再将其移动到纵向大矩形上方，截取出需要的部分并删去多余的部分，如图 3-93 所示，然后将其转换为影片剪辑元件“扇叶填充”。

⑭ 选择元件“扇叶填充”，在“属性”面板中为其添加模糊滤镜，设置“模糊 Y”为“10”，“品质”为“高”，如图 3-94 所示。

⑮ 将元件“扇叶填充”移动到如图 3-95 所示的位置，然后第 24 帧的位置插入关键帧，并将元件“扇叶填充”向下移动到如图 3-96 示的位置。

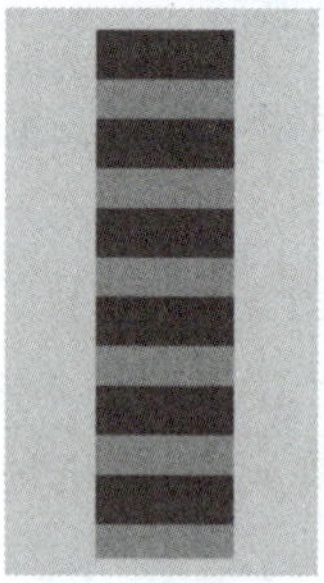
图3-93　扇叶填充

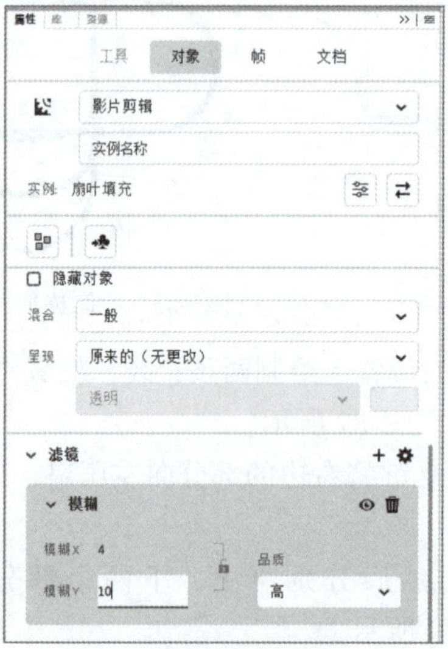

图3-94　添加滤镜

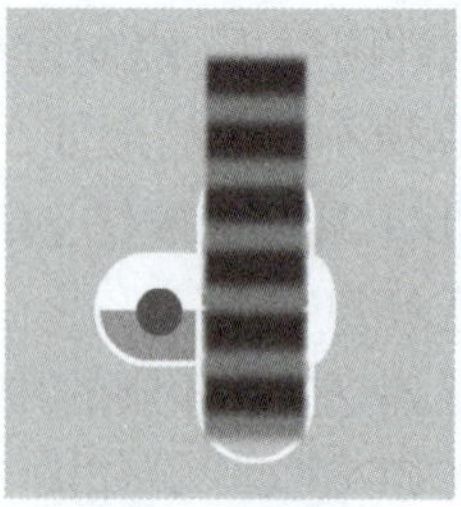
图3-95　移动

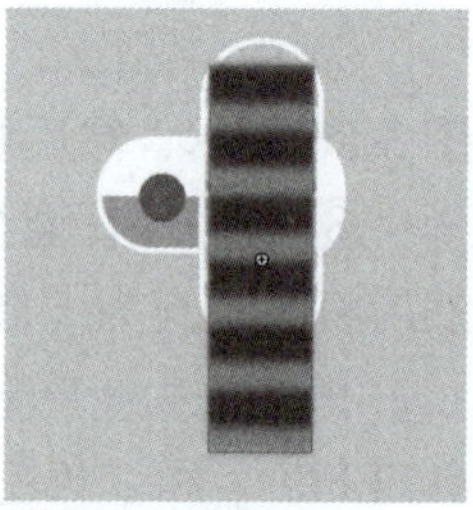
图3-96　移动

⑯ 将“图层 4”的“不透明度”设为“50%”，在第 1～24 帧之间创建传统补间，将所有帧延长到第 24 帧并调整图层的位置，将图层“扇叶”设为遮罩层，然后调整图层顺序，如图 3-97 所示。

⑰ 新建“图层 5”，在风扇头中间绘制一个“灰色 #CCCCCC”的矩形作为风扇的中轴，然后将该图层移动到图层的最下方，如图 3-98 所示。

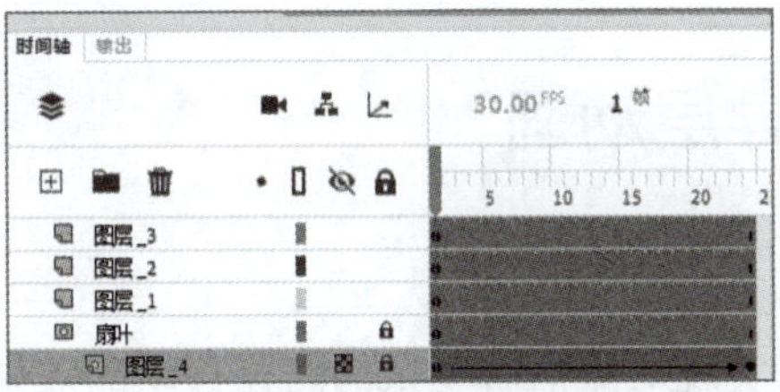

图3-97　调整图层位置

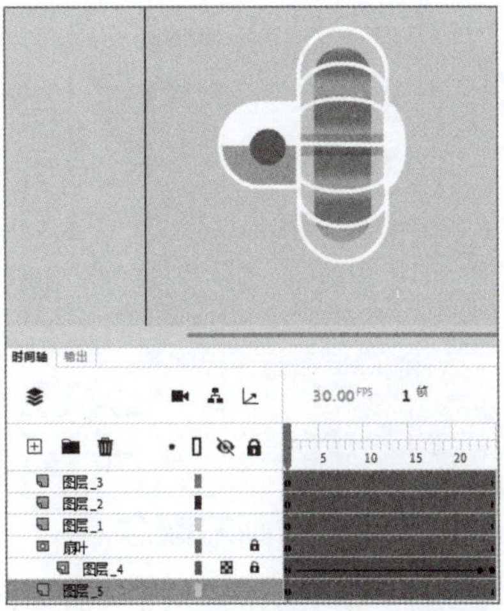

图3-98　绘制矩形

⑱ 选中当前绘制好的风扇，使用“任意变形工具”将其顺时针旋转到如图 3-99 所示角度。注意旋转前应先将已锁定的图层解锁，完成旋转后再锁定。

⑲ 新建“图层 6”继续绘制风扇的底座，如图 3-100 所示，在 24 帧上“插入帧”。

⑳ 新建“图层 7”绘制“风”，如图 3-101 所示，在 24 帧上“插入帧”。

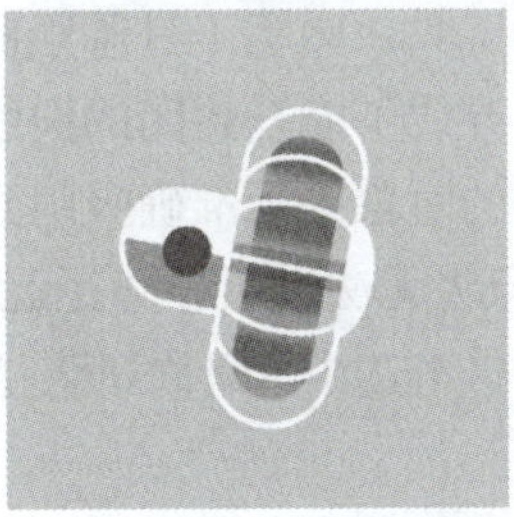

图3-99　旋转

图3-100　绘制底座

图3-101　绘制风

㉑ 新建“图层 8”，绘制一个矩形，适当调整其角度，如图 3-102 所示，将其转换为元件“风 - 遮罩”，在第 24 帧上“插入关键帧”并把矩形移动到风的右侧，如图 3-103 所示，然后将“图层 8”设为“遮罩层”，在第 1 ～ 24 帧之间“创建传统补间”。

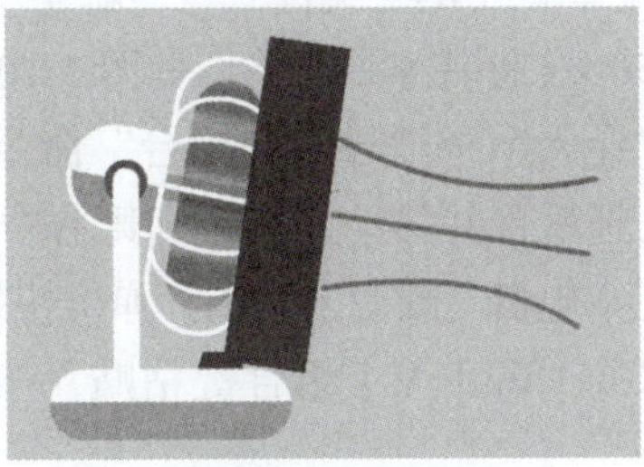

图3-102　第1帧

图3-103　第24帧

㉒ 按【Enter】键播放动画。保存 FLA 格式的源文件，导出 SWF 格式的影片文件，最终效果如图 3-104 所示。

图3-104 “转动的风扇”动画效果

3.6 引导层动画

3.6.1 引导层动画的概念

视频
引导层动画

An 提供了一种简便的方法来实现对象沿着复杂的路径移动的效果，复杂轨迹所在的图层就是引导层。由引导层和被引导层组成的动画就是引导层动画，引导层用于放置对象运动的路径，被引导层用于放置运动对象，如图 3-105 所示。

3.6.2 引导层动画的制作

制作引导层动画的过程实际就是引导层和被引导层的编辑过程。

引导层中的内容可以是用钢笔、铅笔、线条、椭圆工具、矩形工具、画笔工具等绘制出来的线段或文字，并且引导线应尽量平滑。在绘制运动轨迹时，引导线不能是封闭的曲线，要有起始点和终点，且起始点和终点的线条必须是连续的。被引导的对象必须准确吸附到引导线上，也就是元件编辑的中心必须位于引导线上，否则被引导对象将无法沿引导路径运动。

在创建引导层动画时，在帧的“属性”面板中“补间”选项卡下单击选中“调整到路径”，可以使动画对象跟随路径调整旋转方向，使动画效果更逼真。

被引导层中的对象是跟着引线走的，它的对象必须是元件、组合体、文本，但不能是图形或者形状。引导线只是一种功能线，在生成的 SWF 文件中是看不到的。

3.6.3 案例——“蝴蝶飞入”引导层动画

视频
“蝴蝶飞入”
引导层动画

【例 3–8】利用引导层动画制作“蝴蝶飞入”动画。

① 打开 Animate 软件界面，单击菜单栏中的“文件”→“新建”命令，弹出“新建文档”对话框，创建一个 750 × 120 像素的舞台，如图 3-106 所示。

② 单击菜单栏中的“文件”→“导入”→“导入到舞台”命令。将素材文件夹中的 “beijing_007.jpg”导入到舞台并移动其位置到舞台中央。

③ 新建“图层 2”，在“图层 1”第 3 帧中的“笔记本电脑”图像上右击，弹出快捷菜单，选择“剪切”命令，选择“图层 2”的第 1 帧，按【Ctrl+Shift+V】组合键粘贴，按【F8】快捷键将其转换成图形元件“笔记本电脑”。

④ 新建“图层 3”，将素材文件夹中的“hudie.swf ”导入舞台，按【F5】快捷键将其转换成图形元件“蝴蝶”，并移动到图 3-107 所示位置，在每个图层的第 80 帧上按【F5】快捷键插入帧。

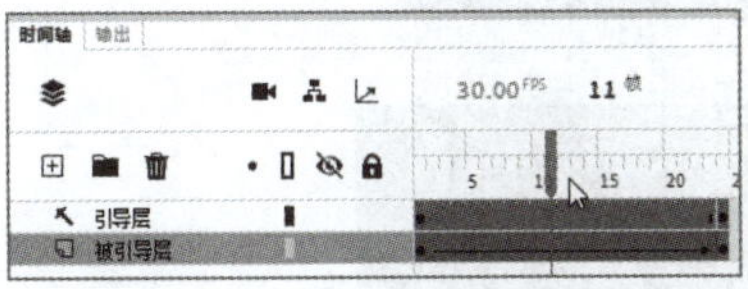

图3-105　引导层与被引导层

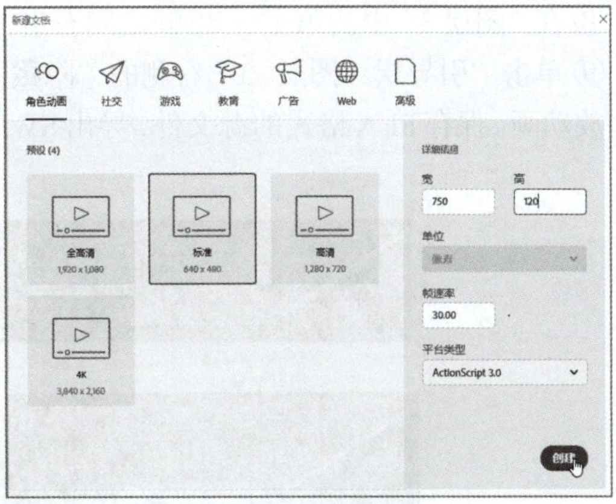

图3-106　新建“蝴蝶飞入”文档

⑤ 在“图层 3”的图层名称上右击，弹出快捷菜单，选择“添加传统运动引导层”命令，在“图层 3”上面创建引导层，如图 3-108 所示。

图3-107　蝴蝶的位置

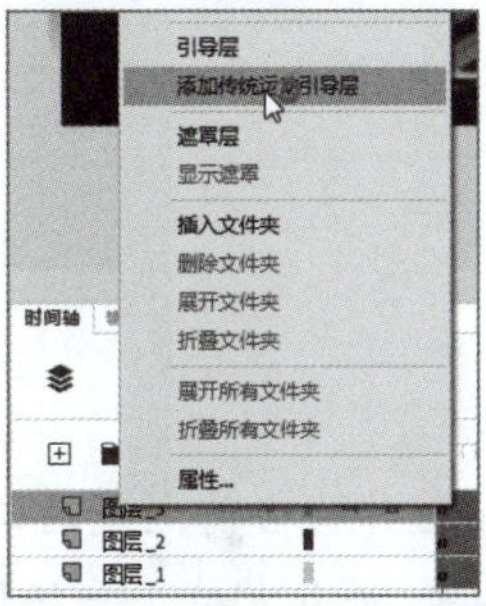

图3-108　选择“添加传统运动引导层”命令

⑥ 选择“引导层：图层 -3”的第 1 帧，单击工具栏中的“铅笔工具”按钮，在舞台中绘制一条“蝴蝶”运动的轨迹，如图 3-109 所示。

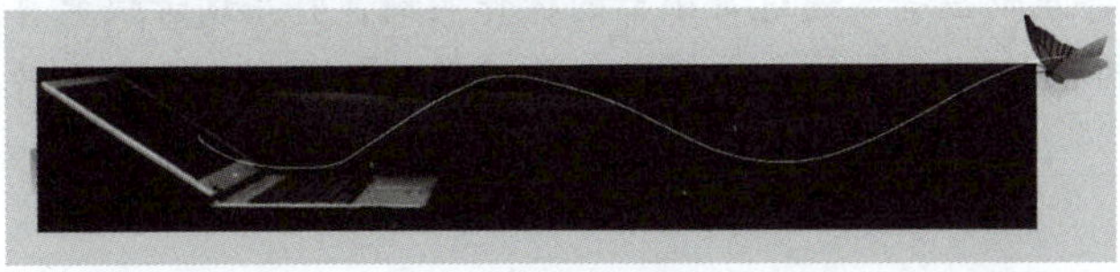

图3-109　绘制轨迹

⑦ 在“图层 3”中分别在第 1 和第 80 帧上右击，弹出快捷菜单，选择“插入关键帧”命令，并分别调整蝴蝶元件的圆心，使其附着在路径上，如图 3-110 所示。

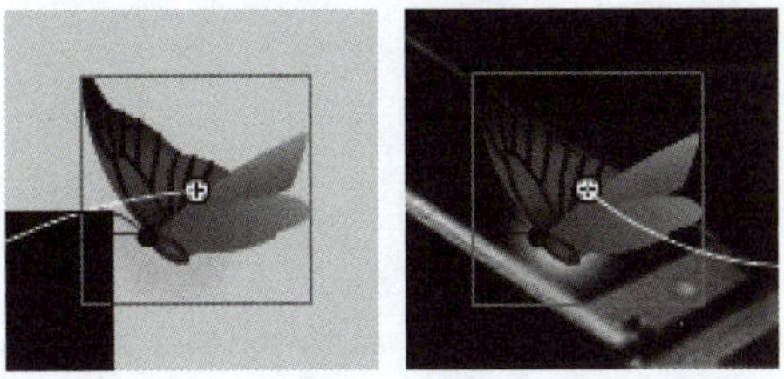

图3-110　调整位置

⑧ 在“图层 3”中的第 1 ～ 80 帧之间右击，弹出快捷菜单，选择“创建传统补间”命令。

⑨ 单击“引导层：图层 -3”右侧的“隐藏图层”按钮，隐藏引导层曲线。按【Enter】键播放动画。保存 FLA 格式的源文件，导出 SWF 格式的影片文件，最终效果如图 3-111 所示。

图3-111　“蝴蝶飞入”动画效果

本章小结

Animate 作为当前主流的二维动画制作软件，为开发者提供了音频、图片、视频、动画等的创作支持，并且支持几乎任何动画格式，因此在游戏、应用程序、Web 交互式动画等方面的应用也十分广泛。本章介绍了 Animate 工具箱和菜单栏的使用，使读者初步认识 Animate 的丰富功能，并使用其进行图形绘制、元件制作、动画编辑等操作。本章首先介绍了动画和 Animate 软件的基础知识，然后以不同的动画类型划分深入介绍 Animate 的使用，包括逐帧动画、补间动画、遮罩动画、引导层动画等。通过每小节的操作实例，引导读者快速有效地掌握操作方法。除了本章节所介绍的内容外，Animate 还有很多值得学习的知识和要素，需要在学习和工作中慢慢积累和总结经验。

第 4 章　音频处理 Audition

内容提要

◎ Audition 基本操作。
◎录音技术。
◎音频编辑技术。
◎效果器与混音。

声音是多媒体的一个重要组成部分。附带丰富音效的视频会显得更生动，画面表现力更强。好的音效可以使用户融入作品，并与其情绪产生共鸣，从而引导、刺激观众的兴趣。本章将介绍声音的基本特征，以及如何对音频进行编辑、加工、合成等操作。Audition 是 Adobe 公司推出的一款优秀的音频编辑软件。本章以 Adobe Audition CC 2019 版本为例，从一个初学者的角度出发，循序渐进地讲解音频处理的核心知识。

4.1　音频基础知识

音频（audio）又称为“声音”，声音来源于物体的振动，例如人的发声是由声带振动引起的；扬声器发声则产生于扬声器膜片的振动；笛、箫等则依靠空气柱的振动发声……正在发出声音的振动物体称为声源，能够传播声音的媒介称为介质，声源必须通过质传播。例如，当声源在空气中振动时，使邻近的空气随之产生振动并以波动的方式向四周传播，传至人耳并引起耳膜振动，最后通过听觉神经产生声音的感觉。因此，声音实际上是由于耳膜交互的声波定义的，要表示声音，必须正确地表示声波。

视频
音频基础知识

4.1.1　音频数字化

音频信号是一种连续变化的模拟信号，而计算机只能处理和记录二进制的数字信号，因此，音频信号必须经过一定的变化和处理，转化成二进制数据后才能送到计算机进行编辑和存储。该过程称为音频信号的数字化。音频信号的数字化由声卡内的 A / D（模 / 数）转换器来完成。

对模拟音频信号进行采样、量化和编码后，得到数字音频，如图 4-1 所示。数字音频的质量取决于采样频率、量化位数和声道数三个因素。

1. 采样

采样指按照固定的时间间隔截取声音信号的幅度值，把时间连续的模拟信号转换成时间离散、幅度连续的采样信号。采样频率是指一秒钟内采样的次数。采样频率越高，在一定的时间间隔内采集的样本数越多，音质就越好，但数据量也会越大。在图 4-2 所示的音频采样过程当中，如果采样频率过低，会造成某些数据丢失，波形还原失真。一般来说，采样频率通常有三种：11.025 kHz（语音效果）、22.05 kHz（音乐效果）、44.1 kHz（高保真效果）。常见的 CD 唱片的采样频率即为 44.1 kHz。

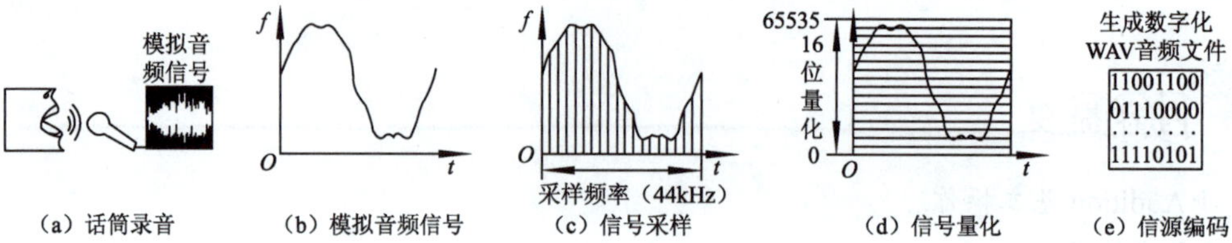

图4-1　音频的数字化

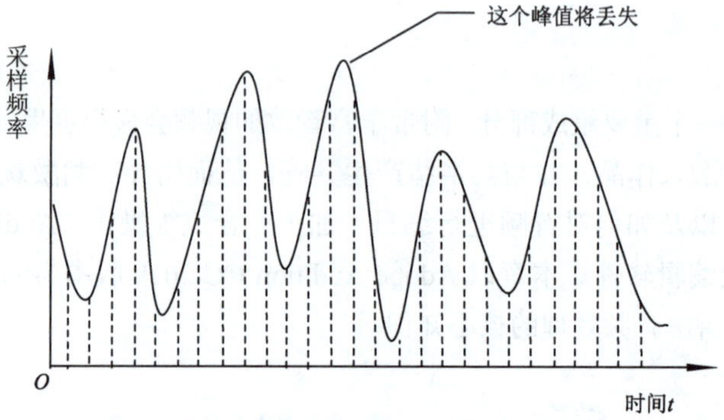

图4-2　音频信号的采样

2. 量化

量化是将每个采样点得到的以模拟量表示的音频信号转换成由二进制数字组成的数字音频信号。通常用8位、16位或24位二进制来表示每一个采样值，例如声卡采样位数为16位，就有 2^{16}=65 536 种采样等级。显然，在采样频率相同的情况下，量化位数越多，采样精度越高，声音的质量也越好，但需要的存储空间也会越大。例如，CD 唱片记录的音频量化位数为 16 位。

3. 编码

对模拟音频采样量化完成后，计算机得到了一大批原始音频数据，将这些数据进行文件类型（如 WAV、MP3 等）规定的编码后，再加上音频文件格式的头部，就得到了一个数字音频文件。编码方式有很多种，包括无损压缩编码和有损压缩编码。不同的编码方式得到的文件格式不同，如 WAV 格式、MP3 格式、WMA 格式等。

4.1.2 音频的质量

数字音频的质量取决于采样频率、量化数、声道数三个因素。声音通道的个数称为声道数，是指一次采样所记录产生的声音波形个数。记录声音时，如果每次生成一个声波数据，称为单声道；每次生成如图 4-3 所示的两个声波数据，称为双声道（立体声）。双声道立体声听起来要比单声道丰满优美，但其存储空间是单声道的两倍。声音被数字化后形成的音频文件的存储空间（单位为 B）为：

采样频率（Hz）× 量化位数 /8 × 声道数 × 时间（s）

例如，用 44.1 kHz 的采样频率进行采样，量化位数 16 位，则录制 1 s 的立体声节目，其波形文件所需的存储量为：44 100 × 16/8 × 2 × 1 B=176 400 B

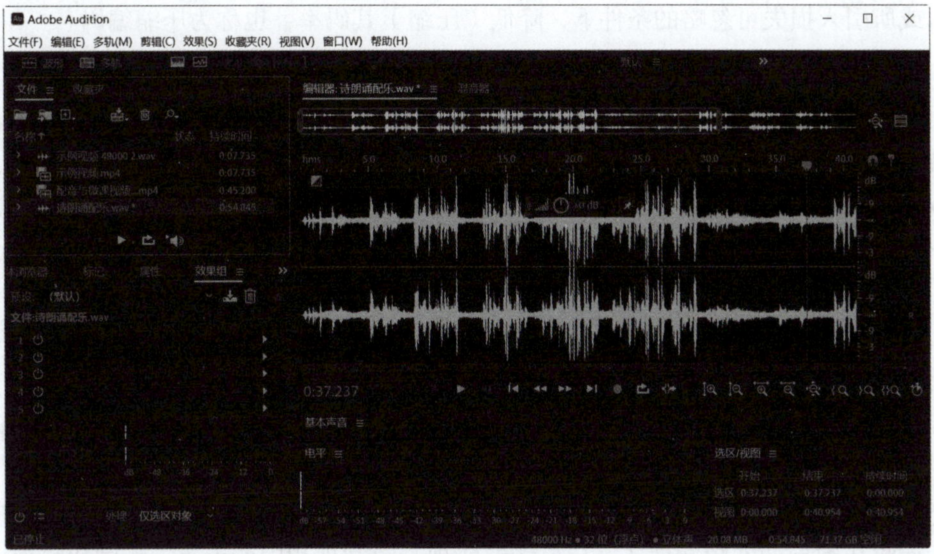

图4-3　双声道声波文件

4.1.3　常见的音频术语

声音实际上是一种波，它的基本参数是频率（frequency）和振幅（amplitude）。频率是指 1 s 内质点围绕平衡位置来回振动的次数。人耳能听到的声波频率范围在 20 Hz~2 kHz。振幅是指质点振动时距平衡位置的位移，通常用来描述声音信号强度。音调、响度、音色是音乐的三个听觉特征，是人耳朵辨别声音的依据。

① 音调：即声音的高低，例如歌曲演唱中常说的“女高音”“男低音”。音调由声波振动的频率决定。频率快，音调就高；频率慢，音调就低。

② 响度：也称音量，指声音的强弱。例如人们常用“震耳欲聋”来形容音量大，也就是声音强。音量由声波的振幅大小来决定。振幅大，声音就强，反之则弱。

③ 音色：可以理解为声音特征，例如，即使在同一音调和音量的情况下我们也能区分出人嗓和唢呐发出的声音。音色由混入基音的泛音决定，高次谐波越丰富，音色就越有明亮感和穿透力。

此外，在音频编辑中，还有以下常见术语：

① 音质：即声音聆听效果的好坏。例如，噪音信号强的声音就比噪音信号弱的声音音质要差。

② 混响：在相对封闭的空间中声音会由于多次反射而持续一段时间再消失，称为混响。

③ 混缩：也称为缩混、混音，在音乐的后期制作中把各个音轨进行后期的效果处理，调节音量，最终缩混导出一个完整的音乐文件。

④ 波形：在数字环境下用来加强声音编辑的一种图形表示形式。

4.1.4 音频压缩

未经压缩的声音文件（如PCM音频）占用存储空间很大，比如一个5 min的WAV波形文件占用存储空间约50 MB。如果压缩成MP3格式的文件，大小只有5 MB左右。音频压缩技术指的是对原始数字音频信号流，运用适当的数字信号处理技术，在不损失有用信息量，或所引入损失可忽略的条件下，降低（压缩）其码率，也称为压缩编码。

1. 码率

码率也称为比特率，就是数据传输时单位时间传送的数据位数，单位是kbit/s。码率越高音质越好，但体积大；码率低音质差，但体积小。MP3的码率一般为128 kbit/s，最高320 kbit/s。CD的码率一般为1 411 kbit/s。假设采样频率为44.1 kHz，比特深度为16，立体声双声道，这样录制的PCM原始音频的码率为：44 100 × 16 × 2= 1 411 200 bit/s= 1 411.2 kbit/s。

2. 无损压缩和有损压缩

一般来讲，可以将音频压缩技术分为无损（lossless）压缩及有损（lossy）压缩两大类。有损压缩会降低原始音频的采样频率和比特深度，并且会移除原始音频中不容易被人耳听到的声音，例如极高频和极低频，以及被强低频遮蔽的高频声音等等。常见的有MP3、WMA、AAC和OGG等格式。

无损压缩能够在100%保存原始音频的所有数据的前提下，将音频文件的体积压缩得更小，而将压缩后的音频文件还原后，能够实现与源文件相同的大小、相同比特率。常见的无损压缩有WAV、APE和FLAC等格式。

4.1.5 音频文件格式介绍

音频文件格式就是数字音频的编码方式，不同的数字音频设备一般都对应着不同的音频文件格式。目前常见的音频文件格式有CDA、WAV、MP3、RA、WMA、MIDI、APE、FLAC、ACC、OGG和OPUS等。

1. CDA格式

CDA（compact disc audio track，CD音轨）格式是CD唱片采用的音质比较高的音频格式，文件扩展名为“.cda”。

CD采样频率为44.1 kHz，16位量化位数，记录的是波形文件，近似无损，非常接近原声。一个CD音频文件是一个“.cda”文件，但它只是操作系统通过识别产生“.cda”的索引文件，并不包含真正的声音信息，所以用户看到的“.cda”文件都只有44字节长。而且不能像拷贝文件一样复制“.cda”文件到硬盘上进行播放，必须使用抓音轨软件将CD音轨文件转换成WAV，也可以通过音频转换软件将CD音频转换成MP3等音频格式。

2. WAV格式

WAV（wave form audio，波形音频）是微软公司开发的一种波形声音文件格式，符合RIFF文件规范，被Windows平台及其应用程序所支持，文件扩展名为“.wav”。

WAV格式支持许多无损压缩算法，支持多种音频数字、采样频率和声道，易于生成和编辑，音质较好，和CD相差无几，也是44.1 kHz的采样频率，16位量化位数。WAV声音质量与其文件存储空间大小成正比，但WAV格式对存储空间需求太大不适用于网络播放。

3. MP3 格式

MP3 是一种音频压缩技术，其全称是动态影像专家压缩标准音频层面 3（moving picture experts group audio layer III），简称为 MP3。它被设计用来大幅度地降低音频数据量。利用 MPEG Audio Layer 3 的技术，将音乐以 1:10 甚至 1:12 的压缩率，压缩成容量较小的文件，而对于大多数用户来说重放的音质与最初的不压缩音频相比没有明显的下降。MP3 是有损压缩数字音频格式，文件扩展名为“.mp3”。

相同长度的音频文件，用 MP3 格式来保存，一般只有 WAV 文件的 1/10，但音质次于 CD 格式或 WAV 格式的音频文件。MP3 格式压缩音乐的编码频率多种多样，可以用 64 kbit/s 或更低的编码频率来节省空间，也可以用 320 kbit/s 的标准达到极高的音质。MP3 由于其文件存储空间小，音质好，是目前的主流音频格式。

4. RA 格式

RA（realaudio，即时播音系统）是 RealNetworks 公司开发的一种流式有损压缩音频文件格式，主要适用于网络在线试听，文件扩展名为“.ra”。

RA 文件的特点是可以在网络上流式播放，即可以边下载边播放，而不必将全部的数据下载完再播放，非常适合网络传播，压缩比可达 96:1。此类文件格式主要有三种：RA（realaudio）、RM（realmedia，realaudio G2）和 RMX（realaudio secured），可以根据网络的带宽来控制自己的码率，在保证流畅的前提下尽可能提高音质，适合在网络传输速度较低的互联网上使用。RA 不仅支持边读边放，也同样支持使用特殊协议来隐藏文件的网络地址，从而实现只在线播放而不提供下载的欣赏方式。

5. WMA 格式

WMA（Windows media audio，Windows 媒体音频）是微软公司开发的流式音频文件格式，普通的 WMA 音频都是有损压缩，WMA 9.0 以及其后续版本支持无损压缩，文件扩展名为“.wma”。

WMA 是通过减少数据流量但保持音质的方法来达到更高的压缩率，压缩比一般可以达到 18:1 左右，比 MP3 压缩率更高。WMA 音质要强于 MP3 格式，更远胜于 RA 格式。WMA 还支持音频流（stream）技术，其高压缩率适合网络在线播放。还通过 DRM（digital rights management）方案加入防止拷贝、限制播放时间和次数等，有效地防止盗版。

6. MIDI 格式

MIDI（musical instrument digital interface，乐器数字接口）是电子乐器之间及其与计算机之间的一种接口技术，文件扩展名为“.mid”。

MIDI 文件并不是一段录制好的声音，而是一段录制好的记录声音信息的文件。一个 MID 文件每存储一分钟的音乐只用 5 ～ 10 KB。MID 格式的最大用处是在计算机作曲领域。MID 文件可以用作曲软件写出，也可以通过声卡的 MIDI 口把外界乐器演奏的乐曲输入计算机里，制成 MID 文件。

事实上，利用多媒体计算机不但可以播放、创作和实时演奏 MIDI 音乐，甚至可以把 MIDI 音乐转变成看得见的乐谱（五线谱或简谱）打印出来；反之，也可以把乐谱变成美妙的音乐。利用 MIDI 这个性质，可以用于音乐教学（尤其是识谱），让学生利用计算机学习音乐知识和创作音乐。

7. APE 格式

APE是Monkey's Audio提供的一种流行的数字音频无损压缩文件格式，文件扩展名为“.ape”。

APE 采用无损压缩技术，在音质不降低的前提下，其文件大小压缩到约为 CD 文件的一半，而在音质上超越一般的 MP3 文件，达到和 CD 相同的音质。也就是说，当用户将从音频 CD 上读取的音频数据文件压缩成 APE 格式后，还可以再将 APE 格式的文件还原，而还原后的音频文件与压缩前的一模一样，没有任何损失。

8. FLAC 格式

FLAC（free lossless audio codeing，无损音频压缩编码）是一种非常成熟的无损音频压缩编码格式，文件扩展名为“.flac”。

该格式的源码不仅完全开放，而且支持所有的操作系统平台。音频以 FLAC 方式压缩不会丢失任何信息，实现高压缩比，可以还原音乐光盘音质，支持实时播放，相比 APE 无损压缩格式，FLAC 格式在播放时占用的资源更少。当 FLAC 文件受损时仍然能正常播放。

9. ACC 格式

AAC（advanced audio coding，高级音频编码）是有损压缩高级音频编码格式，文件扩展名有三种：“.acc”、“.mp4”和“.m4a”。

AAC 是由 Fraunhofer IIS-A、杜比和 AT&T 共同开发的一种音频格式，它是 MPEG-2 规范的一部分。作为一种高压缩比的高级音频压缩算法，AAC 压缩比通常为 18:1，远胜于 MP3 格式，可以在比 MP3 文件存储空间缩小 30% 的前提下提供更好的音质，支持 48 个音轨、15 个低频音轨、更多种采样率和比特率、多种语言的兼容能力以及更高的解码效率。

10. OGG 格式

OGG（OGG vobis）是有损压缩音频格式，类似于 MP3 等现有的音乐格式，文件扩展名为“.ogg”。OGG 支持多声道、免费、开源和没有专利限制。对于在网页中播放音频的三种常用音频文件格式 WAV、MP3 和 OGG。WAV 格式音质最好，但是文件体积较大；MP3 压缩率较高，普及率高，但音质相比 WAV 要差；在与 MP3 相同位速率编码的情况下，OGG 体积更小，且无专利限制。

11. OPUS 格式

OPUS 是一种有损声音编码的格式，由 Xiph.Org 基金会开发，之后由互联网工程任务组（the internet engineering task force, IETF）进行标准化，适用于网络上低延迟的即时声音传输，是 Vorbis 下一代格式，文件拓展名为“.opus”。OPUS 是由两个编解码器 Silk 和 Celt 融合而成。在高码率下，音频质量与 ACC 相当的同时，具有比 ACC 更低的延迟。OPUS 格式是一种开放格式，没有专利限制。

视频

Audition 界面介绍

4.2 Audition 界面介绍

Audition 工作界面提供了完善的音频编辑功能，利用它可以全面控制音频的制作过程，还可以为采集的音频添加各种滤镜效果等。使用 Audition 的图形化界面，可以清晰而快速地完成音频编辑工作。Audition 工作界面主要包括菜单栏、工具栏、浮动面板以及编辑器等，如图 4-4 所示。单击“窗口”→“工作区”→“默认”命令可恢复 Audition 刚安装完成时的初始工作界面。

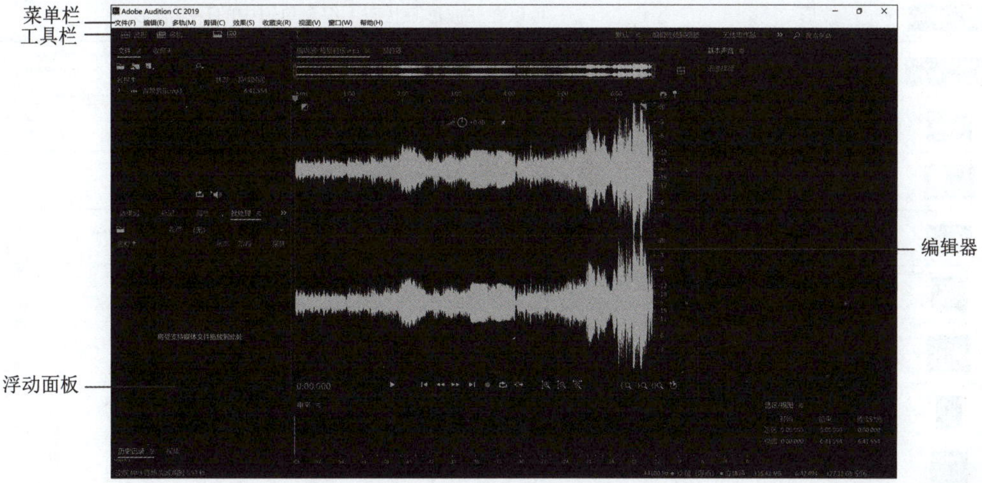

图4-4　Audition工作界面

4.2.1　菜单栏

菜单栏位于标题栏的下方，由“文件”“编辑”“多轨”“剪辑”“效果”“收藏夹”“视图”“窗口”“帮助”组成。各菜单的主要作用见表 4-1。

表 4-1　各菜单的主要作用

名称	作　用
文件	新建、打开和保存文件等操作
编辑	撤销、重做、重复、剪切和复制等编辑命令
多轨	添加轨道、插入文件、设置节拍器等操作
剪辑	进行拆分、重命名、静音、分组、伸缩、淡入淡出等操作
效果	进行振幅与压限、延迟与回声、诊断、滤波与均衡、调制以及混响等操作
收藏夹	进行删除收藏、开始记录/停止记录等操作
视图	进行放大、缩小、缩放重设、全部缩小、时间显示、视频显示等操作
窗口	进行工作区的新建与删除操作，以及显示与隐藏“编辑器”“文件”“历史记录”等面板的操作
帮助	使用Audition的帮助信息、支持中心、用户论坛以及产品改进计划等

4.2.2　工具栏

工具栏位于菜单栏的下方，主要用于对音乐文件进行简单的编辑操作，它提供了控制音乐文件的相关工具，如图 4-5 所示。各工具的主要作用见表 4-2。

图4-5　工具栏

表 4-2 工具栏介绍

图标	名　称	作　用
	波形	可以在“波形”状态下编辑单轨中的音频波形
	多轨	可以在“多轨”状态下编辑多轨中的音频对象
	频谱频率显示器	显示音频素材的频谱频率
	频谱音调显示器	显示音频素材的频谱音调
	移动	对音频素材进行移动操作
	切割所选剪辑	对音频素材进行分割操作
	滑动	对音频素材进行滑动操作
	时间选择	对音频素材进行部分选择操作
	框选	对音频素材进行框选操作
	套索选择	使用套索的方式对音频素材进行选择操作
	画笔选择	可以使用笔刷的方式对音频素材进行选择
	污点修复画笔	对素材进行污点修复操作

4.2.3 浮动面板

浮动面板位于工作界面的左侧和下方，主要用于对当前音频文件进行相应设置，选择菜单栏中的“窗口”菜单，在弹出的菜单列表中执行相应的命令，即可显示相应的浮动面板，主要有“文件”面板、“媒体浏览器”面板、“效果组”面板、“标记”面板、“属性”面板、“历史”面板、“视频”面板。

“文件”面板：用于显示单轨界面和多轨界面中打开的声音文件和项目文件，同时文件面板具有管理和编辑文件的功能，如新建、打开、关闭、导入、删除和关闭等操作，如图 4-6 所示。

“媒体浏览器”面板：用于查找和监听磁盘中的音频文件，找到文件，可以双击文件或者把文件拖到音轨上，即可在单轨界面打开文件，如图 4-7 所示。

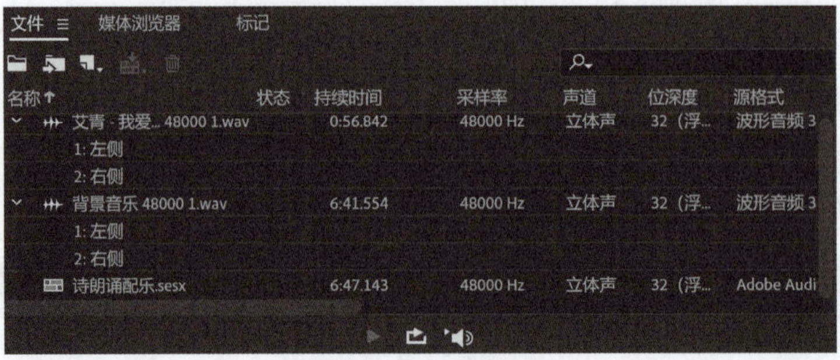

图4-6　“文件”面板

“效果组”面板：用于在单轨或者多轨界面中为音频文件、素材或者轨道添加相应的效果。单轨界面的效果组和多轨界面的略有不同。执行“窗口”→“效果组”命令，可打开如图 4-8 所示的“效果组”面板。

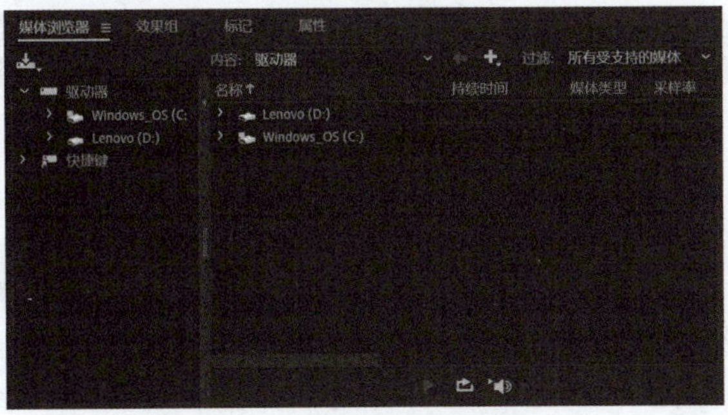

图4-7　“媒体浏览器”面板

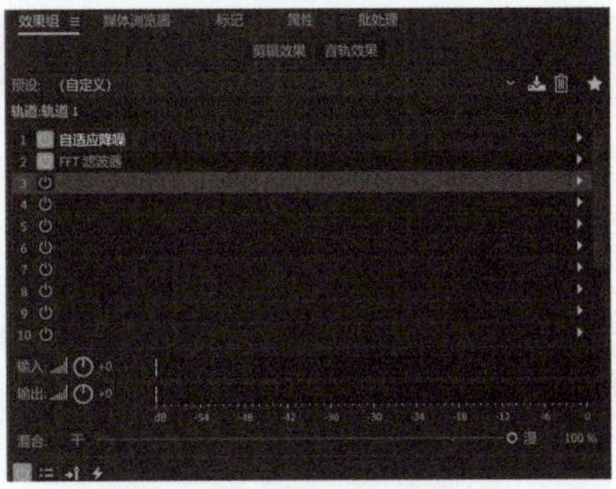

图4-8　“效果组”面板

“标记”面板：用于对音频波形进行添加、删除和合并等操作，如图 4-9 所示。

“属性”面板：用于显示声音文件或者项目文件的信息，如图 4-10 所示。

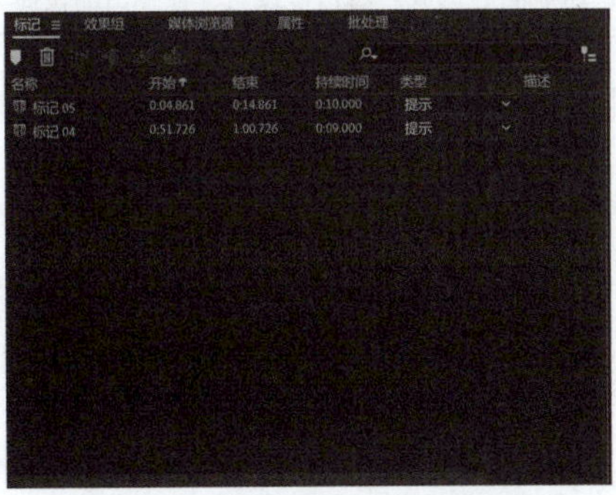

图4-9　“标记”面板

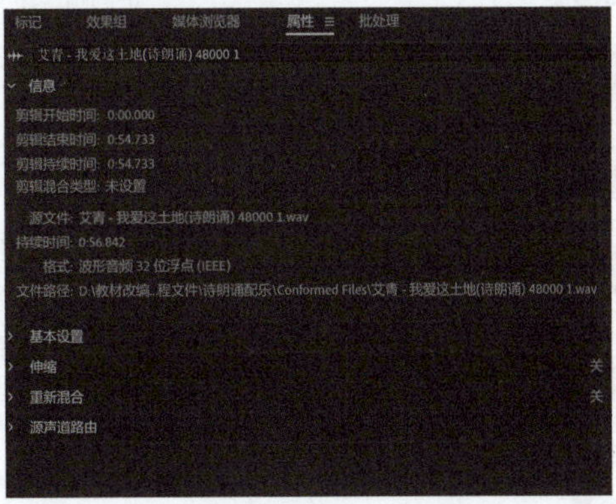

图4-10　“属性”面板

“历史记录”面板：用于记录用户的操作步骤，可以通过单击列表框中的步骤名称恢复之前的历史状态，如图 4-11 所示。

“视频”面板：用于监视多轨界面中插入的视频文件，主要用于配音中的画面监视，如图 4-12 所示。

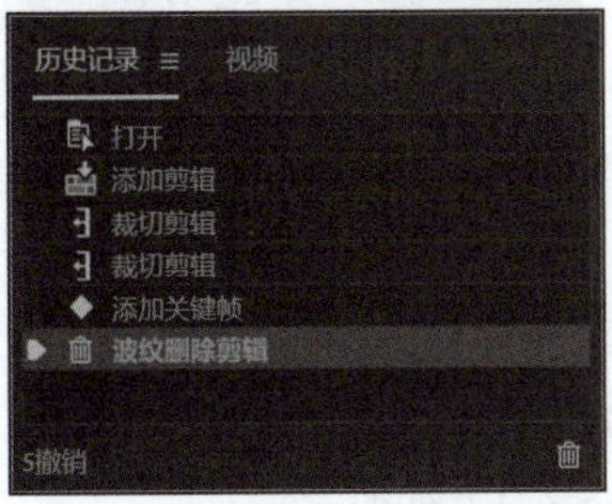

图4-11　“历史记录”面板

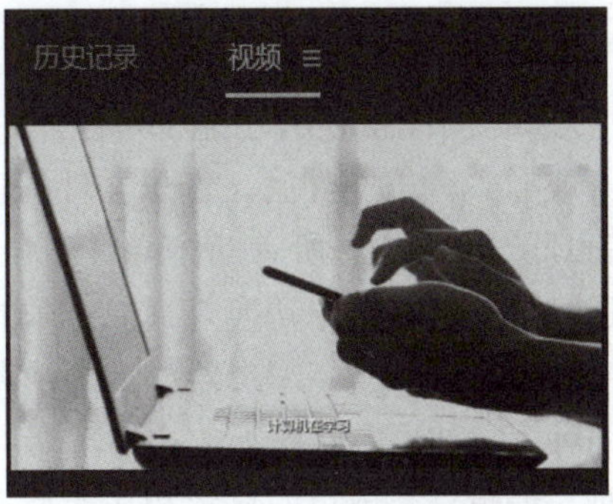

图4-12　“视频”面板

工具条：如图 4-13 所示，包括走带控制按钮和波形缩放按钮两部分。走带控制按钮用来控制声音的播放与录制。波形缩放按钮可以对波形进行垂直和水平的缩放，以便更好地观察和编辑波形。走带控制按钮的功能介绍见表 4-3。

图4-13　工具条

表 4-3　“工具条”的走带控制按钮功能介绍

图标	名　称	作　用
	停止	在播放音频的状态下，该按钮即可激活，单击可以停止音频的播放
	播放	Audition打开一个音频文件后，单击该按钮，可以从时间指示器位置播放音频，直到音频结束为止
	暂停	在播放音频的状态下，该按钮即可激活，单击可以暂停音频的播放。再次单击该按钮或“播放”按钮，就可以继续播放
	将播放指示器移到上一个	单击该按钮可以将播放指示器移动到上一个标记的位置，如果在没有标记的情况下单击该按钮，播放指示器将移动到音频的起点位置
	快退	单击该按钮，音频将快速地向后倒放。右击该按钮，在弹出的快捷菜单中可以选择倒放的速度
	快进	单击该按钮，音频将快速地向前播放。右击该按钮，在弹出的快捷菜单中可以选择快进的速度
	将播放指示器移到下一个	单击该按钮可以将播放指示器移动到下一个标记的位置，如果在没有标记的情况下单击该按钮，播放指示器将移动到音频的结束位置
	录制	单击该按钮即可开始录制音频，如果用户在新建的音频文件中单击该按钮，将直接开始创建麦克风捕捉的音频信号，如果用户在已经具有音频的文件中单击该按钮，则原来的音频文件将会被麦克风捕捉的音频覆盖
	循环播放	单击该按钮并播放音频时，播放到音频结束位置后，音频不会停止，而是再次播放。如果用户在音频中创建了选区，将反复播放选区内的音频
	跳过所选项目	如果用户在音频中创建了选区并单击激活了该按钮，播放音频时，Audition不会在播放选中的区域

“选区 / 视图”面板：可以对音频或音轨的开始点、结束点和长度进行设置，进行精确地选择或查看，如图 4-14 所示。

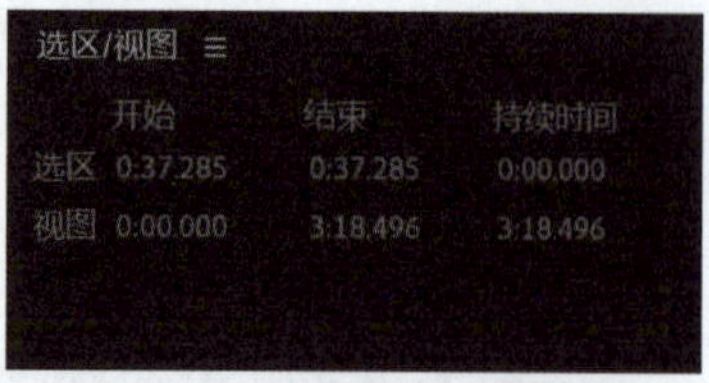

图4-14　“选区/视图”面板

4.2.4　编辑器

Audition 中的所有功能都可以在“编辑器”窗口中实现。打开或导入音乐文件后，音乐文件的音频波形，即可显示在“编辑器”窗口中，所有操作将只针对当前“编辑器”窗口；若想对其他音乐文件进行编辑，可通过右侧下拉菜单切换至其他音乐的“编辑器”窗口。

在 Audition 中，编辑器分为两种类型，在工具栏最左侧可以进行切换，如图 4-15 所示。第一种为“波形”状态下的“编辑器”窗口；第二种为“多轨”状态下的“编辑器”窗口。两种“编辑器”窗口的显示和功能是不一样的，如图 4-16、图 4-17 所示。

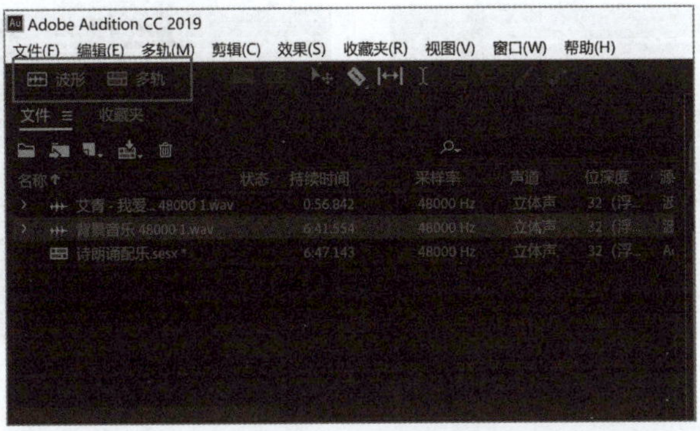

图4-15　切换编辑器

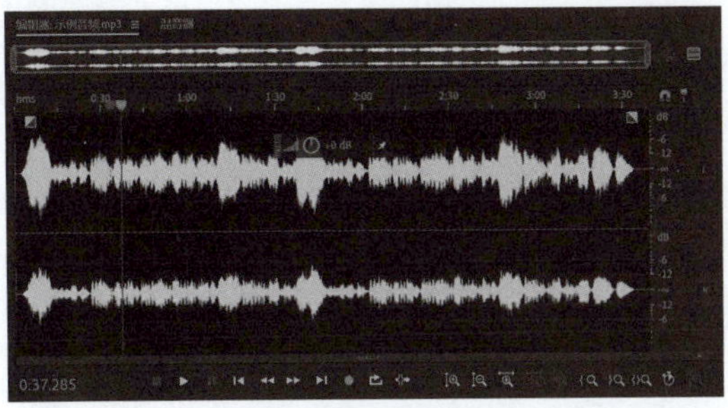

图4-16　波形编辑器界面

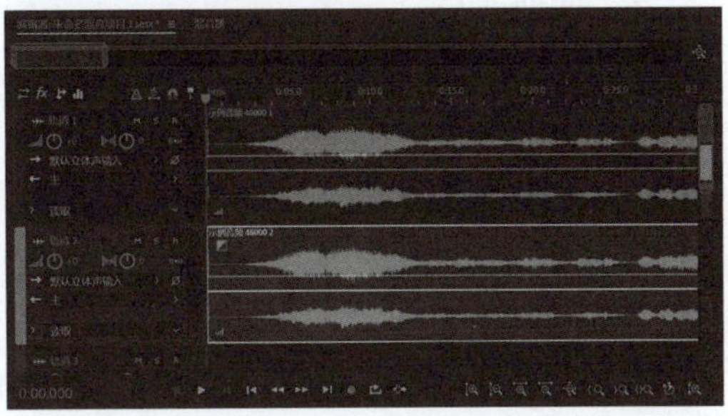

图4-17　多轨编辑器界面

4.3　音频编辑技术

视频

音频编辑技术

4.3.1　认识音频波形

启动 Audition 软件，在波形编辑器视图下导入一首歌曲文件。在“编辑”面板中观察波形，可以知道声音是立体声，上面是左声道，下面是右声道，如图 4-18 所示。若录音文件只有一条波形的就是单声道，如图 4-19 所示。

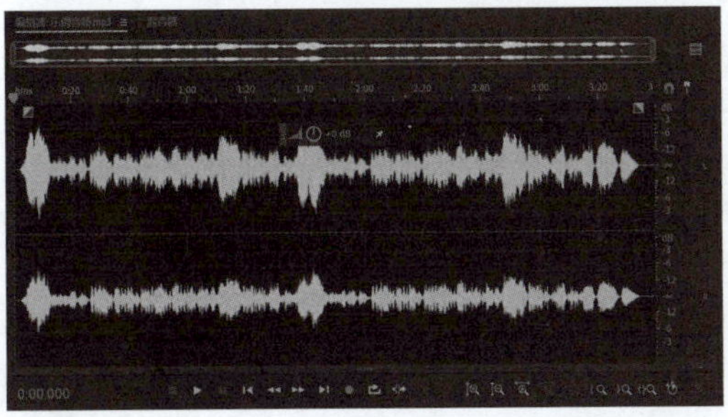

图4-18　立体声波形

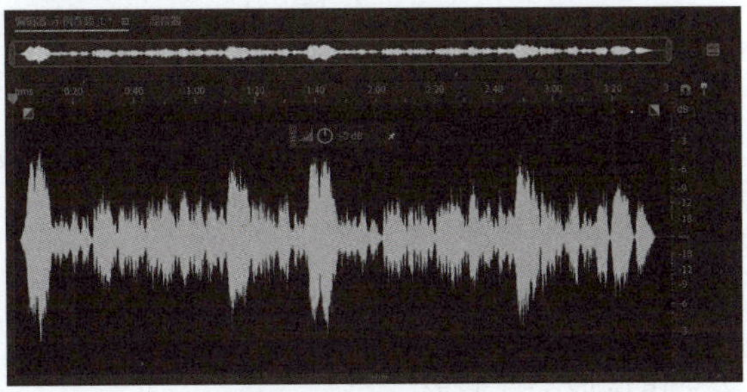

图4-19　单声道波形

使用鼠标滚轮滚动放大音频波形，红色的水平线为零位线，如图 4-20 所示。

使用鼠标滚轮滚动放大音频波形，此时波形与 x 轴的交叉点就是零交叉点，如图 4-21 所示。

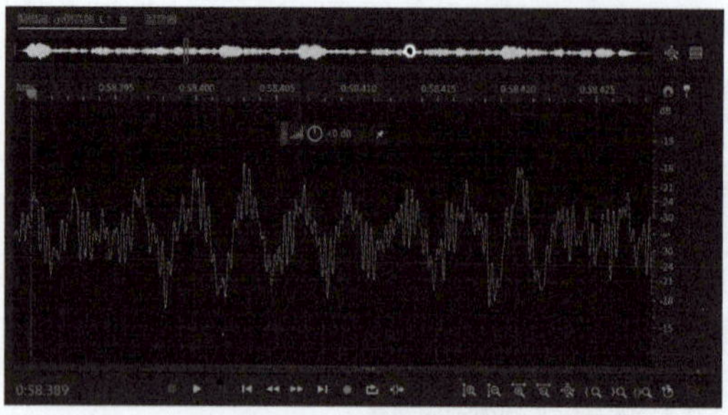

图4-20　零位线

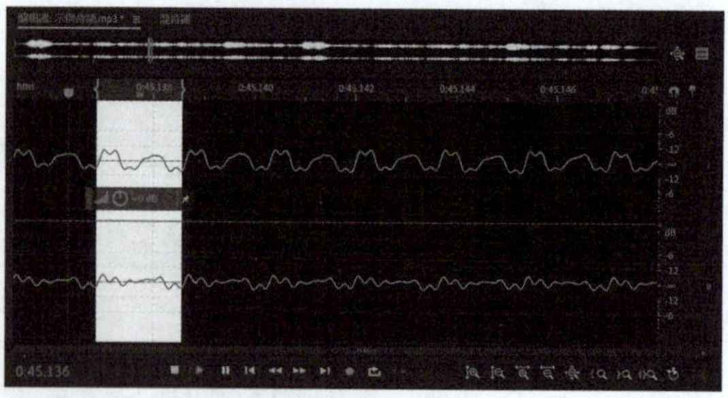

图4-21　周期、零交叉点

4.3.2　音频波形基本操作

1. 选取波形

选取波形分为多种形式，在制作过程中可以选取一段音频中的部分波形，也可以选取其中一个声道的波形或者全部的波形。

（1）选取部分波形

方法 1：鼠标拖拉选取一段波形。被选取的波形呈现出高亮效果，如图 4-22 所示。

方法 2：使用时间精确定位。在“选区 / 视图”面板输入精确的开始和结束时间或者开始和持续时间，按【Enter】键确认，如图 4-23 所示。

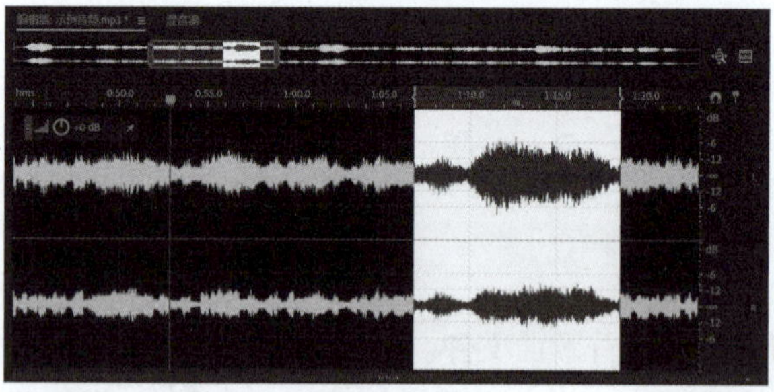

图4-22　选取波形

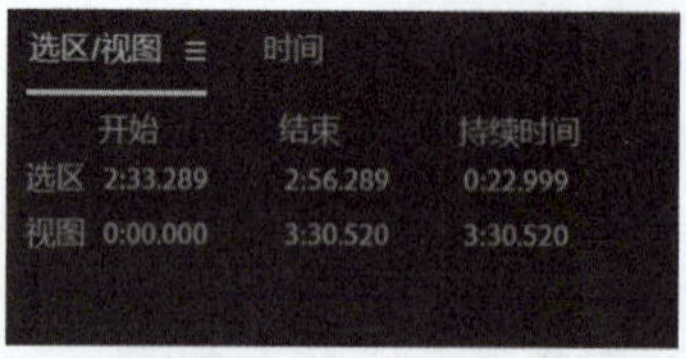

图4-23　“选区/视图”面板

（2）选取其中一个声道的波形

首先选择“编辑”→“首选项”→“常规”命令，单击选中“允许相关敏感度声道编辑”复选框。如果要选取左声道的某段波形，在拖动过程中鼠标的位置要保持在偏上方，此时鼠标处显示字母 L，并且只有左声道的选区区域呈现高亮效果，而右声道显示为灰色。选择右声道方法相反，如图 4-24 所示。

（3）选取全部波形

方法 1：调整波形使之完全显示在单轨编辑界面中，按下鼠标左键不放，拖动鼠标从头至尾选取全部波形。

方法 2：在音频文件的任意处双击。

方法 3：执行“编辑”→“选择”→“全选”命令。

方法 4：按【Ctrl+A】组合键。

方法 5：在波形上右击，弹出快捷菜单，选择“全选”命令。

波形全部选中的效果如图 4-25 所示。

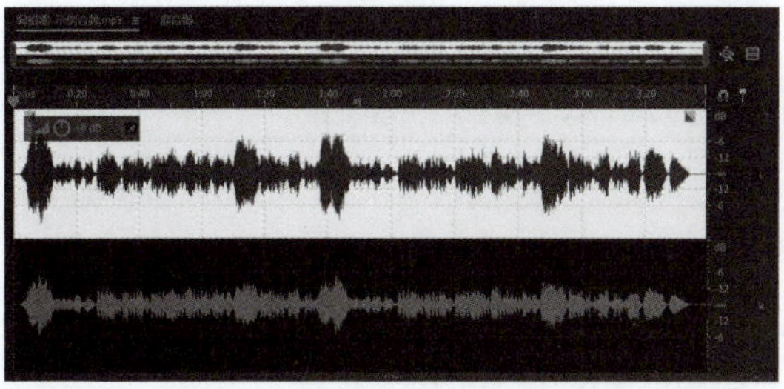

图4-24 选取一个声道波形

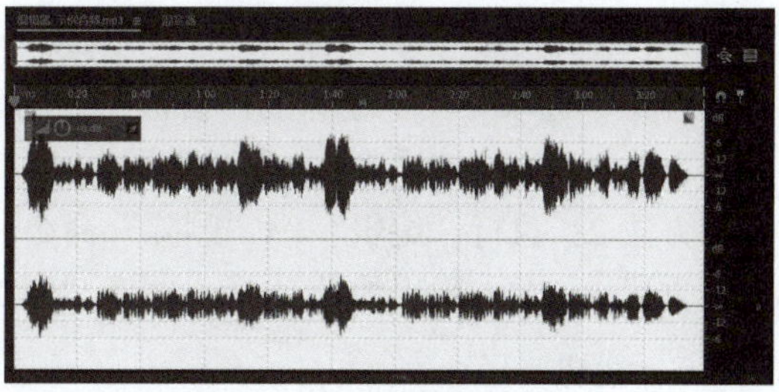

图4-25 选取全部波形

2. 复制波形

方法 1：选取波形，执行“编辑”→“复制”命令，即把选取区域的波形复制到剪贴板中。

方法 2：选取波形，右击弹出快捷菜单，选择“复制”命令。

方法 3：选取波形，按【Ctrl+C】组合键。

3. 粘贴波形

（1）粘贴波形

首先将一段波形复制或剪切到剪贴板，选择粘贴的位置，然后采用以下方法之一：

方法 1：执行“编辑”→“粘贴”命令

方法 2：右击弹出快捷菜单，选择“粘贴”命令。

方法 3：直接按【Ctrl+V】组合键。

（2）粘贴到新文件

首先将一段波形复制或剪切到剪贴板，然后采用以下方法之一：

方法 1：执行“编辑”→“粘贴为新文件”命令，一个新的文件就会建立。

方法 2：按【Ctrl+Alt+V】组合键，一个新的文件会建立。

（3）混合式粘贴

可以将剪贴板中波形的内容与新的播放头后的波形内容混合在一起，也可以将某个音频文件中的波形内容与新的播放头后的内容混合在一起。

首先将一段波形复制或剪切到剪贴板，然后采用以下方法之一：

方法 1：执行“编辑”→“混合式粘贴”命令。

方法 2：在新的文件中右击，弹出快捷菜单，选择“混合式粘贴”命令。

方法 3：在新的文件中，按【Ctrl+Shift+V】组合键。

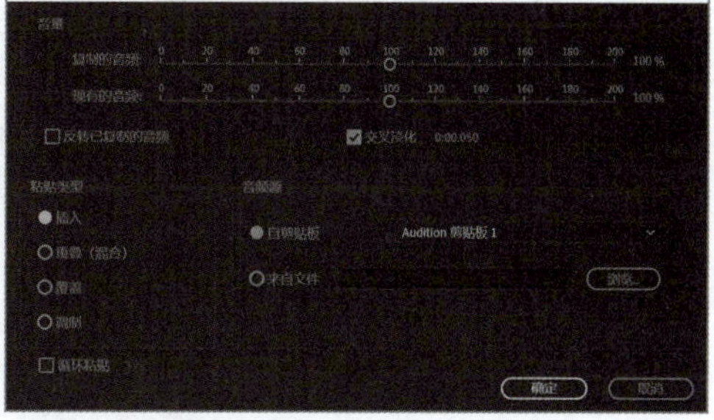

图4-26 混合式粘贴

此时将弹出如图 4-26 所示的“混合式粘贴”对话框，在“音量选项”组中，上面是“复制的音频”音量设置，下面是“现有的音频”音量设置，滑块向左滑动时，相应的音频音量会变小；相反，滑块向右滑动时，相应的音频音量会变大。在滚动条的右侧有数值栏，也可以直接输入数字，混合两个声音音量的比例，单击选中“淡化”复选框，表示被粘贴的文件开头和结尾分别带有淡入和淡出效果。

4. 删除波形

首先，选取一段要删除的声音波形，再采取如下方法之一：

方法 1：直接按【Delete】键删除。

方法 2：执行“编辑”→“删除”命令。

方法 3：右击弹出快捷菜单，选择“删除”命令。

5. 裁切波形

裁切波形是指将选取区域的波形保留，而其他未选取区域的波形删除。

首先，选取一段要裁切的波形，再采取如下方法之一：

方法 1：执行“编辑”→“裁剪”命令。

方法 2：右击弹出快捷菜单，选择“裁剪”命令。

方法 3：按【Ctrl+T】组合键。

6. 标记波形

标记并不是音频的数据，而是 Audition 为了方便用户剪辑音频，在波形编辑器中添加的时刻记号或者是时间范围记号。标记就像生活中使用的书签一样，它可以精确地在音频波形上标记出你想要的位置。

标记效果可以分为“位置型标记”和“范围型标记”。“位置型标记”是指在某个时刻上做的记号。“范围型标记”是指为某个范围做的记号。一个范围型标记包括两处记号，分别为范围的开始点和终止点。

标记面板的功能介绍见表 4-4。

表 4-4 标记面板的功能介绍

图标	名　称	作　用
	添加标记	用于添加一个新标记。在波形显示区域内将时间指示器移动到需要添加为标记的位置，单击“添加标记”按钮，即可添加一个新的标记，同时在“标记”面板中的列表内也会出现新添加的标记点的各项数据
	删除已选标记	用于删除标记。在列表中选中一个标记，单击“删除已选标记”按钮，即可删除所选中的标记
	合并所选标记	用于合并多个标记。按下键盘上的【Ctrl】键，再单击标记点选中多个标记，然后单击“合并所选标记”按钮，即可将所选中的标记合并
	插入所选范围标记到播放列表	单击该按钮，即可将标记列表中的一个标记插入到音频的播放列表中
	导出已选择范围标记的音频为分离文件	单击该按钮，将弹出“导出范围标记”对话框，在对话框中可以设置导出标记的名称、位置、格式等信息
	插入到多轨合成中	单击该按钮，可以将选中的范围标记内的音频波形插入到一个多轨合成项目文件中

4.3.3 多轨音视频操作

多轨编辑可以混音多个音频轨道以创建分层的声道和精心制作的音乐创作。Audition 会将有关源文件和混合设置方面的信息保存在混音项目文件（后缀为 .sesx）中。Audition 在工作界面左上方提供了单轨波形编辑和多轨编辑的切换按钮

。如果切换到多轨编辑时，尚未建立混音项目文件，则系统会自动新建一个后缀为 .sesx

的混音项目文件。

1. 多轨音频操作

在多轨编辑器中，如果用户对某个音频片段的音频不满意，可以双击该音频或单击菜单栏中“剪辑”→“编辑源文件”命令，进入单轨波形编辑模式进行修改，待修改完成后进行保存，可以看到多轨编辑器中的音频片段已进行修改。

（1）添加音轨

单击菜单栏中“多轨”→“轨道”命令，出现图 4-27 所示子菜单，有各种类型音轨供用户选择。

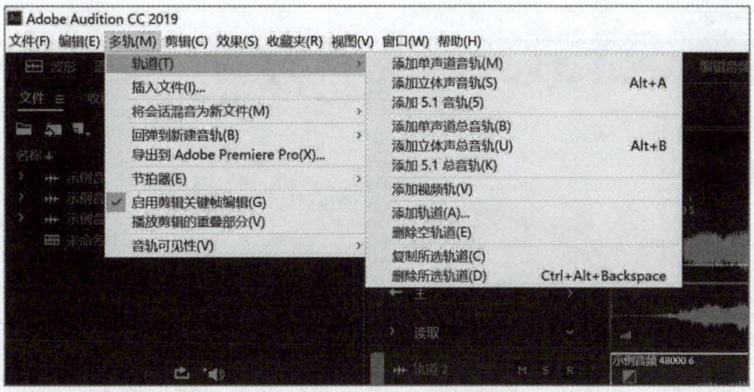

图4-27　添加音轨

（2）使轨道静音或单独播放

单击每个轨道右上方的M键，当其变为绿色时，即可将该轨道静音，如图 4-28 所示，单击S键，当其变为黄色时，可单独播放该轨道的声音，如图 4-29 所示。

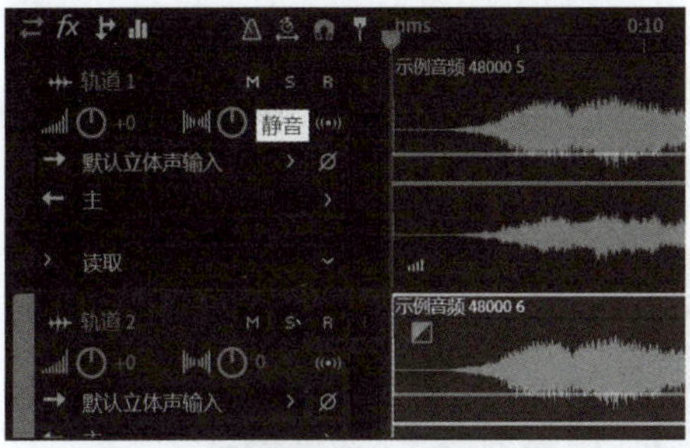

图4-28　轨道静音

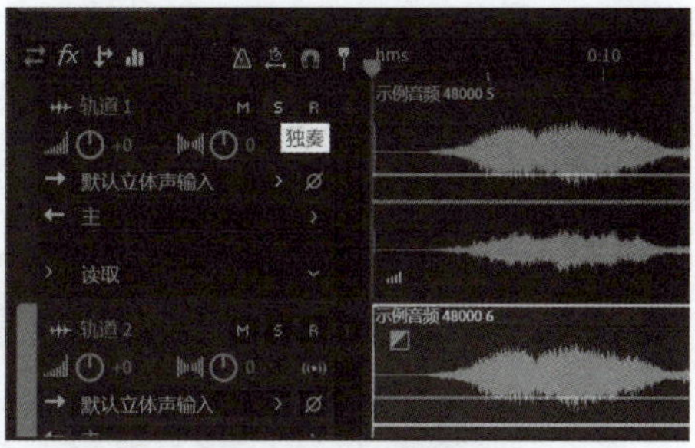

图4-29　单独播放

2. 多轨视频操作

在 Audition 中，用户可以将视频文件插入到多轨编辑器的文件中，还可以对视频进行移动。

（1）在项目中插入视频

单击“文件”→“新建”→“多轨会话”命令，新建一个多轨项目，在“文件夹”面板中选择“示例视频 .mp4”将视频素材导入，并将其拖至多轨编辑器的轨道 1 中，完成后如图 4-30 所示。

在视频面板中，可以查看导入的视频画面内容。如果导入的是有声视频，则视频和音频会自动分列在两个轨道中，如图 4-31 所示

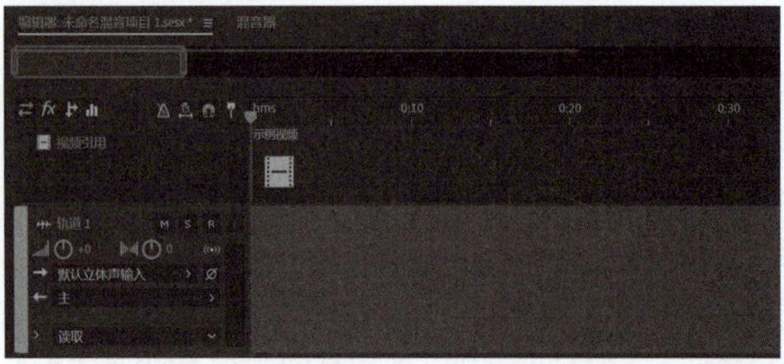

图4-30 插入视频文件

图4-31 视频画面

（2）管理视频素材

移动视频：在“视频引用”轨道上用鼠标拖动视频可移动到合适位置，如图 4-32 所示。

删除视频：在选中视频上右击，弹出快捷菜单，选择“删除”命令。

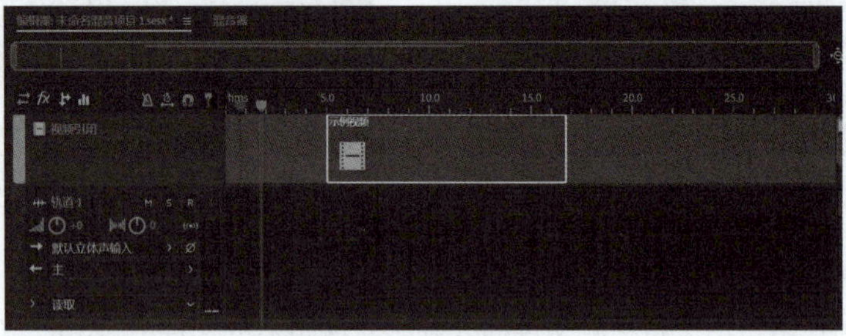

图4-32 移动视频文件

4.3.4 实例——制作“早起”音频效果

【例 4–1】用 Audition 制作“早起”音频效果，具体操作步骤如下：

① 打开 Audition 软件界面，选择“文件”→“打开”命令，在打开的对话框中选择素材文件夹中的“走路”“打哈欠”“放下杯子”“关闹钟”“喝水”“开窗”“闹钟”“倒水”“清晨鸟叫”九个 MP3 文件，单击“打开”按钮。

② 单击“文件”→“新建”→“多轨会话”命令，在打开的对话框中设置相关参数，单击“确定”按钮，如图 4-33 所示。

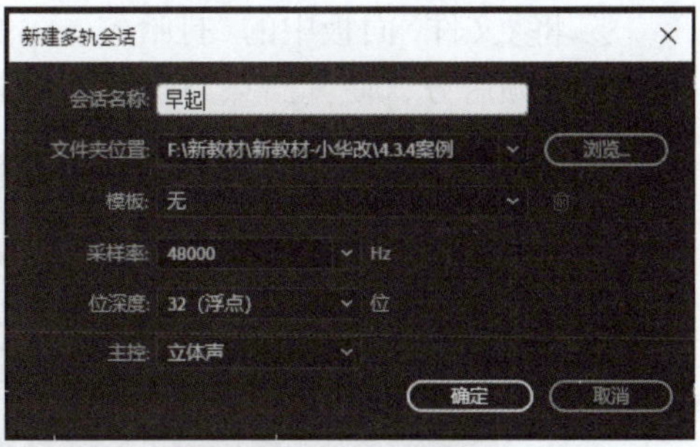

图4-33　“新建多轨会话”对话框

③在“文件”面板中双击“闹钟 .mp3”，此时，编辑器将直接显示音频波形图，可单击播放按钮进行播放试听，通过“编辑器”面板设置想要截取的选区，参数以及选区效果，具体参数和效果如图 4-34 所示。

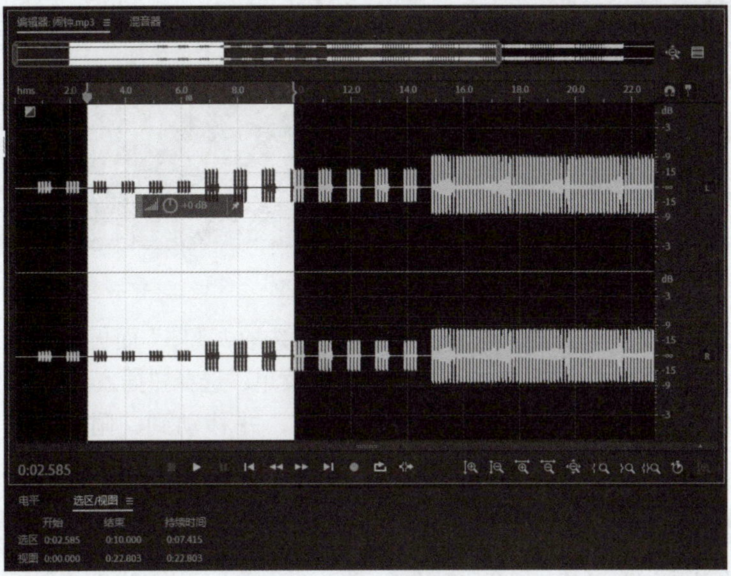

图4-34　具体参数和效果

④ 在“闹钟 .mp3”的选中波形上右击弹出快捷菜单，选择“插入到多轨混音中”→“早起”命令，将其插入“早起”的多轨混音文件中，如图 4-35 所示。

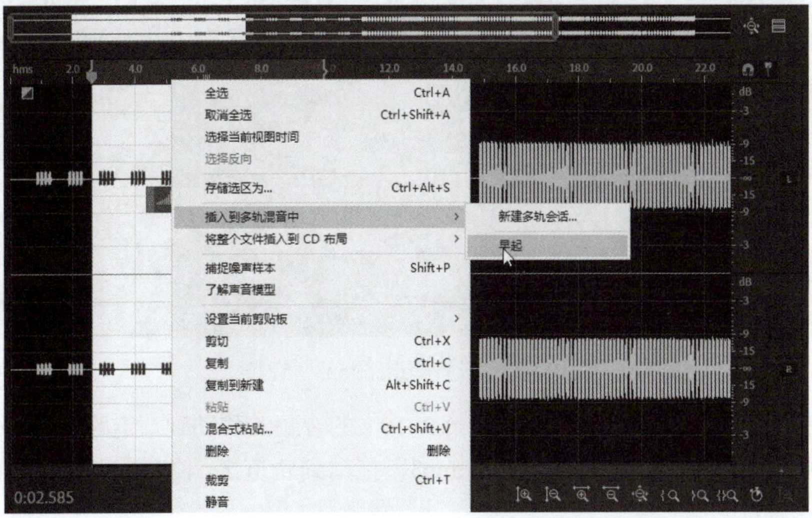

图4-35　将“闹钟.mp3”插入“早起”的多轨混音文件

⑤将“文件”面板中的“打哈欠.mp3”拖动到轨道2中，然后将“关闹钟.mp3”移动到“打哈欠”音频后方，使其出点与轨道1中的“闹钟”音频出点对齐，如图4-36所示。

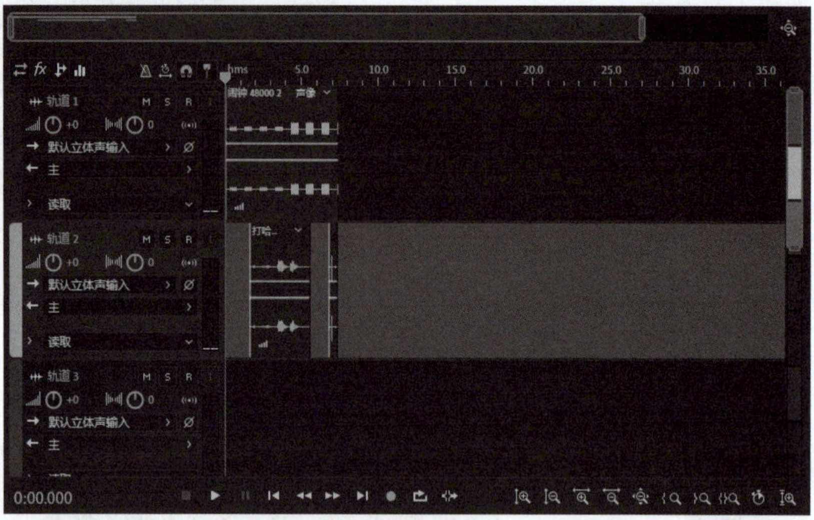

图4-36 设置“打哈欠.mp3”音频

⑥在“文件”面板中双击“走路.mp3”，通过“选取/视图”面板截取第2~10 s的音频，然后在“走路.mp3”的选中波形上右击，弹出快捷菜单，选择“插入到多轨混音中”→“早起”命令，将其插入“早起”的多轨混音文件中，并移动到“闹钟”音频的后方，如图4-37所示。

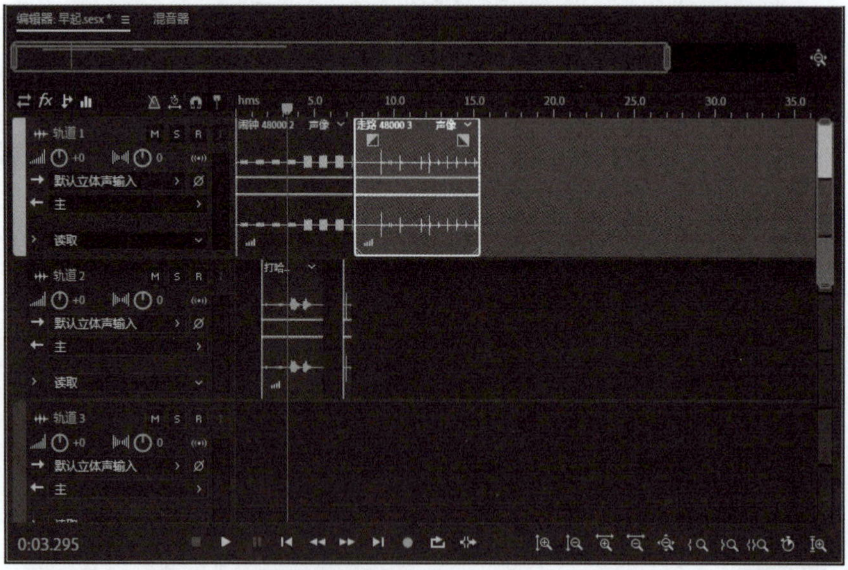

图4-37 设置“走路.mp3”音频

⑦参考步骤⑥，截取“开窗.mp3”第2~10 s的音频并移动到“走路”音频后方。

⑧将“文件”面板中的“清晨鸟叫.mp3”拖动到轨道2，使其入点与“开窗”音频的入点对齐。

⑨ 在轨道 1 中的“走路”音频上右击弹出快捷菜单，选择“复制”命令，将指针拖动到第 25 s 处，右击弹出快捷菜单，选择“粘贴”命令，如图 4-38 所示。

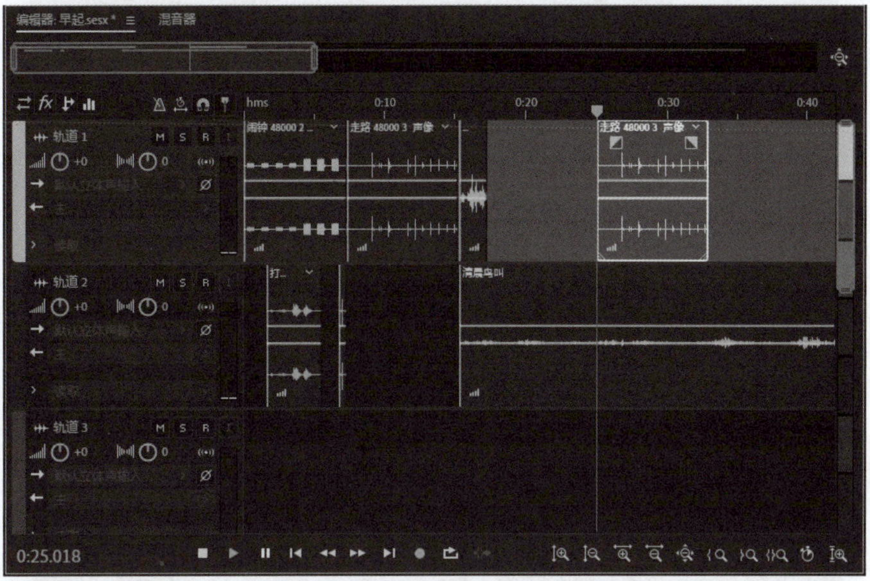

图4-38　复制“走路.mp3”音频

⑩ 将“倒水 .mp3”“喝水 .mp3”“放下杯子 .mp3”依次移动到图 4-39 所示位置。

⑪ 用“切断所选剪辑工具”将“清晨鸟叫”音频在图 4-40 所示的位置上切断。

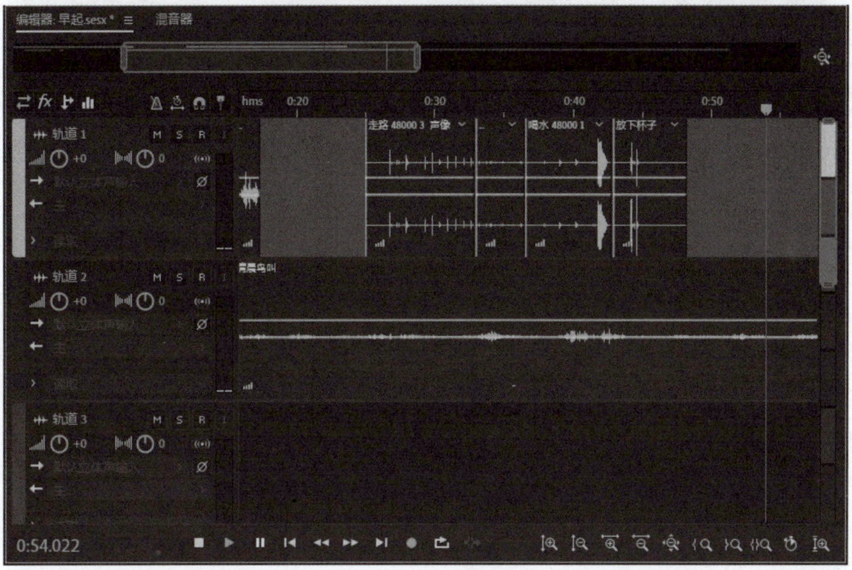

图4-39　移动视频

⑫ 选择“清晨鸟叫”音频的第 2 部分，分别在其“音量”线的前端和后端，此时会在“音量”线上出现两个圆点，将后端的圆点向下移动到“–18.7 dB”，使音频呈现音量降低的效果。然后将“清晨鸟叫”音频第 3 部分的“音量”线向下移，使之与第 2 部分后端的点对齐，如图 4-41 所示。

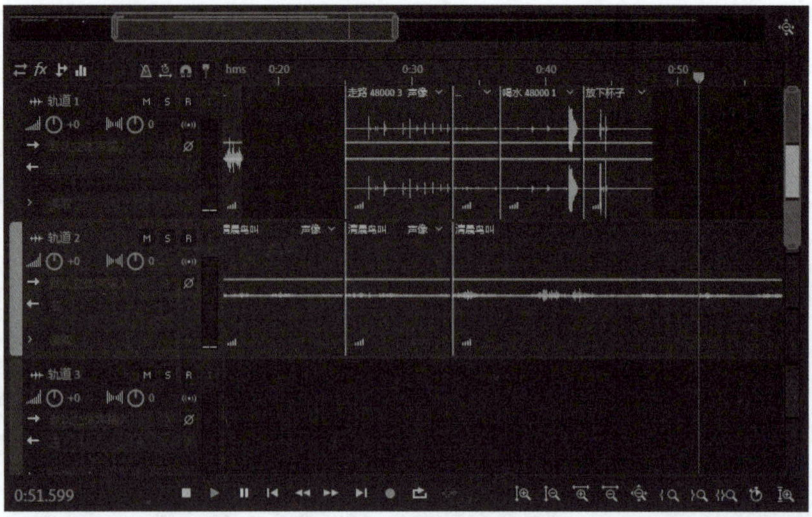

图4-40　切断“清晨鸟叫”音频

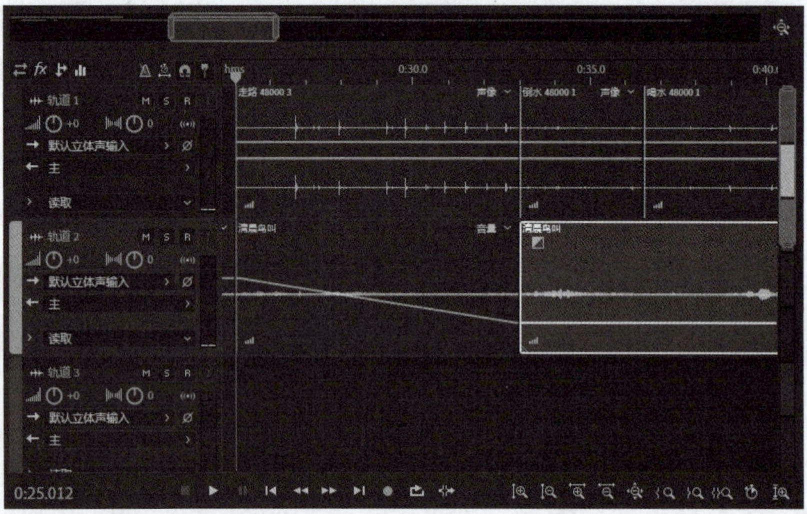

图4-41　设置“清晨鸟叫”音频的第2部分

⑬ 将第 50 s 以后的音频删除。试听“早起 .sesx”文件效果，选择“文件”→“导出”→“多轨混音”→“整个会话”命令，在弹出的对话框中设置参数，即可在指定位置生成“民族音乐串烧 .wav”文件。

4.4　录音技术

视频

录音技术

4.4.1　录音前的准备工作

在录制工作开始前要做好以下工作：首先检查所有的硬件设备，包括扬声器、麦克风和电源等是否工作正常，并保证连线准确无误；保证录音软件运行无误，安装好所有可能用到的插件和工具；确定计算机有足够的硬盘空间；关闭门窗和可能带来噪声的设备；认真了解录音内容，对录制内容的风格和要求有足够的理解。做好了以上的准备后，就可以开始录制工作了。

话筒的放置决定了最初音源的质量。麦克风放得离声源越远，录音中就会出现越多的房间氛围、回声等。随着麦克风与声源距离的增大，麦克风输出的信号强度也会快速地按平方反比下降。由于计算机声卡的输入采用非对称连线，如果话筒的电缆长度超过 15 m 的话，就会产生电磁干扰，或者使声音减弱。所以，为了保证声音质量，麦克风的电缆线要尽可能短一些。

在实际的音频录制过程中，要保证整个录制音频的过程中所有音频的音量一致。这就要靠在录制的时候观察录制电平来控制了，而且一般情况下不要在录制过程中调整录音音量。

4.4.2 外录和内录

外录和内录在专业录音工作中非常常见，在实际的工作中也有很多种。区分内录和外录的标准就是音频信号的传输途径。

外录是指从声源发出声音开始，到声音被录制的过程中，声音首先通过物理介质进行传播，然后被麦克风捕捉，再通过音频线传输到计算机中录制下来。例如，用麦克风录制说话声，人发出声音后，经过空气传播，被话筒拾取，之后通过音频线路和模拟电路进入计算机，这就是外录。

内录是指声音从发出到进入录音设备的整个过程中，没有经过物理介质传播，单纯依靠电子线路传播的录音方式。例如，使用计算机录制网页中电影播放的人物对白，整个录音过程中，声音始终是在音频线内传播的，这就是内录。

内录和外录在录音工作中都非常重要，并且应用也很广泛。内录可以在录制过程中避免很多的噪声，因为内录接收的音频信号没有经过外部空间，而在外录过程中，为了提高音频质量，就要避免环境中可能的噪声，比如歌手在录制歌曲时往往在专业的录音棚进行制作等。

4.4.3 录制音频的流程

使用 Audition 录音有一套基本的流程（见图 4-42），该流程也同样适用于其他的专业音频编辑软件。

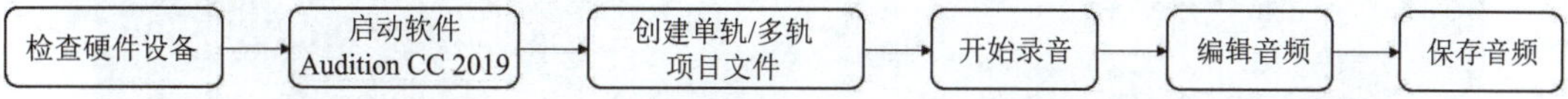

图4-42 录音流程

4.4.4 案例——微课视频配音

【例 4–2】用 Audition 给一段微课视频配音。具体操作步骤如下：

① 打开 Audition 软件界面，单击“文件”→“打开”命令，在打开的对话框中选择此案例中的素材文件“微课视频 .mp4”，单击“打开”按钮。

② 单击“文件”→“新建”→“多轨会话”命令，新建“微课视频配音”多轨会话，如图 4-43 所示。

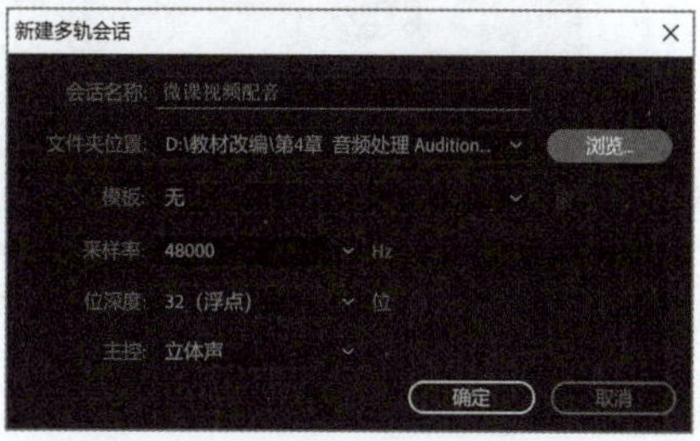

图4-43 新建多轨会话

③将“文件”面板中的“微课视频.mp4”拖入轨道1，即可在“视频”面板进行预览，如图4-44所示。

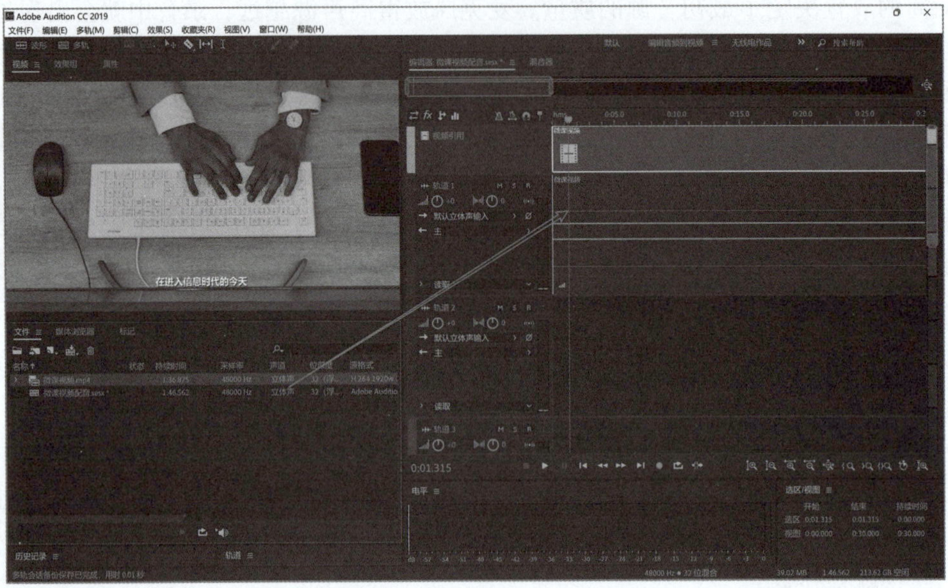

图4-44 将“微课视频”拖入轨道1

④在工具栏中，单击“波形”按钮，切换至“波形”编辑器，如图4-45所示。将“编辑器”面板中的播放头移至零点处，然后单击“录制”按钮，如图4-46所示，根据“视频”面板中微课视频的字幕，实时进行音频的外录，再次单击“录制”按钮，即可结束录音，最终效果如图4-47所示。

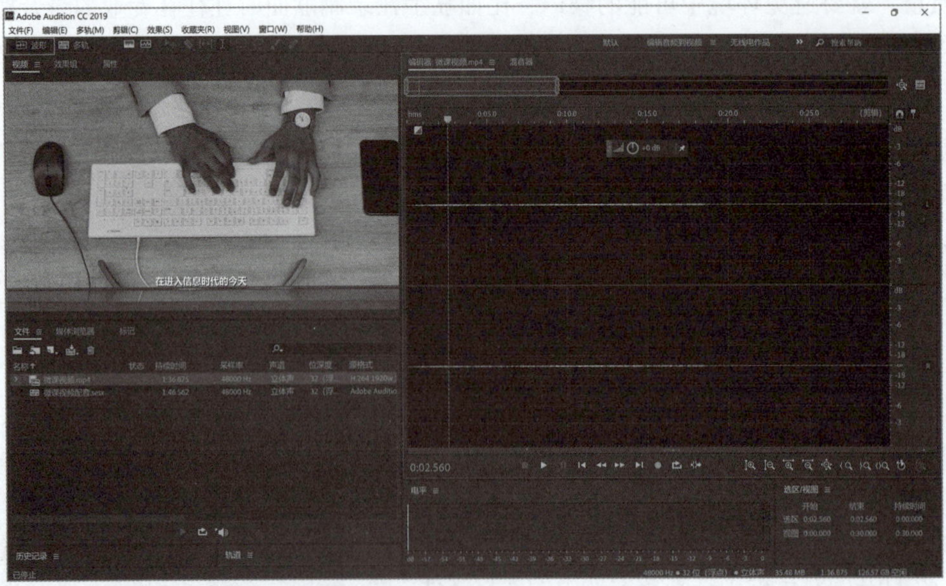

图4-45 切换至“波形”编辑器

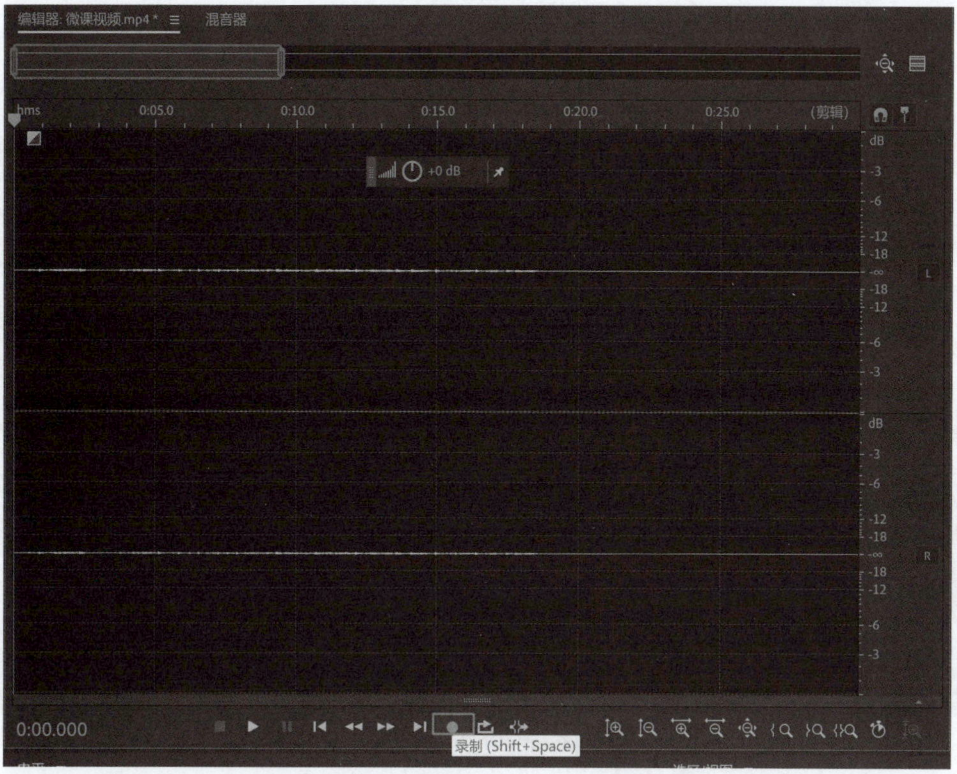

图4-46　单击“录制”按钮

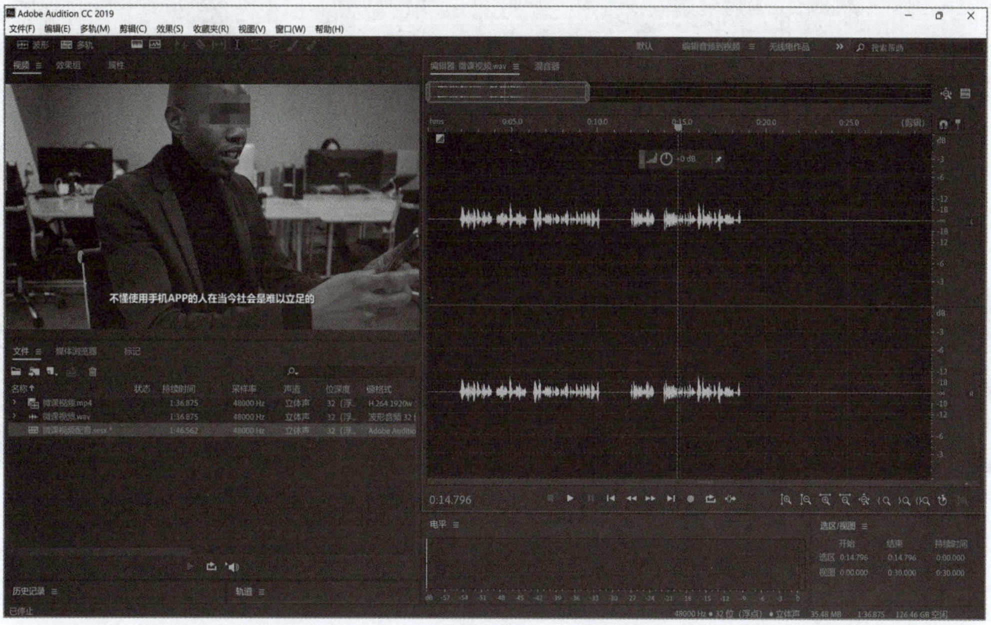

图4-47　录音最终效果

⑤ 单击“多轨”按钮，切换至“多轨编辑器”，可以预览微课配音的录制效果，如图 4-48 所示。此时，“文件”面板中新生成的“微课视频 .wav”文件即为录制的配音文件，

双击此文件可以在编辑器中对其进行预览。若觉得效果不满意，可以对录制的音频文件进行编辑、修改操作，如图 4-49 所示。

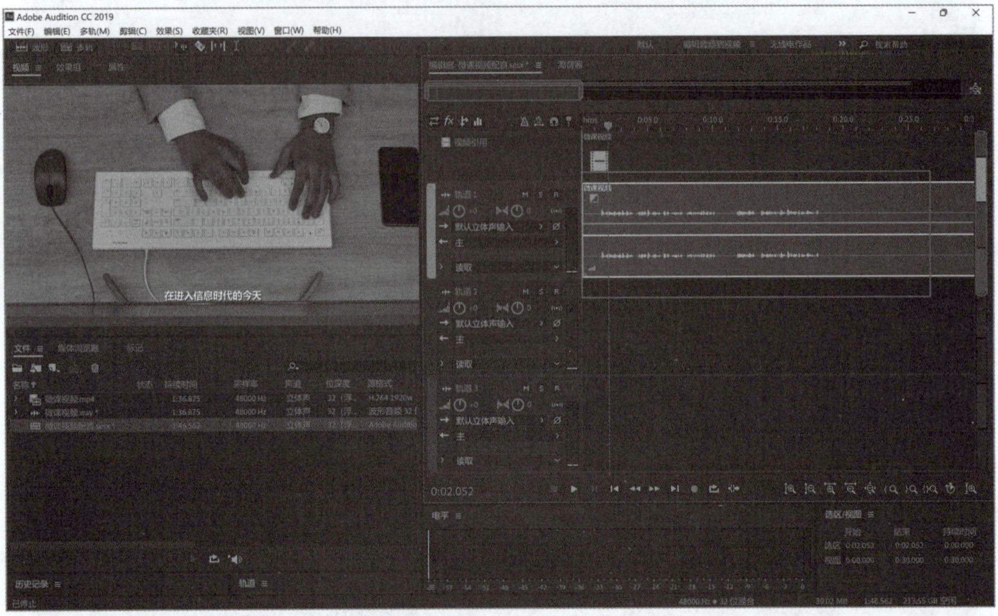

图4-48　预览录制效果

图4-49　编辑录制音频

⑥ 单击“文件”→“导出”→“多轨混音”→“整个会话”命令，生成“微课视频配音 _ 缩混 .wav”文件，即为微课视频的配音文件，如图 4-50 所示。如果需要将配音文件和微课视频合并导出为完整的微课视频，可通过 Adobe Premiere 导出，方法参见第 5 章第 5.6 节的描述和案例。

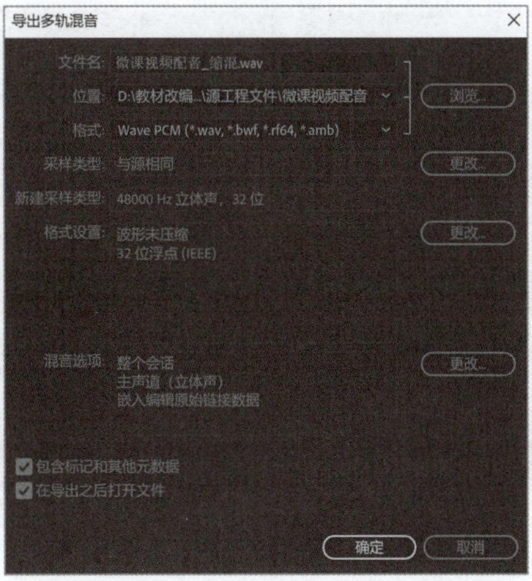

图4-50　导出多轨混音

4.5　音频效果处理

4.5.1　混音的基本概念

视频

音频效果处理

早在古典音乐时代，就已经有了混音的概念。交响乐团里的乐器都是经过长期实践精挑细选出来的，它们需要在音色和数量上进行合理搭配，以使合奏起来能够得到融合的音响效果。

混音（audio mixing，简称为 mix）也称为混缩，是一种对由录音、采样或者合成等方式形成的多轨声音素材的一种处理，经过调整、加工、修饰，最终混合为多声道的成品。混音操作可以使得音频的整体效果更好，听起来更舒服。混音是对音乐的情感、创新理念和演奏进行的音响展现。

混音工作是所有前期录音都已经完成后的步骤。混音师必须将每一个音轨中录好的声音进行最恰当的分配，包括声音的位置、音质、效果、大小声。混音的好与坏对于音乐品质有很重要的影响，因为它既可以表现音乐的起伏，也可以带动听众的情绪。在某种程度上，混音师的角色就好比交响乐团的指挥，他的理解和演绎是对作品的再度创作。

4.5.2　声音的平衡

在混音中，对于听众来说最直接的影响是对音量的反应。所以音量的大小、噪声的大小和音乐中各元素的音量大小比例是用户在开始缩混操作前首先要考虑的问题。无论使用哪一种方法进行缩混，在混合过程中都需要时刻对各音轨的音量进行调整，突出主要的声音，如人声等，将音量过大的音轨进行衰减，将音量过小的音轨进行增益等操作。

利用混音器设置各轨道音量，使用每个轨道上的滑块来调节不同轨道声音的大小。如图 4-51 所示，各音轨的电平表在“混音器”面板的最下端，从左到右依次排开，最右边的是总线电平表，每个电平表都标有刻度，能够快速准确地指示当前音轨的声压级。电平线所显示的声压级越大，也就表示该音轨的音量越大。

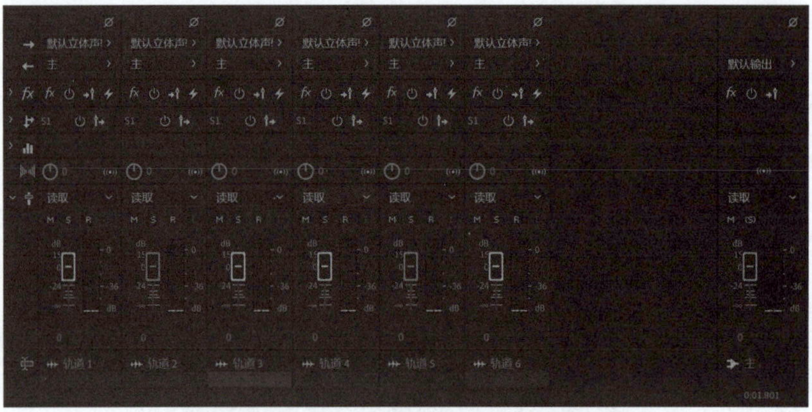

图4-51　混音器

4.5.3　设置淡入、淡出效果

音频处理经常会用到淡入、淡出效果，可以使得音乐的进入和结束都有平稳的过渡，不会让人感到非常突兀。具体的操作步骤如下：

① 打开 Audition 软件界面，单击“文件”→“新建”→“多轨会话”命令，在打开的对话框中设置会话名称、文件夹等参数，单击“确定”按钮，如图 4-52 所示。

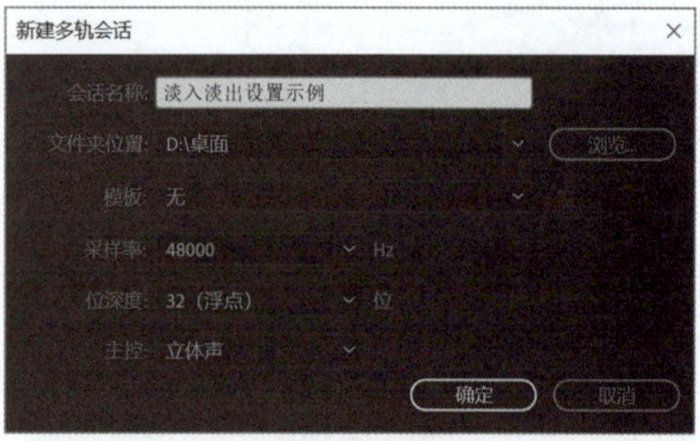

图4-52　“新建多轨会话”对话框

② 单击“文件”→“导入”→“文件”命令，在“导入文件”对话框中选择“示例音频.mp3”，将其拖到轨道 1。

③ 上下或左右拖动轨道 1 左侧的“淡入”按钮设置淡入效果，右侧的“淡出”按钮设置淡出效果，如图 4-53 所示。

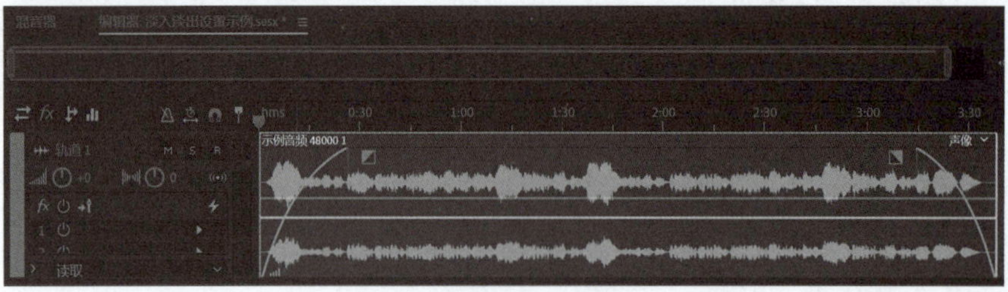

图4-53　设置淡入、淡出效果

4.5.4　效果器的使用

为音频添加效果是进行多轨混音工作中非常重要的操作之一。在“单轨波形编辑”模式下使用效果器对音频进行处理后，新的音频将会替代原音频。插入效果器就能做到在不破坏原轨道的前提下将各种效果加入音乐中。如果感觉添加的效果不合适，只需要单击就可以随时修改，如图 4-54 所示。

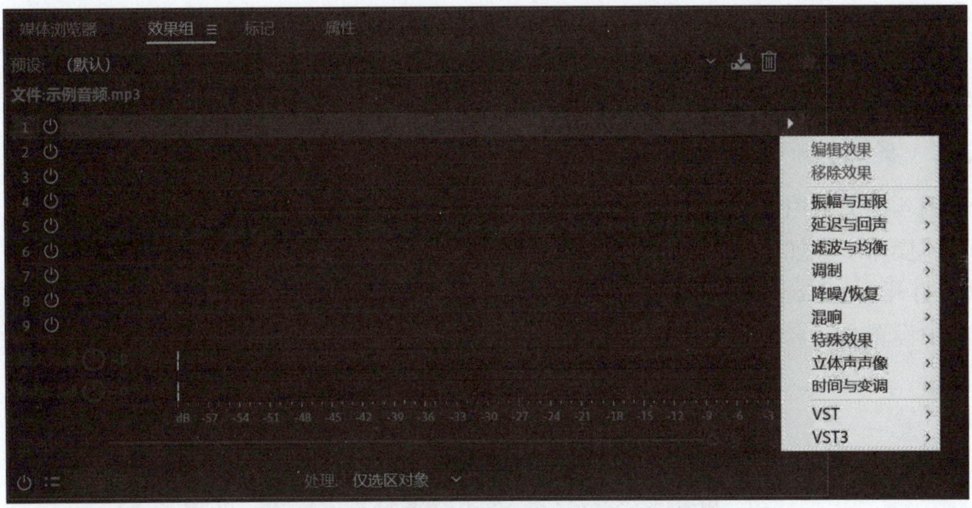

图4-54　效果器的使用

1. 在“多轨合成”模式下插入效果器

在轨道左上方单击“效果”按钮 fx，此时“轨道属性”面板改变为“插入效果器”面板。单击右侧的 ▶ 按钮，可以打开“效果器”列表，选择需要添加的效果，“效果器”将会自动把选中的效果添加到“效果器”列表栏中，如图 4-55 所示。

2. 使用混音器插入效果器

打开“混音器”面板（见图 4-56），单击左侧“效果”按钮 fx 旁的 › 按钮，将“效果器”列表栏展开，即可为各轨道音频设置需要添加的效果。

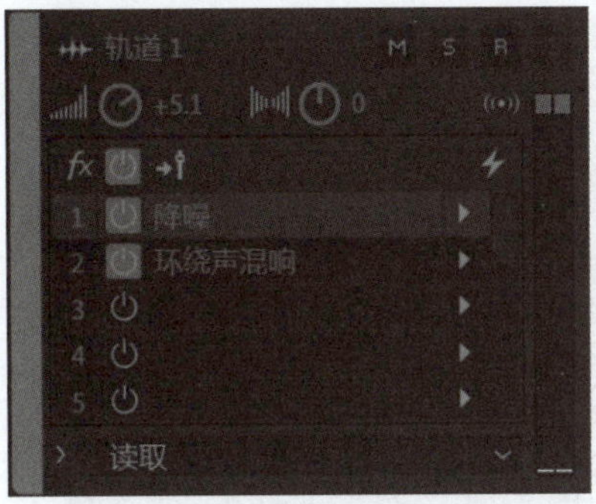

图4-55　在“多轨合成”模式下插入效果器

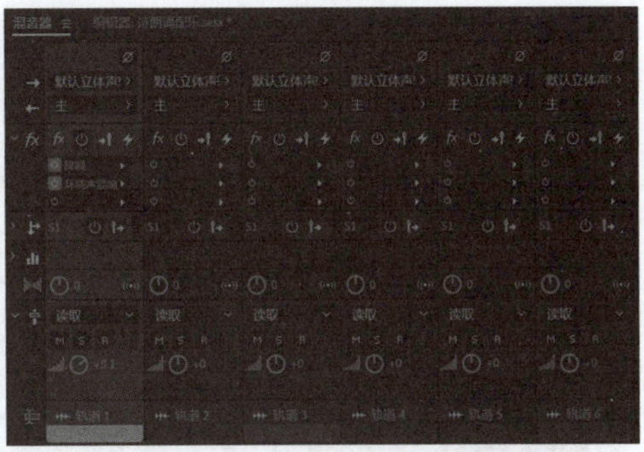

图4-56　使用混音器插入效果器

4.5.5 混缩的基本步骤

一般的混缩操作都有一定的步骤，按照这些步骤操作，可以轻松地完成混音的操作。这些操作步骤只是作为参考，在实际操作中，可以根据音频的实际情况适当调整。

① 首先将多个音频素材插入不同的音轨中，然后记录下每个音轨的信息，方便后续混音操作。

② 在效果器中选择“降噪”效果，消除音频中的杂音。

③ 在音轨间建立相对的音量平衡，加入如压缩、限幅等动态处理器。

④ 加入如混响、延迟或合唱等影响距离感和特殊效果的处理器。

⑤ 设置最终的音量大小。

⑥ 混音输出，测试混音效果。

⑦ 根据测试结果修改音频，直至达到满意效果。

4.5.6 案例——诗朗诵配乐

【例 4-3】利用多轨会话为一段诗朗诵音频配上背景音乐并添加特效。

具体操作步骤如下：

① 打开 Audition 软件界面，单击“文件”→“新建”→“多轨会话”命令，在打开的对话框中设置会话名称、文件夹位置等参数，单击“确定”按钮，如图 4-57 所示

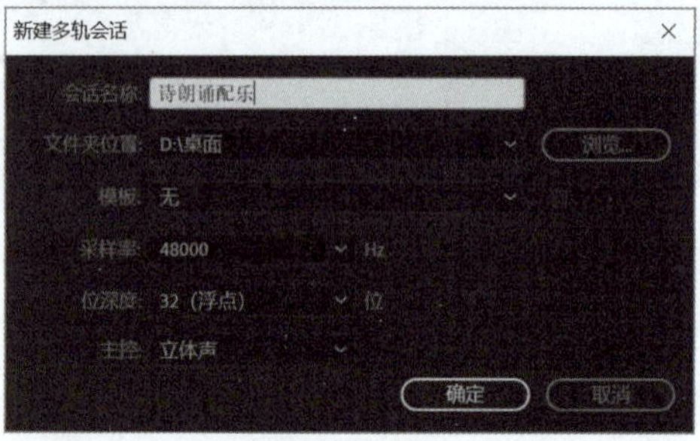

图4-57 “新建多轨会话”对话框

② 单击“文件”→“导入”→“文件”命令，打开“导入文件”对话框，导入“艾青 - 我爱这土地（诗朗诵）.mp3”和“背景音乐 .mp3” 两个音频文件。

③ 分别将文件“艾青 - 我爱这土地（诗朗诵）.mp3”和“背景音乐 .mp3”拖到多轨“编辑器”对话框中的轨道 1 和轨道 2 的起始位置，如图 4-58 所示。

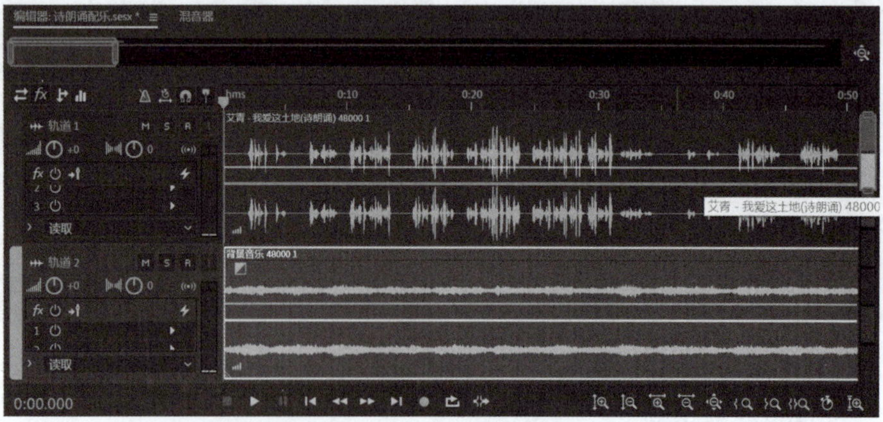

图4-58 多轨“编辑器”对话框

④ 单击常用工具栏中的“切断所选剪辑工具”，然后在轨道 1 的第 2 秒单击，将其拆分为两段音频。

⑤ 单击常用工具栏中的“时间选择工具”，选择前面部分，单击选择“编辑”→“波纹删除”→“文件”→“所选轨道内的时间选区”命令，将轨道 1 的前部分剪辑删除，此时后部分剪辑会往前移动填补空位。此时编辑器状态如图 4-59 所示。

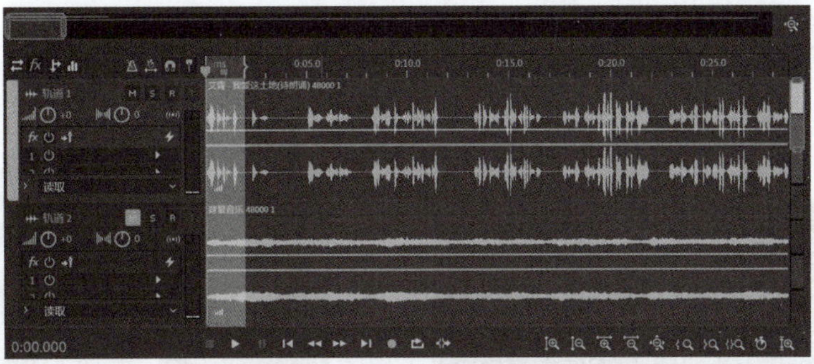

图4-59 轨道1波形剪辑效果

⑥ 下面将编辑轨道 2。首先将播放指示器拖到轨道 1 波形结尾处，单击常用工具栏中的“切断所选剪辑工具”在轨道 2 播放指示器处单击，即可将其拆分为两段音频，如图 4-60 所示。

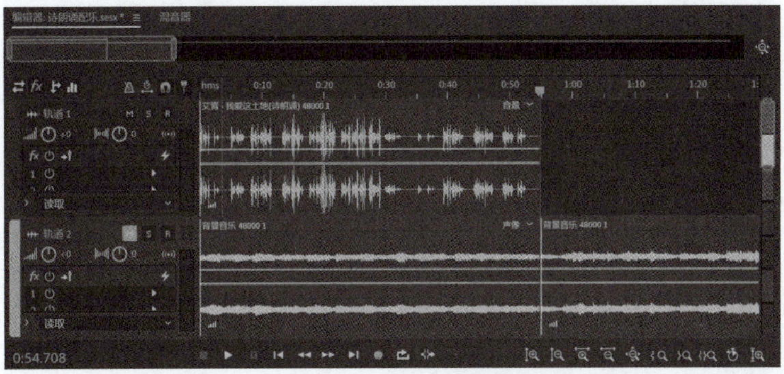

图4-60 轨道2波形剪辑

⑦ 参考步骤⑤，将轨道 2 后部分剪辑删除，如图 4-61 所示。

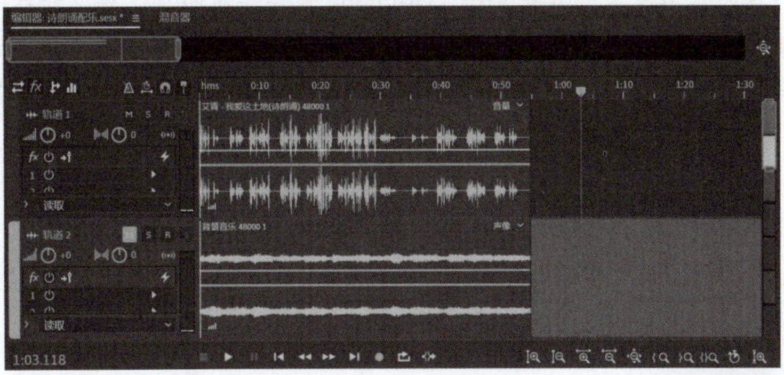

图4-61 轨道2波形剪辑效果

⑧ 单击轨道 1 波形，向右拖动轨道左侧的音量按钮，增大音量，如图 4-62 所示。

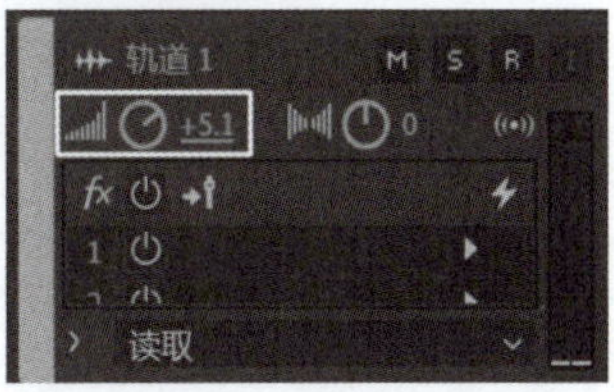

图4-62 增大音量

⑨ 为轨道 1 设置淡入、淡出效果，拖动左侧的（上下或左右拖动）淡入按钮设置淡入效果，拖动右侧的（上下或左右拖动）淡出按钮设置淡出效果。用同样的方法为轨道 2 设置淡入、

淡出效果，如图 4-63 所示。

⑩ 单击轨道 1 “效果”按钮，再单击右侧的按钮，打开“效果器”列表，选择“降噪 / 恢复”→“自适应降噪”命令，如图 4-64 所示。

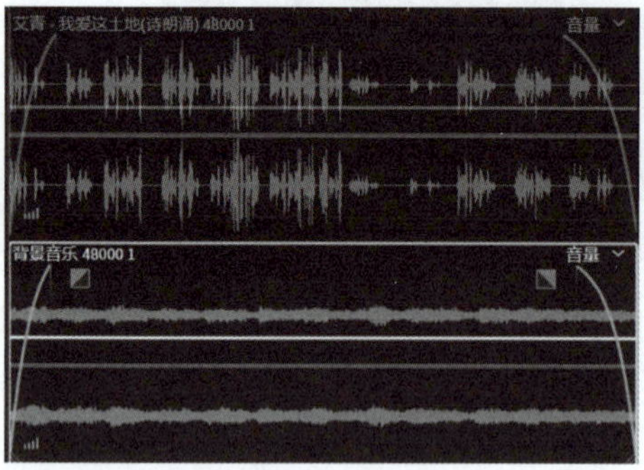

图4-63　设置淡入、淡出效果

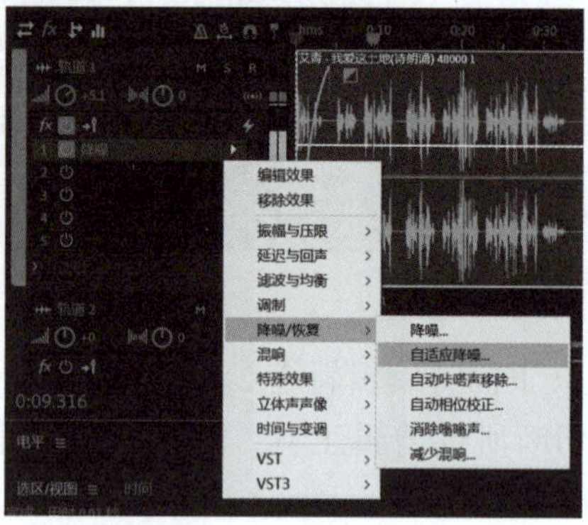

图4-64　轨道1音频降噪

⑪ 单击“将播放指示器移到上一个”按钮，“循环播放”按钮，最后单击“播放”按钮试听效果，调整至满意为止。

⑫ 单击“文件”→“导出”→“多轨混音”→“整个会话”命令，单击“确定”按钮，保存并导出文件。

本章小结

Audition 作为一款专业的一体化音频处理软件，为使用者提供了直观的控制按钮和易用的操作环境，集录音、混缩、编辑、效果处理和母带制作等功能于一身，在对声音的处理加工过程中起到举足轻重的作用。本章首先介绍了 Audition 软件的界面，主要包括标题栏、菜单栏、工具栏、浮动面板和编辑器，在此基础上讲解了录音技术、音频编辑技术以及效果器和混音等内容，理论结合实际操作，帮助读者快速进行学习。Audition 是一款强大的专业级音频工具，其中包含了众多特色且实用的功能，需要在不断实践操作中探索，从而熟练掌握。

第 5 章　影视剪辑 Premiere

内容提要

◎界面和窗口的认识。

◎素材的导入和编辑。

◎音频和视频的剪辑和过渡。

◎效果的添加和使用。

◎字幕的制作。

视频是多媒体中携带信息最丰富、表现力最强的一种媒体，它同时作用于人的视觉器官和听觉器官。Adobe 公司的 Premiere 是一款专业的视频剪辑后期处理软件，具有兼容性强、功能强大、入门简单等优点，并为用户提供一整套的采集、剪辑、调色、美化音频、字幕添加、输出等视频处理工具，可以快速帮助用户完成对于视频的编辑及制作工作。本章将以 Adobe Premiere Pro CC 2019 版本为例介绍 Premiere 的基本操作和各种核心功能。

5.1　视频基本概念

5.1.1　视频基础

视频

视频基本概念

视频（video）是由一幅幅内容连续的图像所组成的，每一幅单独的图像就是视频的一帧。当连续的图像按照一定的速度快速播放时（24 ～ 30 帧 /s），由于人眼的视觉暂留现象，就会产生连续的动态画面效果，也就是视频。

视频分为模拟视频和数字视频两大类。

1. 模拟视频

模拟视频是指每一帧图像是实时获取的自然景物的真实图像信号，由电视摄像机通过电子扫描将所描述的景物进行光电转换后，得到连续变化的电信号。普通广播电视信号是一种典型的模拟视频信号。

2. 数字视频

数字视频是用二进制数字来记录视频信息，是离散的电信号。与模拟视频相比，数字视频具有更易于创造性的编辑与合成，不失真地进行多次复制，在网络环境下容易实现资源共享等优点。视频信号的数字化包括位置的离散化（抽样）、所得量值的离散化（量化）以及 PCM 编码这三个过程。

世界上使用的电视广播制式有三种：PAL、NTSC、SECAM。中国使用PAL制式，日本、韩国及东南亚地区与美国等欧美国家使用NTSC制式，俄罗斯则使用SECAM制式。

5.1.2 视频压缩

数字视频每秒要记录几十幅图像，产生的数据量相当大。据计算，720P高清视频（即分辨率为1 280×720像素）每秒产生的原始数据约为264 MB，则1小时的视频数据量就是264×3 600≈928 GB，这是巨大的数据。原始视频的数据量很大，不可能直接进行实时网络传输，甚至连存储的代价都非常大，所以必须进行视频压缩。

视频压缩的目的是减少视频存储的空间或者视频传输带宽。压缩分为无损压缩和有损压缩。无损压缩可完全恢复原始数据而不引起任何失真，即压缩前和解压缩后的数据完全一致。有损压缩意味着解压缩后的数据与压缩前的数据不一致，在压缩的过程中要丢失一些人眼和人耳所不敏感的图像或音频信息。现有的绝大多数视频压缩标准都是有损压缩。

数字视频技术广泛应用于通信、计算机、广播电视等领域，带来了会议电视、可视电话及数字电视、媒体存储等一系列应用，促使了许多视频压缩编码标准的产生。视频编码标准种类繁多，其中国际电信联盟（International Telecommunications Union, ITU）下主导的H.26x系列和国际标准化组织（International Organization for Standardization, ISO）主导的MPEG系列影响最大，应用最为广泛。ITU-T的标准包括H.261、H.263、H.264。两大组织也共同制定了一些标准。H.262标准等同于MPEG-2的视频编码标准，而最新的H.264标准则被纳入MPEG-4的第10部分。

5.1.3 视频文件格式

广义的视频文件可以分为两类：动画文件和影像文件。动画文件是指由相互关联的若干静止图形所组成的图像序列，这些静止图形连续播放便形成一组动画。影像文件主要指那些包含了实时的音频、视频信息的多媒体文件，其多媒体信息通常来源于视频输入设备。常用的视频影像文件格式有AVI、RM、RMVB、FLV、MPEG、ASF、WMV、MOV、MP4、DivX和F4V等。

1. AVI格式

AVI（audio video interleaved，音频视频交错）格式由Microsoft公司于1992年推出，采用Intel公司的Indeo视频有损压缩编码技术，是一种可以将视频和音频交织在一起进行同步播放的数字视频文件格式，文件扩展名为“.avi”。

AVI格式的优点是图像质量好，可以跨多个平台使用，缺点是体积过于庞大，压缩标准不统一。AVI文件在小窗口范围内演示时（一般不大于320×240像素），其效果令人满意，是应用最广泛的格式。

2. RM格式

RM（real media，网络流媒体）格式是RealNetworks公司所制定的音频视频压缩规范，文件扩展名包括“.ra”、“.rm”和“.ram”等。其中.ra是实时声音音频（realaudio）文件扩展名；.rm（real media）是既可用于表示音频又可用于表示视频的实时媒体扩展名；.ram是realaudio文件扩展名。

用户可以根据不同的网络传输速率制定出不同的压缩比，从而实现在低速率的网上实时传输和播放视频，具有体积小而又比较清晰的特点。这种数字视频格式文件可以实现即时播放，用户不必等待整个文件下载完毕，即“边传边播”，因而适合在线观看影视。

3. RMVB 格式

RMVB 中的 VB 指的是可变比特率（variable bit rate），是 Real Networks 公司在 RM 的基础上推出新视频格式，文件扩展名为“.rmvb”。

其优点是打破了 RM 格式平均压缩采样的方式，在保证平均压缩比的基础上，合理利用比特率资源：在静态画面和简单的动态画面中使用较低的采样率，在复杂的动态画面中使用较高的比特率。这样在保证了静止画面质量的前提下，大大提高了运动图像的画面质量，从而在图像质量和文件大小之间找到一个合理的平衡点。RMVB 比 RM 格式画面要清晰很多。

4. FLV 格式

FLV（flash video）格式是在 Sorenson 公司的压缩算法的基础上开发的流媒体视频格式，文件扩展名为“.flv”。FLV 文件极小，加载速度极快，1 min 清晰的 FLV 视频的大小在 1 MB 左右，加上 CPU 占用率低、视频质量良好等特点使其在网络上较为流行。

5. F4V 格式

F4V 是 Adobe 公司为了迎接高清时代而推出继 FLV 格式后的支持 H.264 的流媒体格式。它和 FLV 主要的区别在于，FLV 格式采用的是 H263 编码，而 F4V 则支持 H.264 编码的高清晰视频，码率最高可达 50 Mbit/s。随着网络带宽的发展和视频网站的发展，以及人们对视频清晰度越来越高的要求，F4V 正在不断取代 FLV，成为网络流媒体主流格式。

6. MP4 格式

MP4（MPEG-4 Part 14）是一套用于音频、视频信息的压缩编码标准，文件扩展名为“.mp4”，是一种兼容性非常好的视频格式，几乎所有的媒体设备都支持 MP4 格式。MPEG-4 格式的主要用途在于网络流、光盘、语音发送、视频电话以及电视广播等。人们常说的 MP4 格式，除了经常被封装 H.264 编码，也能够封装 xvid、divx5、3ivx、ffmpeg/ffdshow 等编码。

7. ASF 格式

ASF（advanced streaming format，高级串流格式）是 Microsoft 公司为了和 Real player 竞争而发展出来的可以直接在网上观看视频的串流多媒体文件格式，文件扩展名为“.asf”。

ASF 包括图像、音频、视频和控制命令脚本等多媒体信息，以网络数据包的形式传输数据，实现流式多媒体内容发布。ASF 采用 MPEG-4 的压缩算法，文件体积小，图像的质量很不错，适合网络传输。ASF 可以实现点播功能、直播功能和远程教育。

8. WMV 格式

WMV（Windows media video，Windows 多媒体）格式是 Microsoft 公司将其名下的 ASF 格式升级延伸而得的一种流媒体格式，文件扩展名为“.wmv”。

Windows Media 视频文件主要有两种扩展名：“.asf”和“.wmv”，针对 RM 而生。它们的共同特点是采用 MPEG-4 压缩算法，所以压缩率和图像的质量都很不错（只比 VCD 差一点点，优于 RM 格式）。与绝大多数的视频格式一样，画质越好，文件越大；文件越小，画质就越差。与 ASF 相比，在同等视频质量下，WMV 格式的体积较小，适合在网上实时播放和传输。

9. MOV 格式

MOV（QuickTime movie）格式是美国 Apple 公司开发的一种音频、视频有损压缩格式，文件扩展名为“.mov”。默认的播放器是苹果的 QuickTimePlayer，具有较高的压缩比率和较完美的视频清晰度，画面效果比 AVI 格式要稍微好些，存储空间要求小，不仅支持 MacOS，也支持 Windows 操作系统。

10. DivX 格式

DivX 格式支持 MPEG-4、H.264 和最新 H.265 标准的视频，分辨率可高达 4K 超高清，文件扩展名为“.divx”。可以使用 DivX 压缩技术对 DVD 盘片的视频图像进行高质量压缩，同时用 MP3 或 AC3 对音频进行压缩，将视频与音频合成，并加上相应的外挂字幕文件，形成的视频格式，即 DixV 格式其画质直逼 DVD 并且体积只有 DVD 的几分之一。

5.2 Premiere 工作界面

视频

Premiere 工作界面

本文关于 Premiere 的介绍均基于默认的“编辑”工作界面。这里介绍两种恢复默认工作界面的方法。

方法 1：启动 Premiere 的同时按【Alt】键，在弹出的如图 5-1 所示的提示对话框中单击“确定”按钮，即可恢复首选项设置。

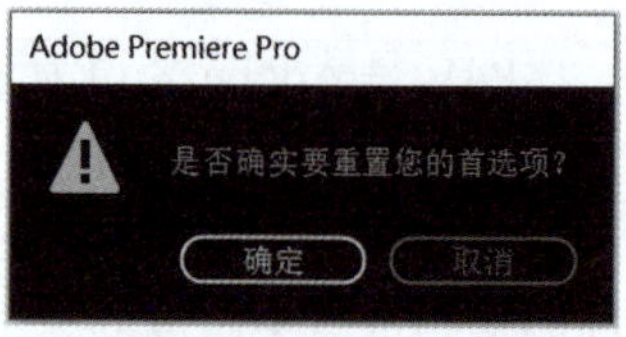

图5-1 重置首选项询问对话框

方法 2：启动 Premiere 后，单击工具栏中的“窗口”→“工作区”→“重置为保存的布局”命令，即可恢复默认界面。

5.2.1 Premiere 菜单栏

Premiere 菜单栏主要包括文件、编辑、剪辑、序列、标记、图形、窗口和帮助 8 个菜单，主要作用见表 5-1。

表 5-1 Premiere 菜单栏

名称	作 用
文件	新建、打开项目，导入文件，保存、导出视频等操作
编辑	对素材的复制、剪切、粘贴、查找等操作
剪辑	对素材进行重命名、插入、覆盖、源设置等操作
序列	序列设置、素材渲染、应用视频过渡、添加删除轨道等对时间轴上素材的操作
标记	对“源”监视器面板中素材和“时间轴”窗口影片做标记，包括标记出入点、剪辑点等
图形	安装动态图形模板、新建文本图层以及对齐或选择图形等操作
窗口	重置或自定义工作区，也可以调用或隐藏不同的窗口面板
帮助	包含软件使用帮助信息，也可以查看并更新软件版本

5.2.2 Premiere 的窗口和面板

Premiere 工作界面主要包含以下窗口面板：“项目”窗口、“源”监视器窗口、“节目”监视器窗口、“时间轴”窗口、“工具”面板等。选中某一个面板之后，在该面板名字的右方有一个■按钮，单击可以出现与该面板相关的菜单选项，如图 5-2 所示。

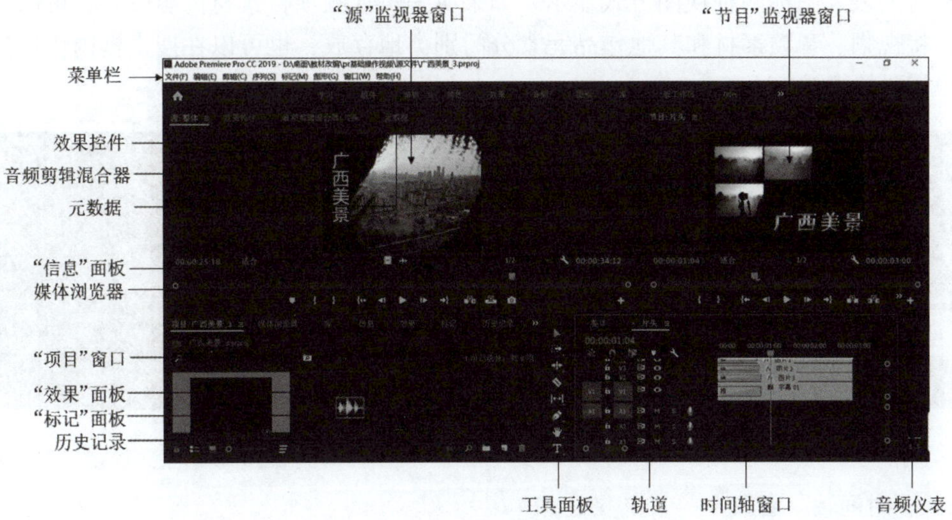

图5-2　Premiere工作界面

1. 监视器窗口

监视器窗口（见图 5-3）主要用于在创建作品时对作品进行预览，默认工作界面分左、右两个监视器。

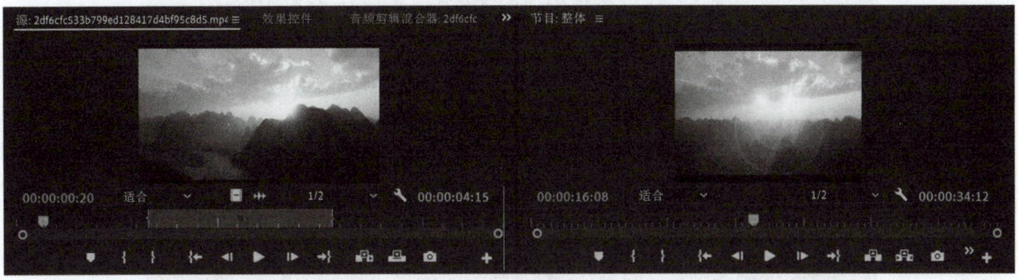

图5-3　监视器窗口

左侧是“源”监视器窗口，可以预览或剪裁“项目”窗口中选中的原始素材，可以使用“源”监视器窗口设置素材的入点和出点。如果是音频素材，则可以在“源”监视器窗口中显示音频波形。

右侧是“节目”监视器窗口，可以预览“时间轴”窗口序列中已经编辑的素材（剪辑），也是最终输出视频效果的预览窗口。如果需要播放影片，可以单击窗口中的“播放 - 停止切换”按钮，或按【Space】键。

2. “项目”窗口

“项目”窗口主要用于导入、存放和管理素材，并将其显示在面板中。编辑影片所用的全部素材应事先导入“项目”窗口内。这里的素材包含视频剪辑、音频文件、图形、静态图像和序列等。

“项目”窗口主要包括上半部分的预览区域和下半部分的文件存放区域两大块（见

图 5-4）。预览区域可以根据用户需求，右击弹出快捷菜单，选择是否显示。文件存放区域的素材有列表和图标两种视图方式显示。如果所编辑视频项目素材内容较多，可以新建素材箱，将视频、音频素材和其他作品元素分门别类地存放，也可以在搜索框内快速搜索查询用户需要的素材。

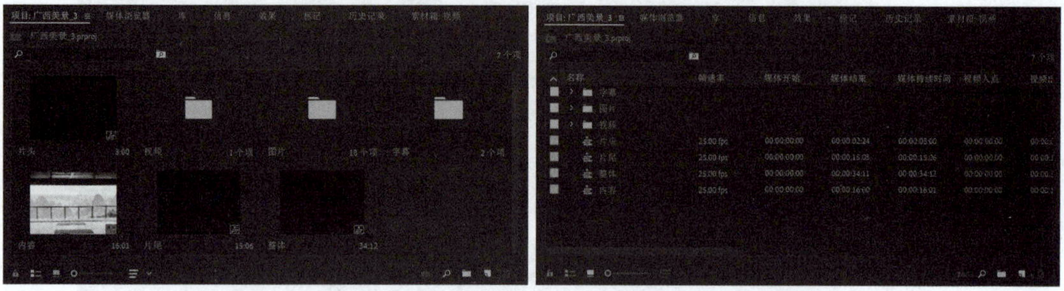

图5-4 “项目”窗口的不同视图方式

3. “时间轴”窗口

“时间轴”窗口是视频编辑的基础，用户大部分的编辑工作都在“时间轴”窗口中完成（见图 5-5）。在“时间轴”窗口中可以查看并处理序列。序列的优点是可以嵌套它们，也就是指将一个序列设置放到另一个序列当中。“时间轴”窗口以轨道的方式对视频、音频和字幕等素材进行剪辑操作。

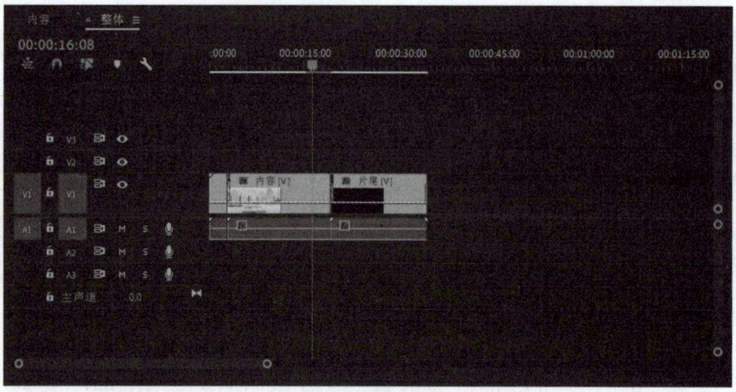

图5-5 “时间轴”窗口

“时间轴”窗口分为上下两个区域，上方为时间显示区，下方为轨道区。其中，轨道区默认三条视频轨道和三条音频轨道，用户可以根据需求随时添加或删除视音频轨道。需要注意的是，在时间轴上，位于顶部视频轨道上的视频和图像剪辑会覆盖其下面的内容。

4. “媒体浏览器”面板

“媒体浏览器”面板（见图 5-6）可以查看或浏览用户计算机硬盘的内容。同时，可以在“源”监视器窗口中预览计算机中的素材文件。

5. “信息”面板

“信息”面板（见图 5-7）主要显示在“项目”窗口中所选中的素材或序列文件的相关信息，包括素材名称、类型、大小、开始以及结束点等信息。

图5-6 “媒体浏览器”面板

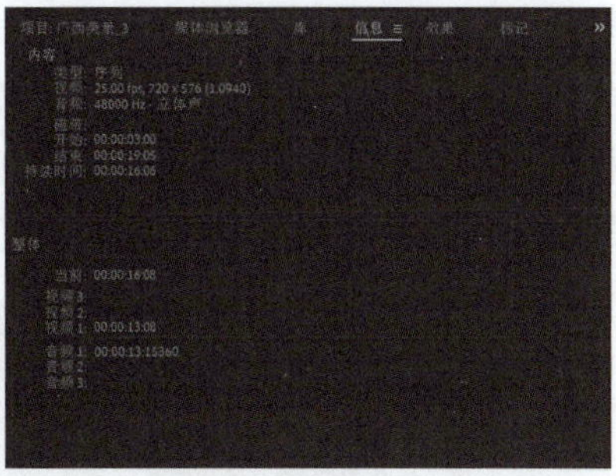

图5-7 “信息”面板

6. “效果”面板

“效果”面板（见图 5-8）里存放了 Premiere 自带的各种音频、视频效果，音频、视频过渡效果和预设效果。效果按类型分组，方便寻找。面板顶部有一个搜索框，也可以快速查询效果。

7. “标记”面板

“时间轴”上的序列可以根据需要使用快捷键【M】做出标记并注释。做过标记的信息便存放在“标记”面板中（见图 5-9）。双击标记内容，可以打开“标记”窗口（见图 5-10），看到详细的标记信息。

图5-8 “效果”面板

图5-9 “标记”面板

8. “历史记录”面板

“历史记录”面板（见图 5-11）会跟踪执行的步骤并可以轻松备份。它是一种可视的 Undo 列表，如果选择前一个步骤，则这个步骤之后的所有操作步骤也将被撤销。

图5-10 “标记”窗口

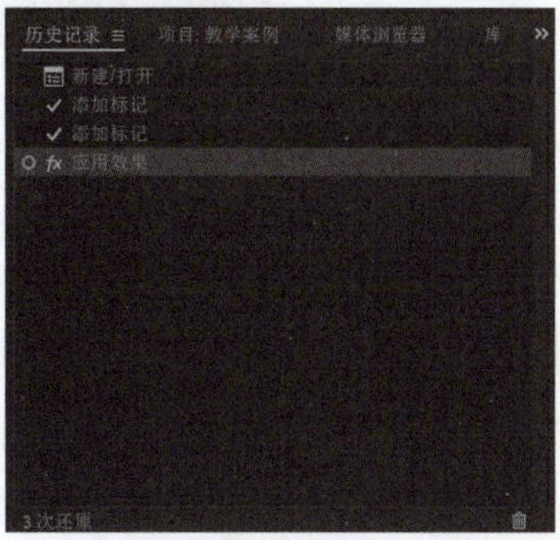

图5-11 “历史记录”面板

9. “效果控件”面板

“效果控件”面板（见图 5-12）显示应用到一个剪辑上的任意效果的控件。当为某一段素材添加了音频、视频特效之后，可在“效果控件”面板中进行相应的参数设置。制作画面的运动或透明度效果也可在此处进行设置。

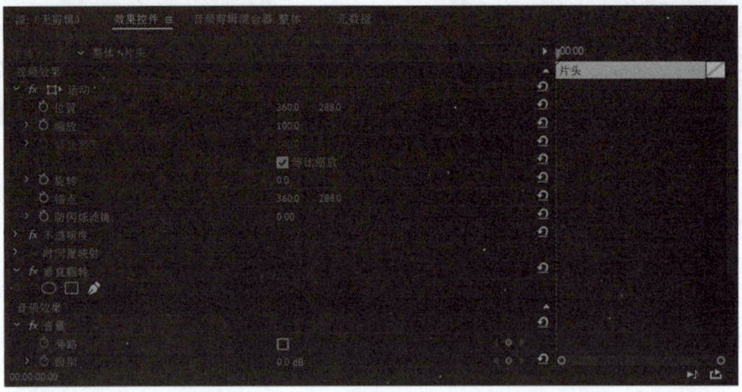

图5-12 “效果控件”面板

10. “音频剪辑混合器”面板

“音轨剪辑混合器”面板（见图 5-13）主要用于完成对音频素材的各种加工和处理工作，如混合音频轨道、调整各声道音量平衡或录音等。

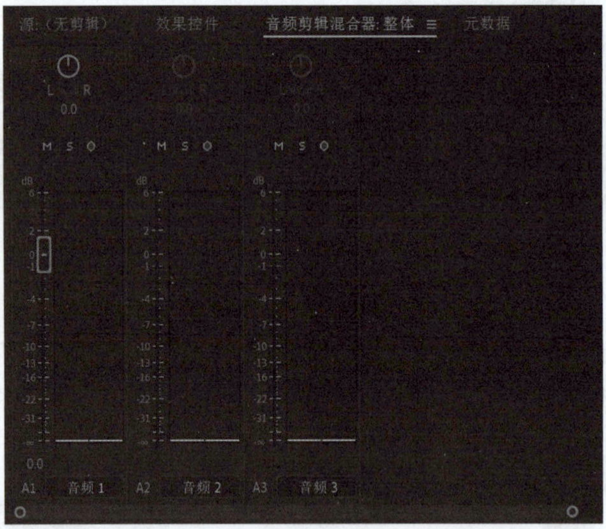

图5-13 “音频剪辑混合器”面板

11. “音频仪表”面板

“音频仪表”面板（见图 5-14）是显示混合声道输出音量大小的面板。当音量超出安全范围时，在柱状顶端会显示红色警告，用户可以及时调整音颜的增益，以免损伤音频设备。

12. “工具”面板

“工具”面板中的每个图标都代表一种工具，将光标置于某工具上即可查看其名称和键盘快捷键。鼠标左键长按某一工具可以打开二级菜单进行进一步选择（见图 5-15）。具体每种工具的快捷键和作用见表 5-2。单击工具或按键盘快捷键就能激活相应的工具，激活后图标会从白色变成蓝色，即可在“时间轴”面板中进行使用。

图5-14 “音频仪表”面板

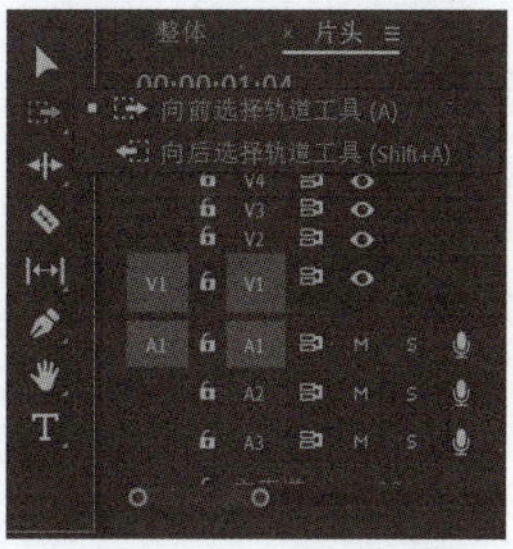

图5-15 “工具”面板

表 5-2 “工具”面板介绍

图标	名　称	快 捷 键	作　用
	选择	【V】	选择用户界面中的剪辑、菜单项和其他对象的标准工具。单击轨道里的某个片段，这个片段就会被选中，可以将选中的文件拖至其他轨道，对选中的文件进行右键菜单管理等。按下【Shift】键的同时单击轨道里的多段视频片段可以实现多选。通常，在任何其他更专业的工具使用完毕之后，最好选择一下此工具
	向前选择轨道	【A】	用此工具单击轨道里的片段，则所有轨道自被单击的片段以及其前面的片段全部被选中。该功能在轨道上的视频片段较多，需总体移动时比较方便。如果按下【Shift】键使用此工具，则只选中被单击的轨道内的片段及其前面的片段
	向后选择轨道	【Shift+A】	用此工具单击轨道里的片段，则所有轨道自被单击的片段以及其后面的片段全部被选中。该功能在轨道上的视频片段较多，需总体移动时比较方便。如果按下【Shift】键使用此工具，则只选中被单击的轨道内的片段及其后面的片段
	波纹编辑	【B】	可以修剪“时间轴”内某剪辑的入点或出点。当鼠标滑动至单个视频的两头，调整选中视频的长度，前后相邻片段的出入点并不发生变化，并且仍然保持相互吸合，片段之间不会出现空隙，影片总长度将相应改变。需要注意的是，修改的范围不能超出原视频的范围
	滚动编辑	【N】	与“波纹编辑”工具不同，用此工具改变某片段的入点或出点，前后相邻片段的出入点也跟随发生变化，但保持影片的总长度不变。需要注意的是，使用该工具时，视频必须已经修改过长度，有足够剩余的时间长度来进行调整
	比率拉伸	【R】	用此工具拖拉轨道里片段的首尾，可使该片段在出入点不变的情况下加快或减慢播放速度，从而缩短或增长时间长度，使得视频播放变成快进或慢动作的效果。类似的方法也可以采用选中轨道里的某片段，右击，在弹出的快捷菜单里选择“速度”→“持续时间选项”命令，在弹出的“剪辑速度/持续时间”对话框里进行调节
	剃刀	【C】	用“剃刀”工具单击轨道里的片段，单击处被剪断，原本的一段片段被剪为两段。在未解除音视频链接的情况下，与视频对应的音频片段也会被剪断
	外滑	【Y】	可同时更改“时间轴”窗口内某剪辑的入点和出点，并保留入点和出点之间的时间间隔不变

续上表

图标	名　称	快　捷　键	作　用
	内滑	【U】	可将“时间轴”轨道内的某个剪辑向左或向右移动，同时修剪其周围的两个剪辑。三个剪辑的组合持续时间以及该组在“时间轴”轨道内的位置将保持不变
	钢笔	【P】	可设置或选择关键帧，或调整“时间轴”轨道内的连接线。选择此工具，在“时间轴”窗口内的视频轨或音频轨上单击，可以在单击处创建关键帧。在关键帧的菱形点处右击，可以在弹出的快捷菜单中选择“淡入”和“淡出”等特效
	手形	【H】	可向左或向右移动“时间轴”轨道来查看区域。要注意的是，在查看区域内的任意位置向左或向右拖动，轨道里的片段本身不会发生任何改变
	缩放	【Z】	放大或缩小“时间轴”窗口的查看区域。用“缩放”工具在“时间轴”窗口单击，时间标尺将放大；按住【Alt】键同时单击，时间标尺将缩小。要注意的是，此处仅将片段在“时间轴”窗口放大或缩小显示，轨道里的片段本身不会发生变化
	文字	【T】	可创建字幕。在视频需要添加文字的位置单击，页面会有光标闪烁，直接输入文字即可

5.3　Premiere 项目文件操作

5.3.1　新建项目文件

新建项目文件可以使用以下两种方法。

1. 在主页界面直接新建项目

图 5-16 所示为引导新手入门的主页界面，单击“新建项目”按钮即可直接新建项目文件。同时，可在弹出的“新建项目”对话框中设置项目的“名称” “位置”以及项目的常规属性，如图 5-17 所示。

视频
Premiere 项目文件操作

图5-16　Premiere主页界面

2. 进入 Premiere 工作界面之后新建项目

可单击菜单栏中的“文件”→“新建”→“项目”命令，如图 5-18 所示，打开“新建项目”对话框进行新建项目。

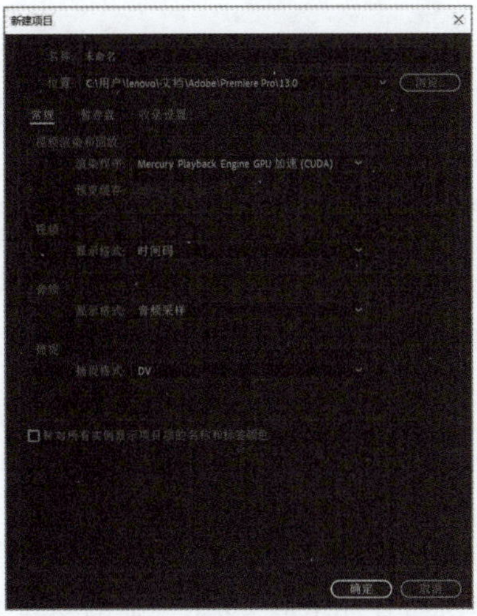

图5-17 “新建项目”对话框

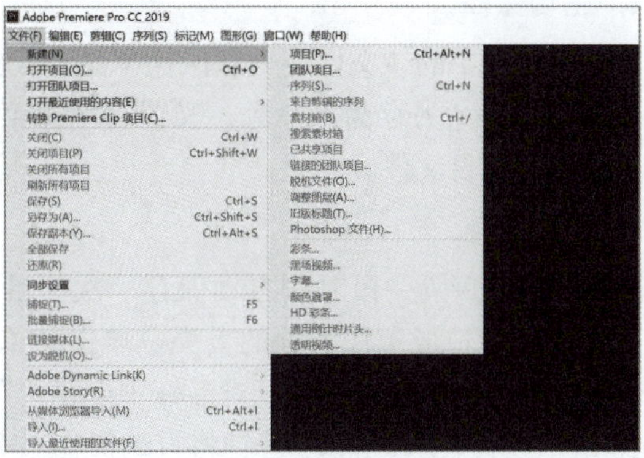

图5-18 执行菜单命令

5.3.2 打开项目文件

如果要打开已有的项目文件，可以使用以下四种方法：

方法 1：启动 Premiere 后，在主页直接单击“打开项目”按钮，在弹出的“打开项目”对话框中选择需要打开的文件，再单击“打开”按钮，如图 5-19 所示。

方法 2：启动 Premiere 后，在主页“最近使用项”中直接打开最近保存过的项目文件，如图 5-20 所示。

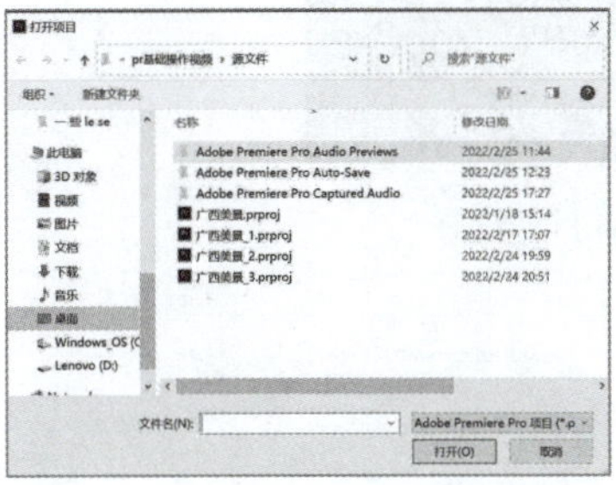

图5-19 在主页直接打开项目文件

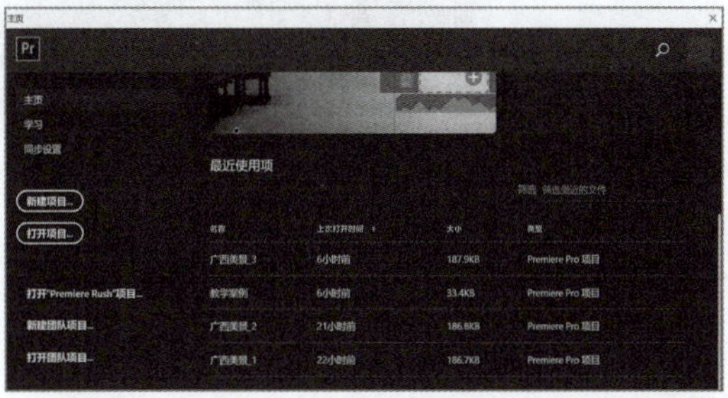

图5-20 在主页直接打开最近的文件

方法 3：在 Premiere 工作界面中单击菜单栏中的“文件”→“打开项目”命令，或按【Ctrl+O】组合键，打开“打开项目”对话框，如图 5-21 所示。

方法 4：在 Premiere 工作界面中单击菜单栏中的“文件”→“打开最近使用的内容”命令，如图 5-22 所示。

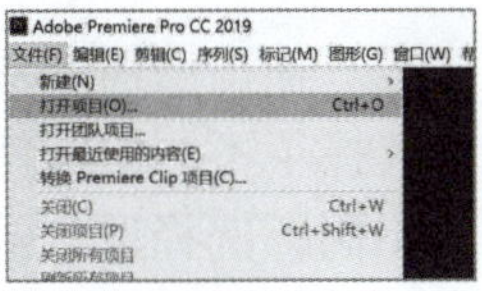

图5-21 执行菜单命令打开项目文件

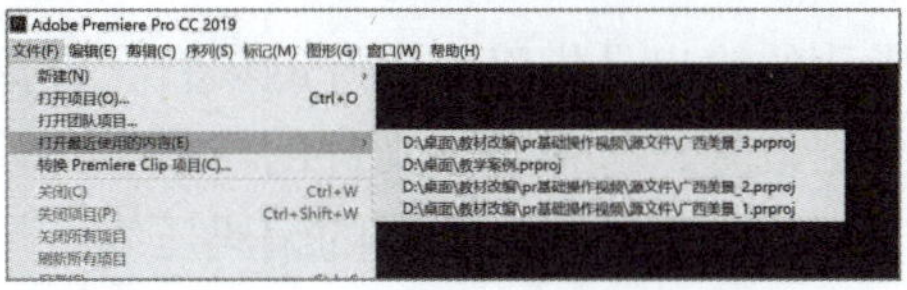

图5-22 执行菜单命令打开最近的文件

5.3.3 保存项目文件

保存项目文件可以使用两种方法。

1. 主动保存

单击菜单栏中的“文件”→“保存”命令，也可以按【Ctrl+S】组合键；或单击菜单栏中的“文件”→“另存为”命令；又或者单击菜单栏中的“文件”→“保存副本”命令，即可主动保存项目文件。

2. 自动保存

Premiere会每隔一段时间自动保存一次项目，用户可以根据需求设置自动保存功能，避免由于意外而造成工作数据的丢失。单击菜单栏中的“编辑”→“首选项”→“自动保存”命令，在弹出的“首选项”对话框中设置“自动保存时间间隔”和“最大项目版本”。图5-23所示设置表示每隔15分钟将自动保存一次，系统将存储最后20次存盘的项目文件。设置完成后，单击“确定”按钮退出对话框。

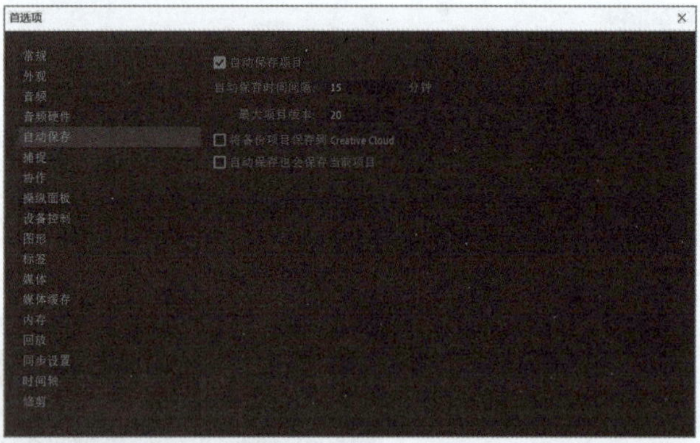

图5-23 在“首选项”对话框中设置自动保存

5.3.4 导出影片

1. 预览编辑好的影片

完成对所有素材剪辑的编辑工作后，需要对影片进行预览播放，对编辑效果进行检查或者对不满意的效果进行修改调整。

在“时间轴”窗口或“节目”监视器窗口中，将时间轴指针定位在需要开始预览的位置，然后单击“节目”监视器窗口中的“播放-停止切换”按钮，或按【Space】键，对编辑完成的影片进行播放预览，如图5-24所示。

2. 输出影片

影片的输出是指将编辑好的项目文件渲染输出成视频文件的过程。输出前需要对文件进行导出设置，包括导出文件的格式、预设和存储路径、名称等。选择了不同的文件格式导出时，会对文件产生不同的编码压缩。用户需要根据播放介质的不同，选择适合的导出格式。每个视频都需要针对自身的设置来进行调试，最后达到最佳的效果。具体方法如下：

①在“项目”窗口中选择编辑好的文件，单击菜单栏中的“文件”→“导出”→“媒体”命令，弹出“导出设置”对话框。

图5-24　播放预览

② 在“导出设置”对话框中进行参数设置，其上方有两个选项卡：“源”选项卡和“输出”选项卡。选择“源”选项卡，单击“裁剪输出视频”按钮，激活“左侧”“顶部”“右侧”“底部”四个数值框和“裁剪比例”下拉列表，按下鼠标左键不放拖动视频预览区的裁剪框可以对视频进行裁剪，如图 5-25 所示。

③ 切换到“输出”选项卡，可以对“源缩放”进行设置。图 5-26 所示的“源缩放”下拉列表中包含以下选项：

图5-25　裁剪输出视频

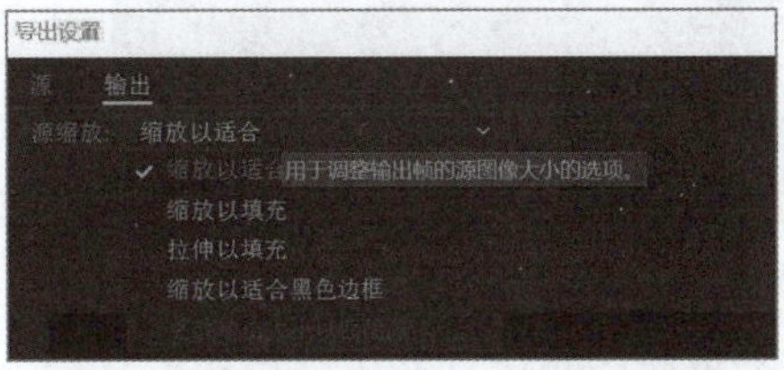

图5-26　“输出”选项卡

缩放以适合：在保持源的像素长宽比的同时缩放源帧以适合输出帧的范围。

缩放以填充：在保持剪裁源帧的同时缩放源帧以完全填充输出帧，这样来保持源帧的像素长宽比。

拉伸以填充：改变源帧的尺寸以完全填充输出帧，这样得到的影片文件可能会发生变形。

缩放以适合黑色边框：缩放包括裁剪区域在内的源帧以适合输出帧。

更改输出大小以匹配源：将输出的宽高设置为剪裁的帧的宽和高，覆盖输出帧大小设置。

④ 设置导出文件的“源范围”。在“导出设置”对话框预览视频的下方，能看到如图 5-27 所示的“源范围”下拉列表，包含以下选项：

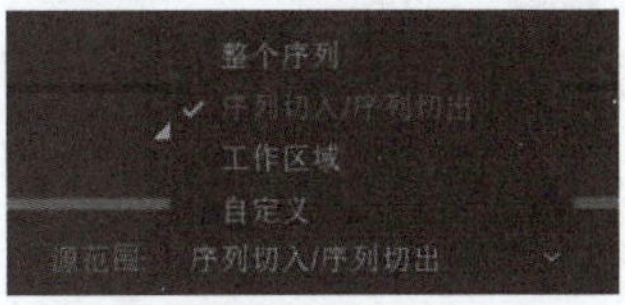

图5-27　“源范围”下拉列表

整个序列：使用剪辑或序列的整个持续时间。

序列切入 / 序列切出：使用 Premiere 生成的剪辑或序列上设置的入点和出点标记。

工作区域：使用项目中指定的工作区域。

自定义：使用在 AME 中设置的入点和出点标记。

⑤ 在“导出设置”栏中进行设置。“导出设置”栏在“导出设置”对话框的右侧，如图 5-28 所示包含以下选项：

“与序列设置匹配”的复选框：选中该复选框，系统会自动对导出影片的属性与序列进行匹配，这时就不能再对其进行自定义设置；如果未选中，则可以根据需求选择 Premiere 支持的各种文件格式。

“注释”文本框：可以输入对影片的注释。

“输出名称”文本框：单击后面超链接的内容，会打开“另存为”对话框，可设置影片的保存位置和名称，如图 5-29 所示。

“导出视频”“导出音频”复选框：选中复选框，则导出相应的视频或音频文件，取消则不输出。

“摘要”栏：显示用户做了导出设置后将要输出影片的参数信息。

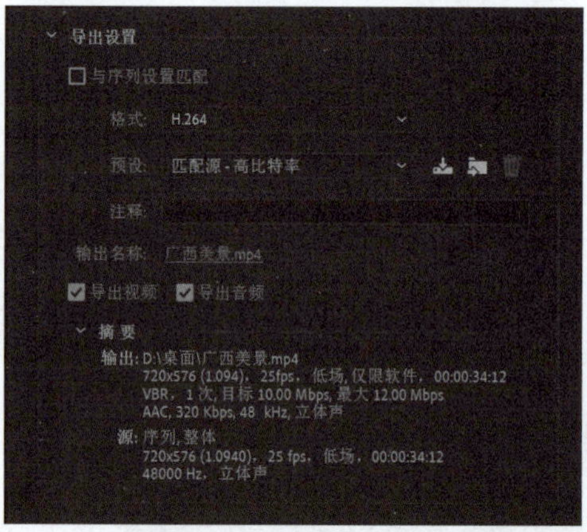

图5-28 “导出设置”对话框

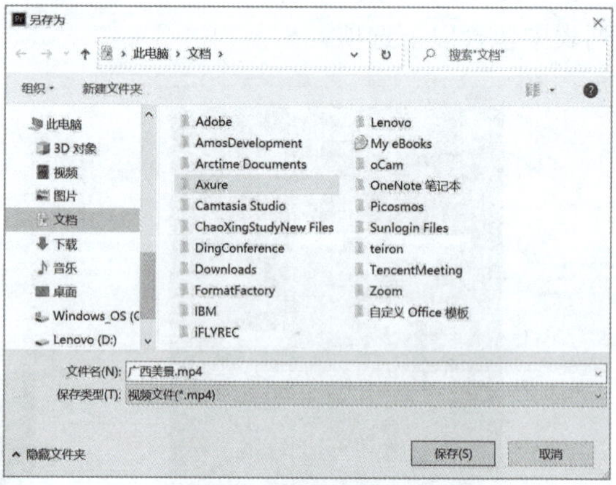

图5-29 “另存为”对话框

⑥ 全部设置完成后，单击“导出”按钮，Premiere 将打开导出视频的编码进度窗口，即可导出视频内容。

5.4 序列和轨道的操作

视频

序列和轨道的操作

5.4.1 新建序列

序列是项目文件的一部分。一个项目文件可以包含一个或多个序列，用户最终输出的影片就来自序列中的剪辑。“时间轴”窗口可以有多个序列面板。序列由多个视音频轨道还有字幕轨道组成。序列的新建有以下三种方法。

方法 1：在“项目”窗口的空白处右击，弹出快捷菜单，选择“新建项目”→“序列”命令，如图 5-30 所示。这里，在弹出的“新建序列”对话框中，选择“DV-PAI”下的“标准 48 kHz”选项，然后单击“确定”按钮完成新建序列，如图 5-31 所示。

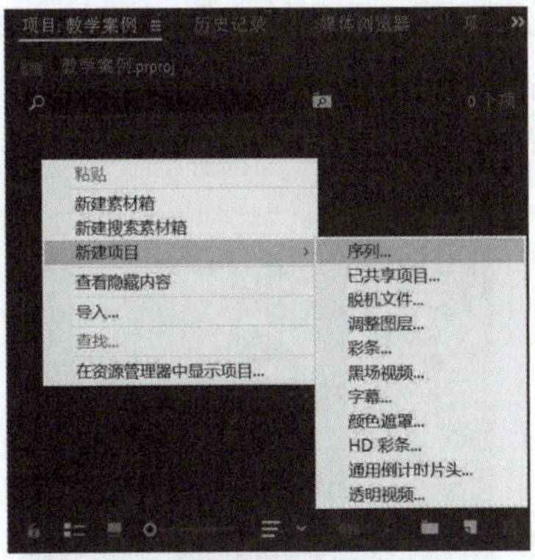

图5-30　右键快捷菜单新建序列

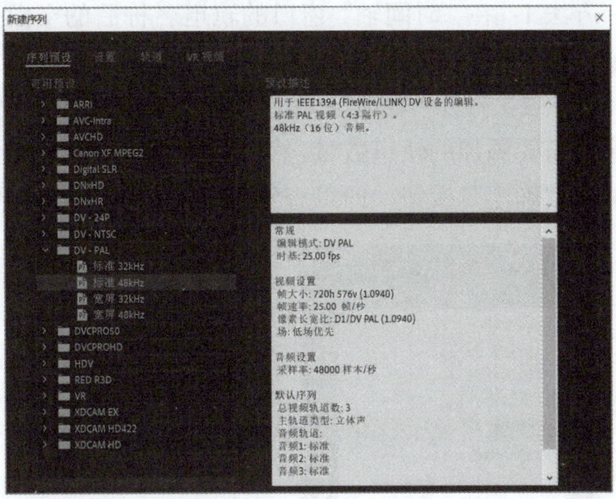

图5-31　“新建序列”对话框

需要注意的是，根据视频素材的拍摄机器不同，应选择不同的有效预设，如 DV 分类中有三种：DV-24p、DV-NTSC 和 DV-PAL，分别代表不同的制式。世界上主要使用的电视广播制式有三种：PAL、NTSC 和 SECAM。中国大部分地区，德国、英国以及绝大部分欧洲国家，南美洲和澳大利亚等采用 PAL 制式；美国、加拿大等大部分西半球国家，日本、韩国采用 NTSC 制式；俄罗斯、法国以及东欧等国则使用 SECAM 制式。因此，若视频拍摄机器是 DV，则应选用 DV-PAL 进行编辑。

方法 2：单击“项目”窗口右下方的“新建项”按钮，然后单击“序列”，如图 5-32 所示，即可弹出“新建序列”对话框。

方法 3：单击工具栏中的“文件”→“新建”→“序列”命令，如图 5-33 所示，或按【Ctrl+N】组合键，即可打开“新建序列”对话框。

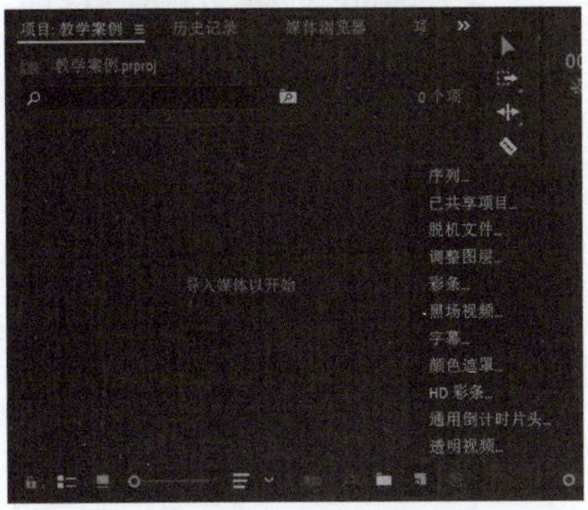

图5-32　“新建项”按钮新建序列

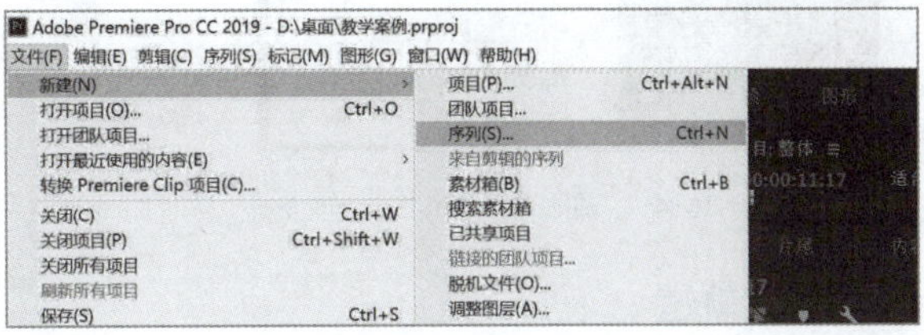

图5-33　菜单命令新建序列

5.4.2　轨道的操作

在序列中默认存在三个视频轨道、三个音频轨道和一个主音频轨道。在视频的剪辑过程中，可以根据需要随时添加或删除不同轨道。

1. 添加轨道

添加轨道有以下两种方法：

方法1：在“时间轴”窗口的轨道名称后的空白处右击弹出快捷菜单，选择“添加轨道”命令，即可完成添加，如图5-34所示。

方法2：打开“添加轨道”对话框，分别在“视频轨道”和“音频轨道”的添加数值框中输入需要添加的轨道数量，然后在“放置”下拉列表中选择希望放置的位置，如图5-35所示，再单击“确定”按钮，即可查看添加后的视频和音频轨道。

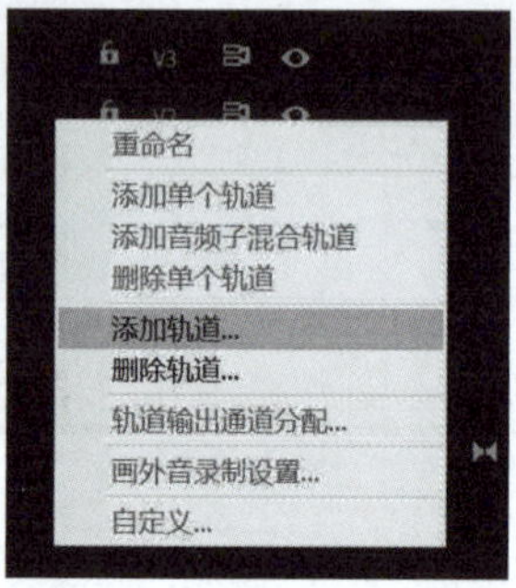

图5-34　选择“添加轨道”命令

图5-35　“添加轨道”对话框

2. 删除轨道

删除轨道有以下两种方法：

方法1：在需要删除的轨道名称后的空白处右击弹出快捷菜单，选择“删除单个轨道”命令，如图5-36所示。

方法2：在任意轨道名称后的空白处右击弹出快捷菜单，选择“删除轨道”命令，在弹出的“删除轨道”对话框中设置需要删除的轨道，如图5-37所示，再单击“确定”按钮就可以完成指定轨道的删除。

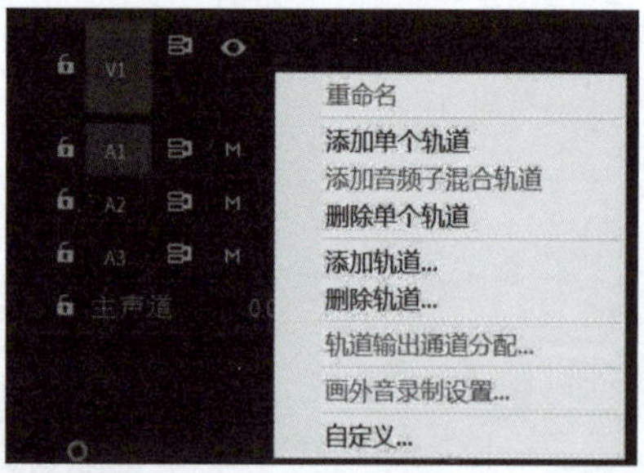

图5-36　选择“删除单个轨道”命令

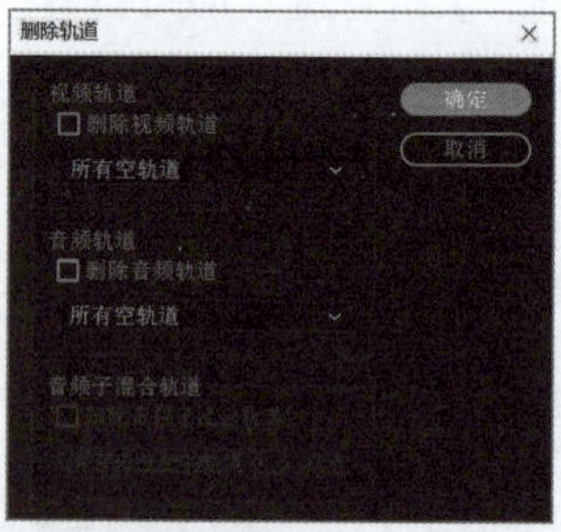

图5-37“删除轨道”对话框

3. 锁定轨道

制作视频的时候，由于轨道间的剪辑互有关系，为避免错误操作，可以将当前不需要进行操作的轨道进行锁定操作。单击需要锁定轨道前方的“切换轨道锁定”按钮，此时按钮变成蓝色状态，就表示这条轨道已经被锁定，无法进行任何操作。如果需要解锁，只需要再次单击“切换轨道锁定”按钮即可。

5.5 素材的导入

视频

素材的导入

5.5.1 导入不同素材

将素材导入 Premiere 项目中时，就会创建一个从原始媒体到位于项目内指针的链接，这样在进行编辑的时候，并不是复制或修改原始文件，而是以一种非破坏性的方式从它当前的位置对原始媒体进行操作。Premiere Pro CC 2019 支持图像、视频、音频等多种类型和文件格式的素材导入，它们的导入方法基本相同。下面以导入视频素材为例，介绍三种导入方法。

1. 通过命令导入素材

单击菜单栏中的“文件”→“导入”命令，或按【Ctrl+I】组合键，在弹出的“导入”对话框中选择指定素材，即可将其导入“项目”窗口；也可以在“项目”窗口中的空白位置右击，在弹出的快捷菜单中选择“导入”命令，再选择指定素材，将其导入“项目”窗口中，如图 5-38 所示。

通过命令导入的方法适用于独立的资源，尤其是当知道这些资源在硬盘上的确切位置并能快速找到它们的时候，但是不适合基于文件的摄像机素材。摄像机素材就需要用到下面的第二种方法。

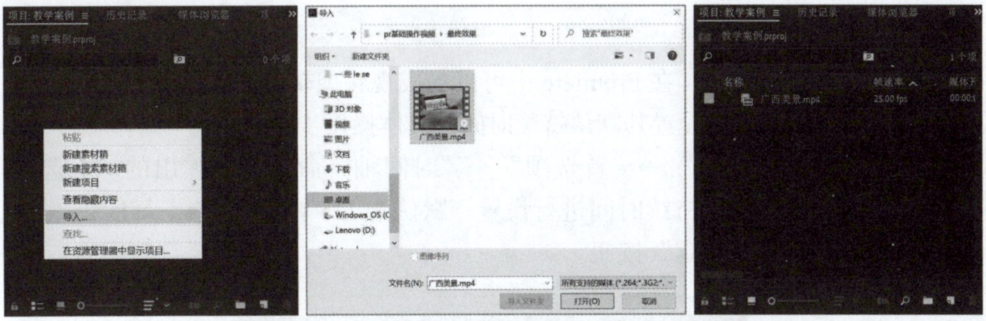

图5-38　导入确定位置的素材文件

2. 通过“媒体浏览器”面板导入素材

在“媒体浏览器”面板中展开文件夹，将需要导入的一个或多个文件选中，右击弹出快捷菜单，选择“导入”命令，即可将指定素材导入“项目”窗口，如图 5-39 所示。

图5-39　从“媒体浏览器”面板导入

媒体浏览器是一个供用户浏览、预览和导入不同类型媒体的面板，其界面类似 Windows 资源管理器。在“媒体浏览器”面板中选择素材时，可以灵活切换浏览方式，也可通过上方的搜索栏搜索素材。

3. 直接拖动导入素材

从 Windows 文件夹中将需要导入的素材拖到“项目”窗口中，即可快速完成导入操作，如图 5-40 所示。

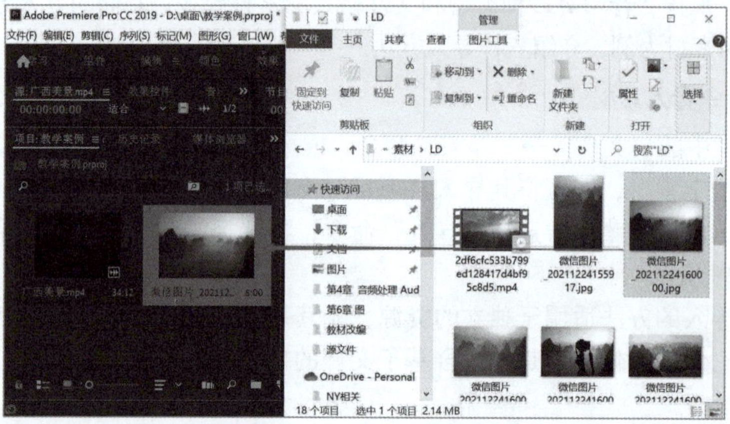

图5-40　直接拖动导入素材

图像素材属于静帧文件，在 Premiere 中可以当成视频剪辑使用，在将静态的图像文件加入 Premiere 中时，应该先设置其默认持续时间，具体操作步骤如下：

单击菜单栏中的“编辑”→“首选项”→“时间轴”命令，在弹出的“首选项”对话框中可以对静帧图像默认持续时间进行设置，默认为 125 帧（即 5 s，每秒 25 帧），如图 5-41 所示，然后单击“确定”按钮。

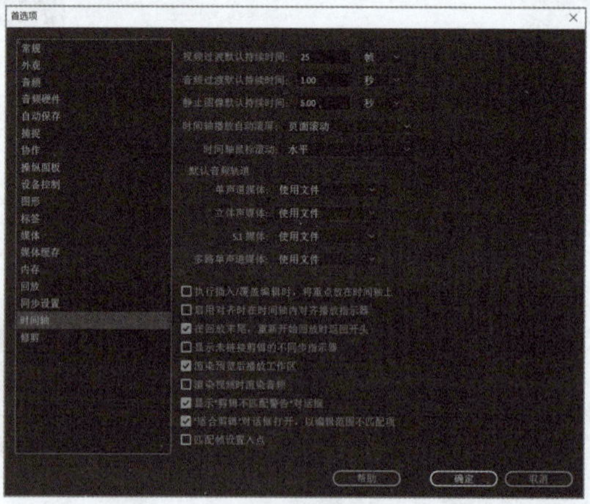

图5-41　“首选项”对话框

5.5.2　导入图像序列文件

图像序列文件由多张图像组成并带有统一编号。如果只是把序列图像中的某一张导入，它就是静态图像文件；如果将其按照编号序列全部导入，系统会自动将这个整体作为一个视频文件。具体操作步骤如下：

① 按【Ctrl+I】组合键，在弹出的“导入”对话框中打开所需序列文件夹，可以看到里面有多个名称命名是统一编号的图像文件，如图 5-42 所示。

② 选中序列图片中的第一张图片，单击选中“图像序列”复选框，然后单击“打开”按钮。在“项目”窗口的素材列表中，可以看到序列文件的图标与视频文件的图标是一样的，但是它的后缀名保持为 .jpg（与图片后缀一样）。双击该序列文件可以在“源”监视器窗口中进行播放预览，如图 5-43 所示。

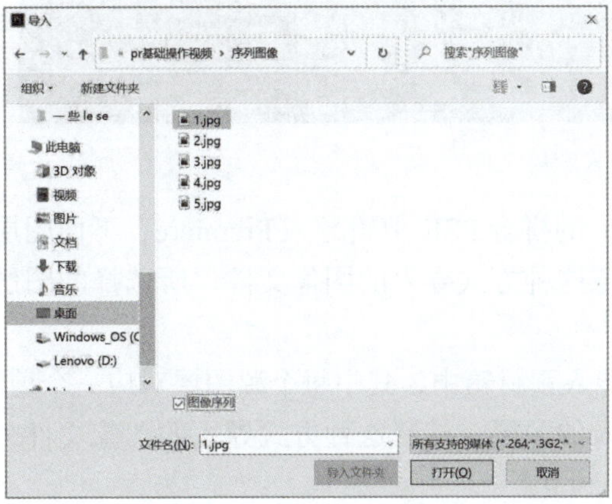

图5-42　导入序列图像

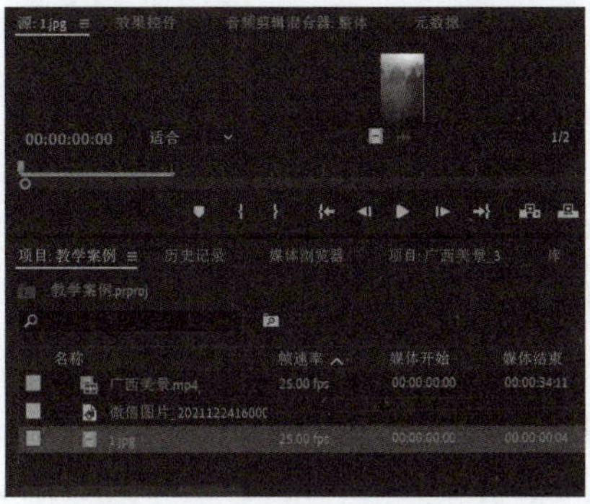

图5-43　序列图像显示

5.5.3　导入图层文件

图层文件也称为静帧图像文件，但是与一般图像文件不同的是，图层文件包含了多个相互独立的图像图层。在 Premiere Pro CC 2019 中，可以将图层文件的所有图层作为一个整体导入，也可以单独导入其中的一个图层。

Premiere 会导入在原始文件中应用的属性，包括位置、不透明度、可见性、透明度（Alpha 通道）、图层蒙版、调整图层、普通图层效果、图层剪切路径、矢量蒙版以及剪切组。

通过导入分层的 Photoshop 文件功能，可方便地使用在 Photoshop 中创建的图形。当 Premiere 将 Photoshop 文件作为未合并的图层导入时，文件中的每个图层都将变成素材箱中的单个剪辑。每个图层将按照“首选项”中为静止图像选择的默认持续时间导入。

用户可以像导入任何其他 Photoshop 文件一样导入包含视频或动画的 Photoshop 文件，如图 5-44 所示。由于每个图层均采用默认的静止图像持续时间进行导入，因此导入的视频或动画的回放速度可能与 Photoshop 文件中的视频或动画源的回放速度不同。要实现一致的速度，请在导入 Photoshop 文件之前更改静止图像的默认持续时间。例如，如果 Photoshop 动画以 30 帧 /s 的速率创建且 Premiere 序列帧速率为 30 帧 /s，应在“首选项”中将 Premiere 的静止图像默认持续时间设置为 30 帧。

在“导入分层文件”对话框中选择的选项决定了在向 Premiere 执行导入时如何解释视频或动画中的图层。按【Ctrl+I】组合键打开“导入”对话框，选择所需要的图层文件，然后单击“打开”按钮，弹出“导入分层文件”对话框，其中“导入为”选项有以下几个：

① 合并所有图层：即合并所有图层，并将文件作为单个拼合 PSD 剪辑导入 Premiere，

下面图层将全部以灰度表示，按照这种方式导入的图像文件，所有图层将合并为一个整体。

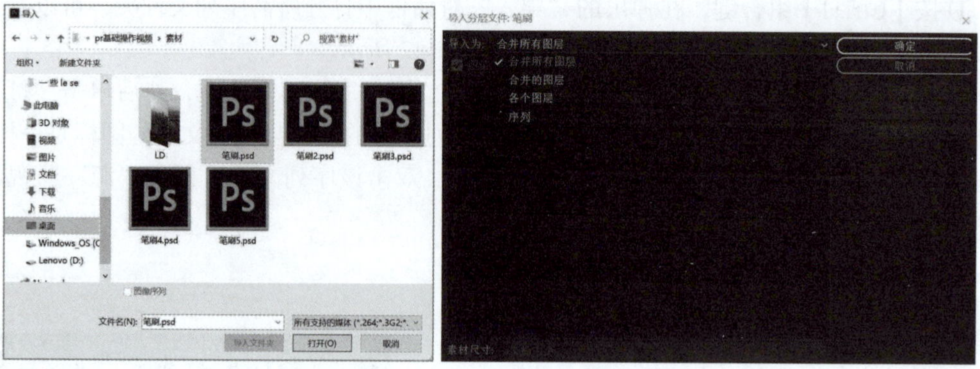

图5-44　导入图层文件

② 合并的图层：仅将选定的图层作为单一的拼合 PSD 剪辑导入 Premiere，下面图层处于激活状态，可以选择需要导入的图层，按照这种方式导入的图像文件，所选择的图层将合并为一个整体。

③ 各个图层：仅将从列表中选择的图层导入素材箱中，其中每个源图层对应一个剪辑，下面图层将处于激活状态，可以选择需要导入的图层，按照这种方式导入的图像文件，所选择的图层将全部导入并且保持各图层的相互独立。

④ 序列：仅导入选定的图层并将每个图层作为单个剪辑，下面图层将处于激活状态，可以选择需要导入的图层，按照这种方式导入的图像文件，所选择的图层将全部导入并且保持各图层的相互独立。

5.5.4　新建素材箱

如果项目文件很大、素材内容很多，此时素材文件不易查找。有必要通过创建素材箱来将素材进行分类整理。素材箱的创建有以下两种方法。

方法 1：单击“项目”窗口右下方的“新建素材箱”按钮，即可创建素材箱，同时可以对素材箱重命名，如图 5-45 所示。

方法 2：在“项目”窗口的空白处右击，在弹出的快捷菜单中选择“新建素材箱”命令，如图 5-46 所示。

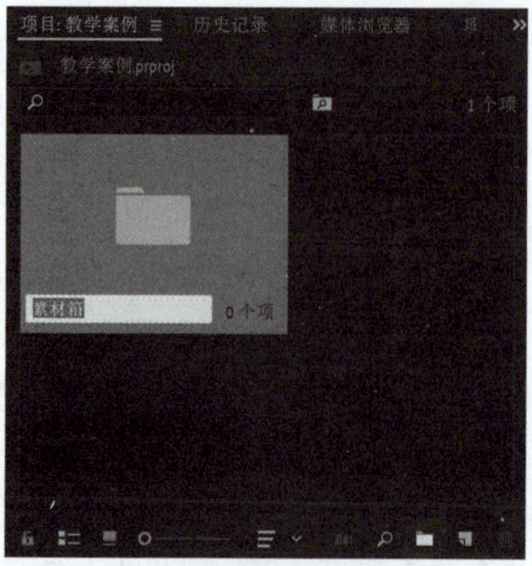

图5-45　新建素材箱方法1

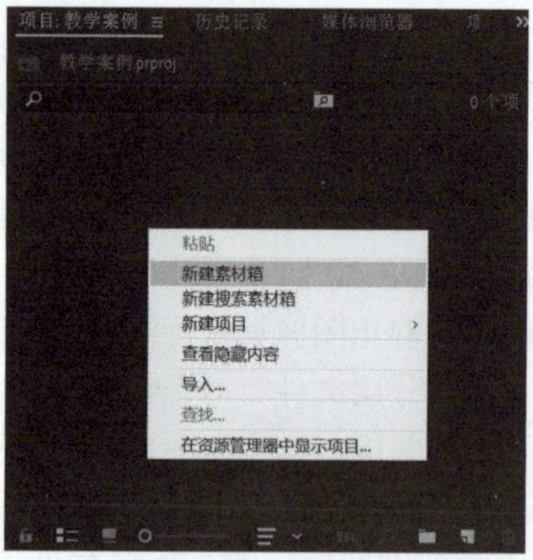

图5-46　新建素材箱方法2

5.6 素材的编辑

5.6.1 对素材进行编辑处理

视频

素材的编辑

对于导入到“项目”窗口中的素材，为符合影片制作要求，通常需要进行一些修改和编辑。比如，可以通过“源”监视器窗口修改视频的入点和出点，得到所需片段，还可以调整视频素材的播放速度，或者修改视频、音频、图像素材的持续时间等。下面介绍截取视频的两种方法。

方法 1：在“源”监视器窗口中截取视频片段。在“源”监视器窗口中，根据需求选择视频素材的切入点，单击“标记入点”按钮，添加入点。同样的方法选择视频素材的出点，单击“标记出点”按钮，添加出点。被标记的时间段显示为浅灰色，将“源”监视器窗口中的素材拖至视频轨道（或单击“插入”按钮），便可以将入点与出点之间的视频片段插入到时间轴轨道中，如图 5-47 所示。

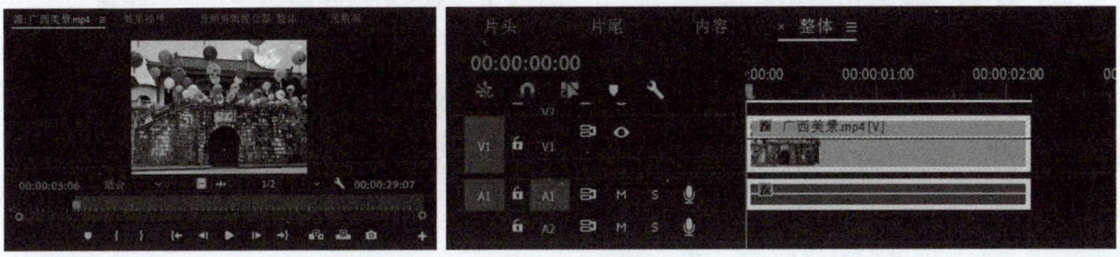

图5-47　截取视频

方法 2：在轨道上删除视频片段。直接将“项目”窗口中的素材文件拖至“时间轴”窗口的视频轨道，在“工具”面板中选择“剃刀”工具，在轨道上相应的时间点进行切割，将视频分为几个独立的片段，使用“工具”面板中的“选择工具”选中不需要的部分，按【Delete】键删除，如图 5-48 所示，其余片段可以在时间轴上拖动调整补位。

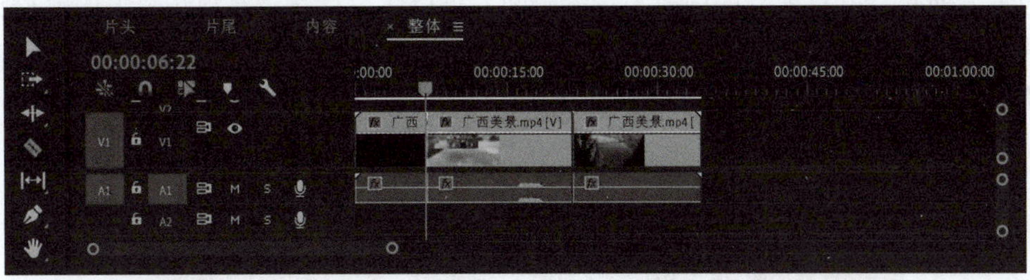

图5-48　切割视频

5.6.2 在时间轴中编排素材

有了序列和素材之后，就可以进行合成编辑了。将素材剪辑加入“时间轴”轨道上，对它们在影片出现的时间以及出现的位置进行编排。

在“项目”窗口中直接将素材拖动至视频轨道的开始位置，在释放鼠标后，即可将其入点对齐在（00:00:00:00）的位置，如图 5-49 所示。

将鼠标移至素材上停留，会显示出素材的名称、开始、结束和持续时间等信息，如图 5-50 所示。要注意的是，素材在“时间轴”窗口中的持续时间是指在轨道中的入点（即开始位置）到出点（即结束位置）之间的长度，但它不完全等同于在“项目”窗口中素材本身的持续时间。

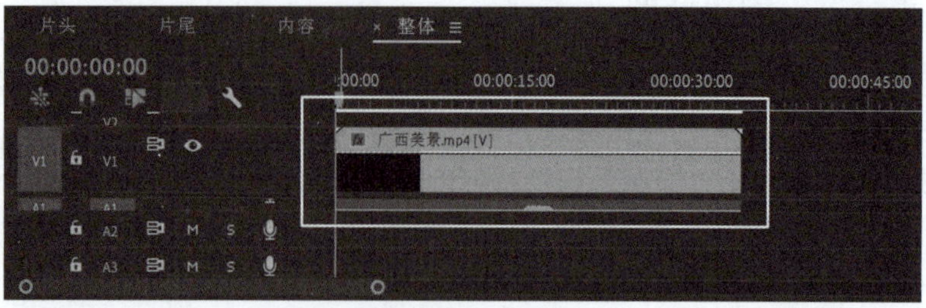

图5-49　加入素材

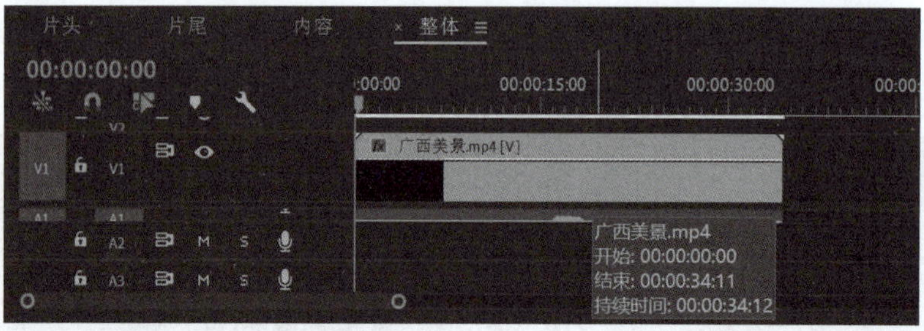

图5-50　素材信息

素材在被加入“时间轴”窗口时，默认的持续时间与在“项目”窗口中素材本身的持续时间相同。在对“时间轴”窗口中的素材持续时间进行调整时，不会影响“项目”窗口中素材本身的持续时间。对“项目”窗口中素材的持续时间进行修改后，新加入“时间轴”窗口中的该素材则应用新的持续时间，但是，在修改之前加入“时间轴”窗口中的素材不受影响。

为了方便查看素材剪辑的内容与持续时间，可以将鼠标移动至视频轨道的轨道头上，向前滑动鼠标的滚轮，增加轨道的显示高度，显示出素材剪辑的预览图像，拖动图 5-51 所示的比例滑块可以调整预览图形的大小，以便更清楚地显示出素材信息。

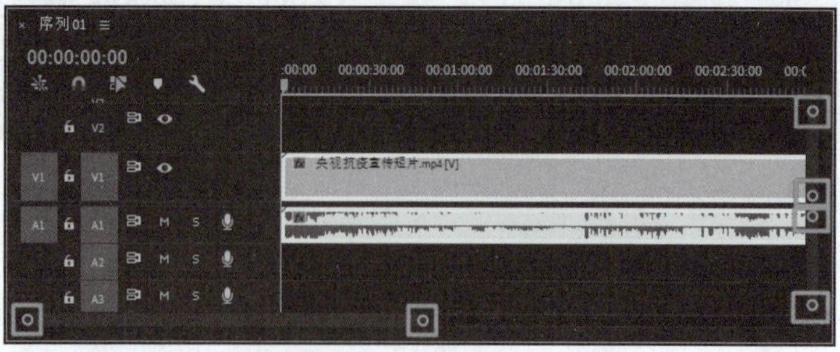

图5-51　素材查看

如果需要同时加入多个素材，可以按住【Shift】键不放，然后在“项目”窗口中依次单击选中需要的素材，然后将它们拖入“时间轴”窗口的视频轨道上，如图 5-52 所示。

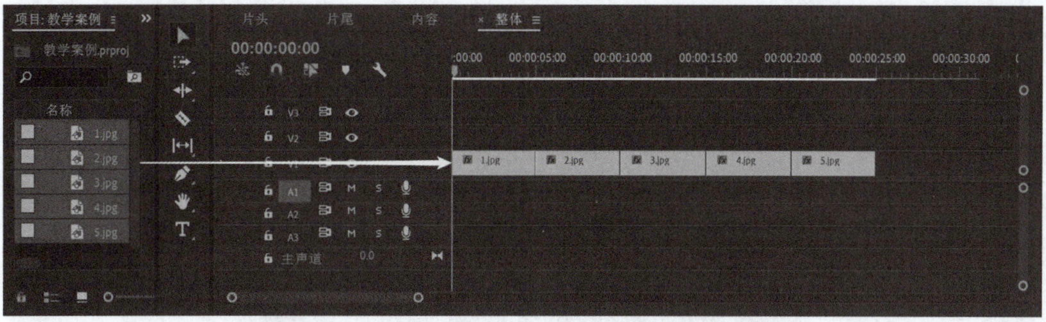

图5-52　加入所有素材

5.6.3　案例——“伞兵”短片剪辑

视频
“伞兵”短片编辑

【例 5–1】用 Premiere 剪辑“伞兵”短片。

① 打开 Premiere 软件界面，单击菜单栏中的“文件”→“新建”→“项目”命令，在打开的“新建项目”对话框中编辑“名称”为“伞兵”，选择合适的存储位置，如图 5-53 所示，然后单击“确定”按钮。

② 单击菜单栏中的“文件”→“导入”命令，在打开的“导入”对话框中选中素材文件夹中的“伞兵 1.mp4”～“伞兵 4.mp4”，如图 5-54 所示，然后单击“打开”按钮。

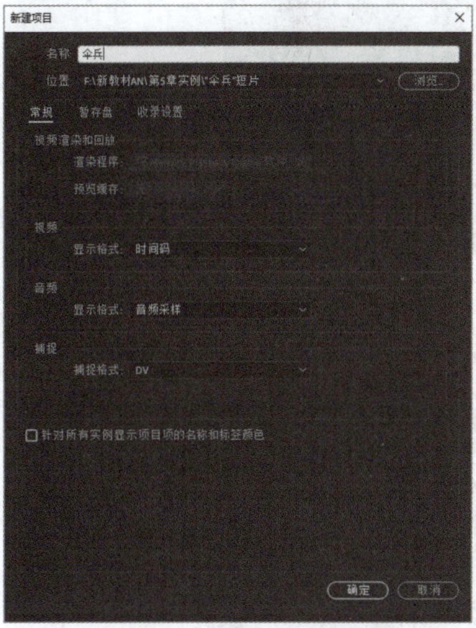

图5-53　“新建项目”对话框

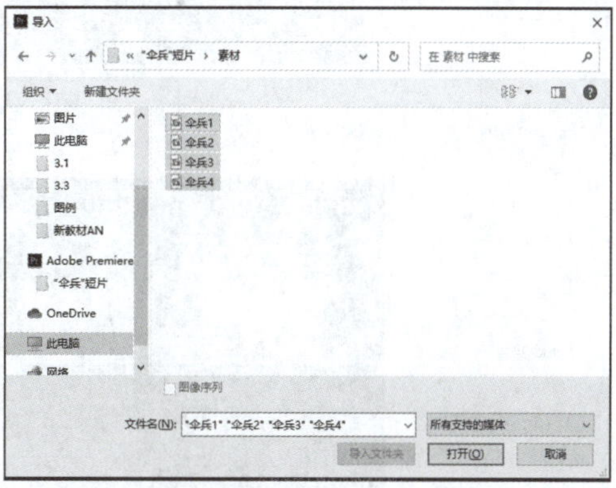

图5-54　“导入”对话框

③ 单击菜单栏中的“文件”→“新建”→“序列”命令，在打开的“新建序列”对话框中选择“序列预设”→“DV-PAL”→“标准 48kHz”选项，其他内容使用默认设置，如图 5-55 所示，然后单击“确定”按钮，新建“序列 01”。

④ 将“项目”窗口中的“伞兵 1.mp4”视频拖动至时间轴 V1 和 A1 轨道，如图 5-56 所示。

⑤ 双击“项目”窗口中的“伞兵 2.mp4”，将其在“源”窗口打开，将指针移动到 00:00:00:00 处，单击“标记入点”按钮标记入点，同理在 00:01:08:18 处“标记出点”，

然后将入点与出点之间的视频片段拖到时间轴“伞兵 1.mp4”后方，如图 5-57 所示。

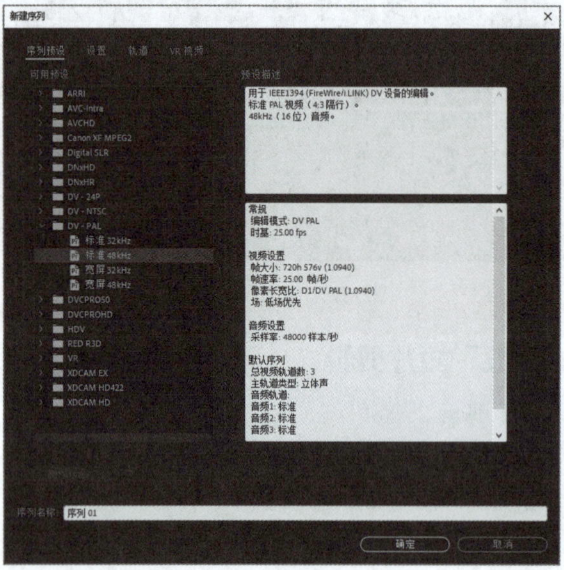

图5-55 “新建序列”对话框

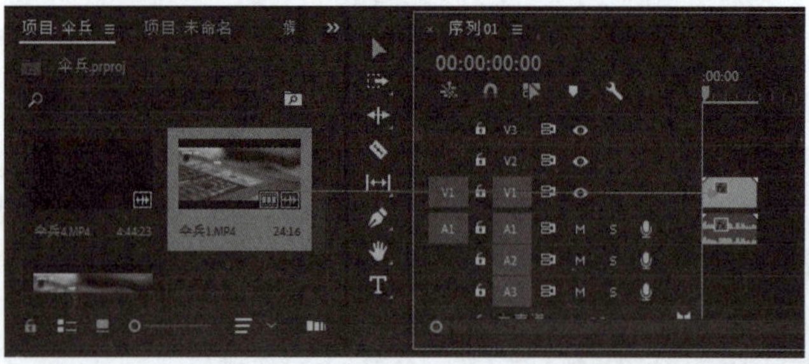

图5-56 拖动视频

图5-57 出点与入点

⑥ 将“项目”窗口中的“伞兵 3.mp4”“伞兵 4.mp4”视频拖动至时间轴“伞兵 2.mp4”后方。

⑦ 将指针移动到时间轴 00:05:55:25 的位置，单击工具栏中的“剃刀工具”按钮，对齐指针单击，将视频和音频分割，同理，在 00:07:01:14 的位置再进行一次分割，如图 5-58 所示。

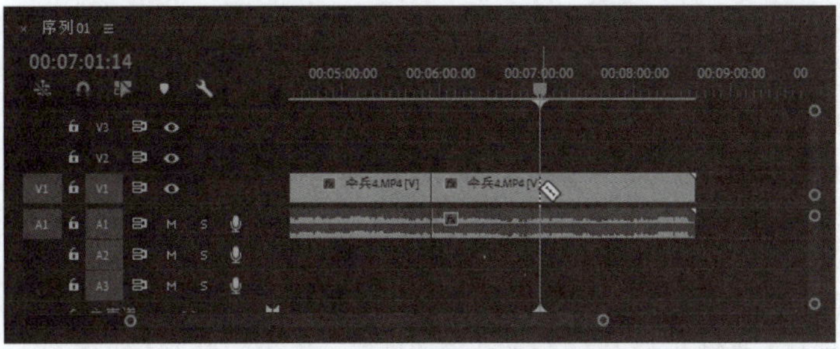

图5-58　剃刀工具

⑧ 选中 00:05:55:25 ～ 00:07:01:14 的视频和音频片段，按【Delete】键删除。将在中间空白处右击，弹出快捷菜单如图 5-59 所示，选择“波纹删除”命令即可删除空隙，也可以“选择工具”将后方的视频直接拖到与前方视频衔接。

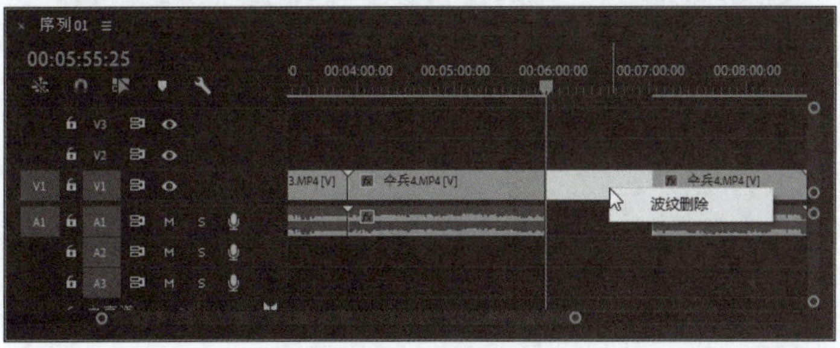

图5-59　波纹删除

⑨ 在视频衔接处右击，在弹出的快捷菜单中选择“应用默认过渡”命令，如图 5-60 所示。

⑩ 按【Ctrl+S】组合键保存项目文件，按【Ctrl+M】组合键导出媒体，在“导出设置”对话框中设置导出的文件格式为 H.264，编辑单击“输出名称”后方的“序列 01.mp4”选择输出地址，并更改“文件名”为“伞兵”，如图 5-61 所示，然后单击“导出”按钮，等待编码即可生成视频作品。

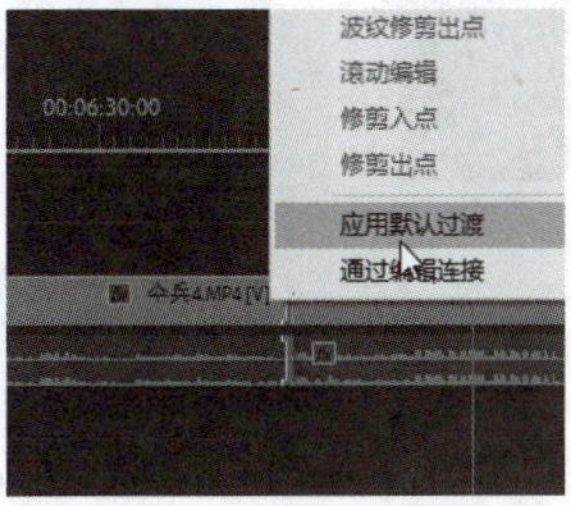

图5-60　应用默认过渡

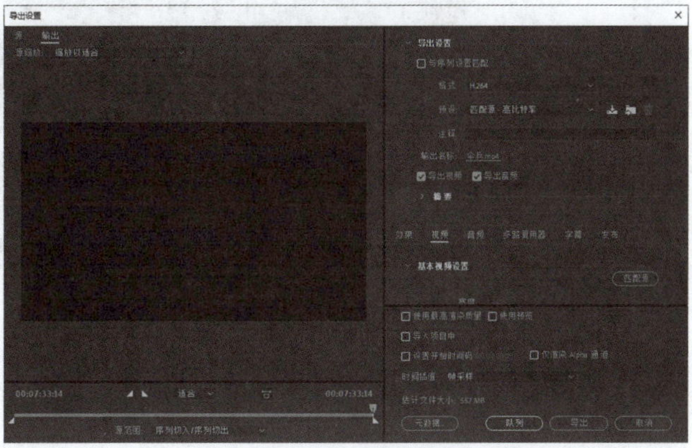

图5-61　“导出设置”对话框

5.7 音频编辑

视频

音频编辑

人类能够听到的所有声音都称为音频，包括噪音。在影视作品中，音频的编辑是不可或缺的。Premiere 为用户提供了强大的音频编辑功能，能在影片中添加并编辑音频，让影片的效果更丰富。音频编辑主要包括音频的导入和剪切、音量调整、使用时间轴合成音频、添加音频过渡和音频效果等。

5.7.1 音频的剪切

在“项目”窗口中双击音频素材，使其在“源”监视器窗口中打开。在“源”监视器窗口中拖动时间指针，或单击播放控制栏中的“播放-停止切换”按钮，可以预览音频的内容，如图 5-62 所示。

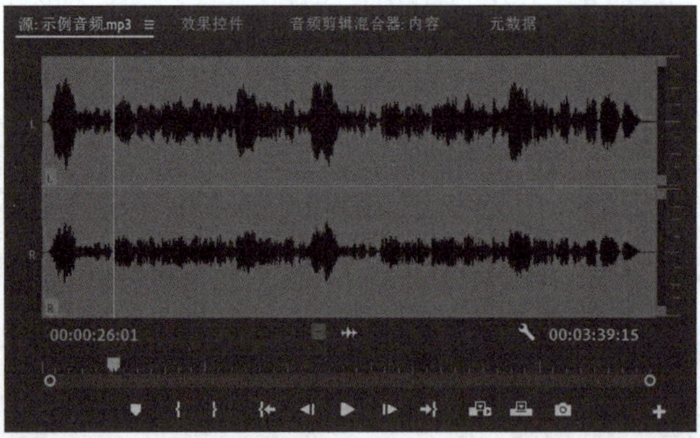

图5-62　预览音频内容

1. 设置音频素材的入点

用户在预览音频素材的时候，可以根据需求设置入点时间，如图 5-63 所示。

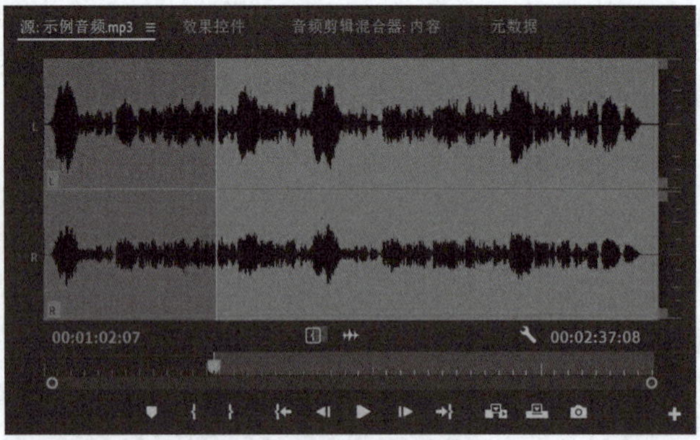

图5-63　设置音频素材的入点

2. 将音频放置到时间轴

将“时间轴”窗口中的指针定位在开始的位置，然后单击“源”监视器窗口播放控制栏中的“覆盖”按钮，将其加入“时间轴”窗口的音频轨道中，或者直接从“项目”窗口中将处理好了的音频素材拖至指定的音频轨道中，如图 5-64 所示。

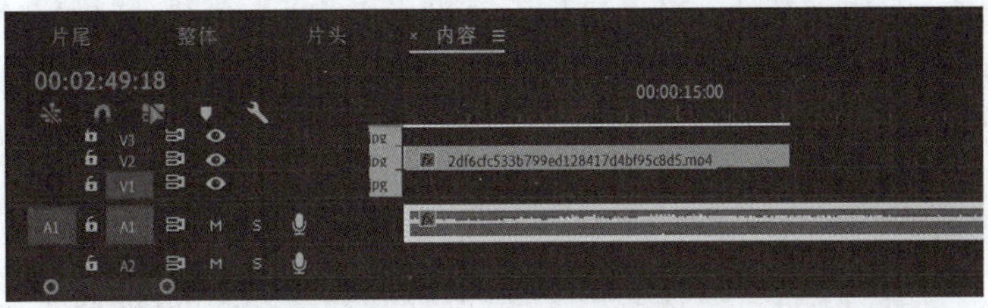

图5-64　加入音频素材

3. 剪除多余的音频部分

在“工具”面板中选择“剃刀工具”，在音频轨道上对齐视频轨道中的结束位置单击，将音频素材切割为两段，然后将后面的多余部分选择并删除，如图 5-65 所示。

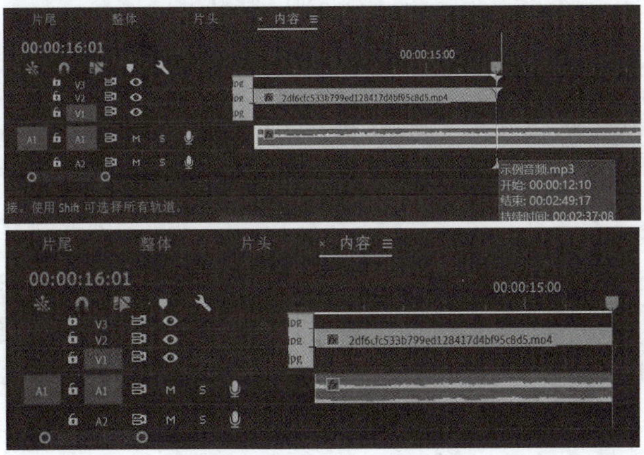

图5-65　剪除多余的音频部分

5.7.2　音频的音量调整

1. 调整音量大小

在视频的制作过程中，不同音频资源的音量可能不符合制作要求，音量太大或太小都需要调整。在音频轨道上右击弹出快捷菜单，选择“音频增益”命令，在弹出的“音频增益”对话框中根据需求设置增益值，如图 5-66 所示。单击“确定”按钮返回后，可在“节目”监视器窗口内单击“播放 - 停止切换”按钮或按【Space】快捷键试听效果。

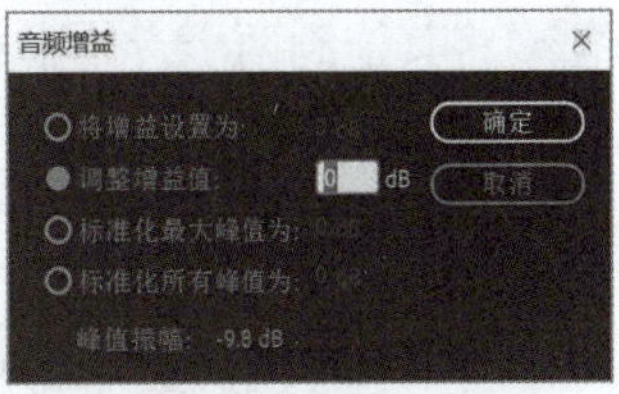

图5-66　“音频增益”对话框

2. 设置音频的淡入淡出效果

在看影片或者听音乐的时候，会发现很多音频的音量会逐渐变小，又逐渐变大，这就被称为音量的淡入淡出。在 Premiere 中可以通过关键帧来实现这个功能。具体操作如下：

① 单击有音频文件的轨道头空白处，按住键盘上的【Alt】键，然后在音频轨道上滚动鼠标滚轮打开音频轨道全部设置。然后，将时间轴指针移动至起始点，按住【Ctrl】键后在分界线上单击，在当前位置添加一个关键帧，设置该关键帧为淡入的开始点。同样的方法，

将时间轴指针往前移 5 s 再添加一个关键帧，设置该关键帧为淡入的结束点，如图 5-67 所示。

② 将鼠标移动至淡入开始点的关键帧上，当光标变为▶形状的时候，按住鼠标左键并向下拖动，实现音频的淡入效果，如图 5-68 所示。

同样的方法，我们可以实现音频的淡出效果。在音频的结束前 5 s 处和结尾处设置关键帧，将结尾处的关键帧向下拖动，实现音频的淡出效果，如图 5-69 所示。

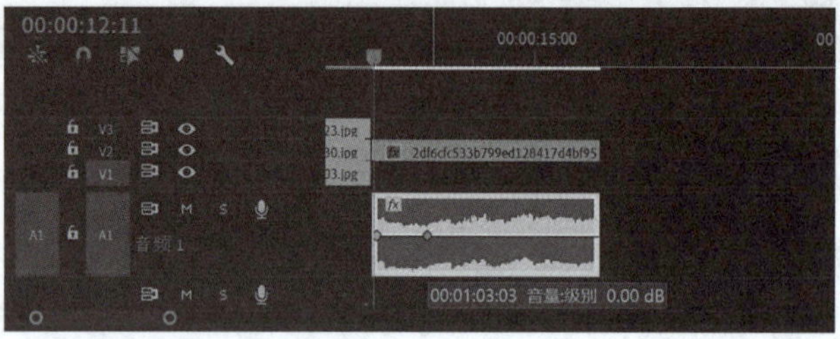

图5-67　添加关键帧

图5-68　音频的淡入效果

图5-69　音频的淡出效果

5.7.3　音频过渡和音频效果

音频素材有众多丰富的音频过渡或音频效果，它们集成在“效果”面板中。

音频过渡中有三个不同的交叉淡化过渡，如图 5-70 所示。在使用音频过渡效果时，只需要将其拖到两个音频素材的连接点位置，然后在“效果控件”面板中设置参数即可。

音频效果中有四十多种音频特效，如图 5-71 所示。将这些特效直接拖至“时间轴”窗口中的音频素材上，就可以应用相应的特效。

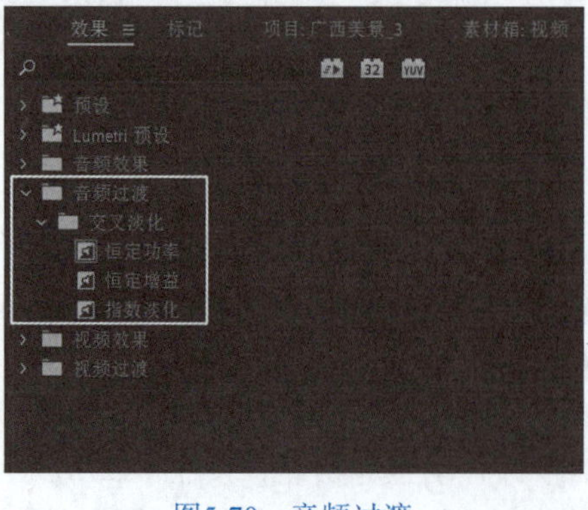

图5-70　音频过渡

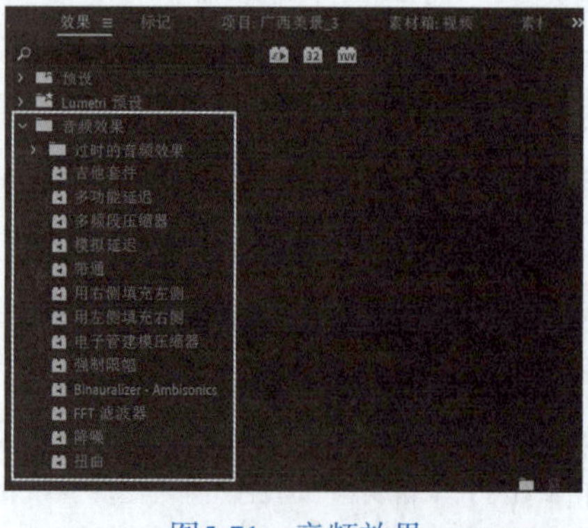

图5-71　音频效果

5.7.4 案例——“山林小溪”影片剪辑

【例 5–2】用 Premiere 制作一个虫鸣鸟叫的“山林小溪”短片。

视频
“山林小溪”影片剪辑

① 启动 Premiere，单击菜单栏中的“文件”→“新建”→“项目”命令，在“新建项目”对话框中编辑“名称”为“山林小溪”，选择合适的存储位置，如图 5-72 所示，然后单击“确定”按钮。

② 按【Ctrl+I】组合键，弹出“导入”对话框，选中素材文件夹中的“山林小溪 .wav”“虫鸣 .wav”“杜鹃 .wav”“流水声 .wav”“小鸟叫 .mp3”，如图 5-73 所示，然后单击“打开”按钮。

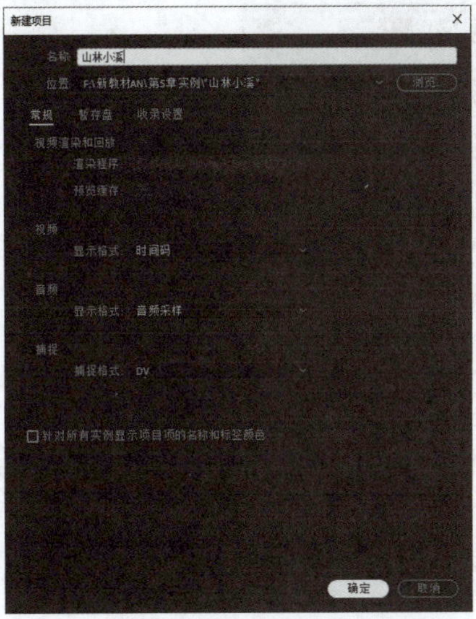

图5-72 “新建项目”对话框

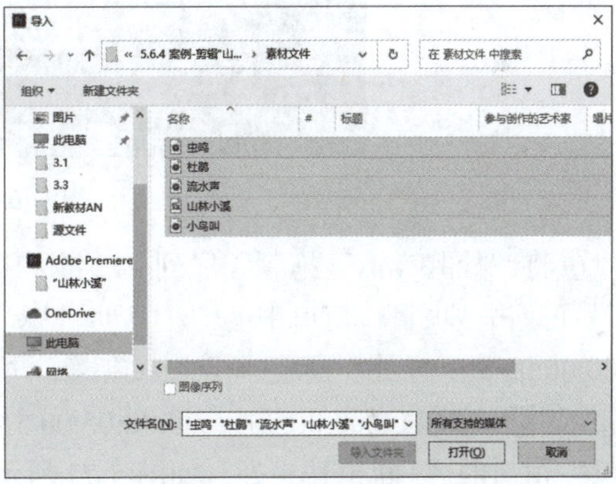

图5-73 导入文件

③ 按【Ctrl+N】组合键，在打开的“新建序列”对话框的“轨道”选项卡中设置音频的主音轨为 5.1 声道音频，四个标准类型的音频轨道，如图 5-74 所示，单击“确定”按钮。

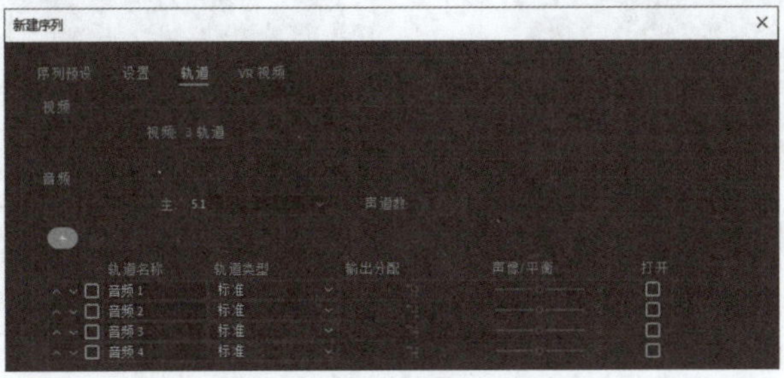

图5-74 “新建序列”对话框

④ 将“项目”窗口中的“山林小溪 .mp4”拖到“序列 01”窗口 V1 和 A1 轨道的开头处，右击弹出快捷菜单，选择“取消链接”命令，如图 5-75 所示，然后删除 A1 轨道的音频。

⑤ 将“流水声 .wav”拖到“序列 01”窗口的 A1 轨道的开头处，单击工具栏中的“剃刀工具”按钮，在与“山林小溪 .mp4”的出点对齐处单击，分割“流水声 .wav”，如图 5-76 所示，然后删除后半段音频。

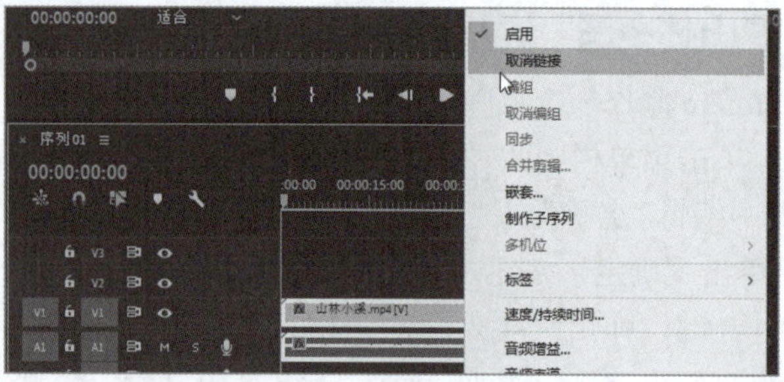

图5-75 选择“取消链接”命令

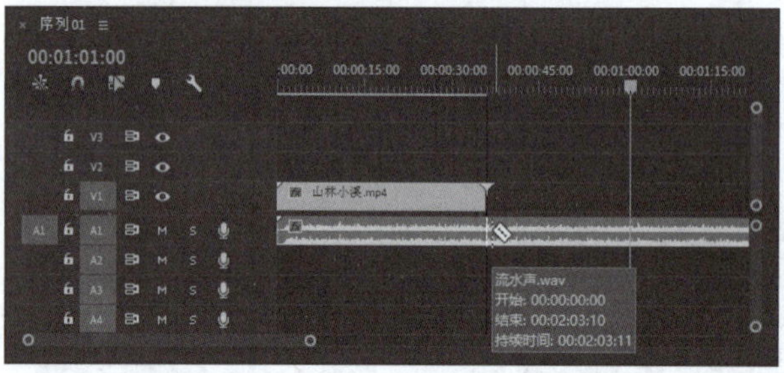

图5-76 分割

⑥将“杜鹃.wav”拖到“序列 01”窗口的 A2 轨道的 00:00:03:00 处。

⑦双击“项目”窗口中的“小鸟叫.wav”，将其在“源”窗口中打开，将指针移动到 00:00:00:00 处，单击“标记入点”按钮，再将指针移动到 00:00:05:00 处，单击“标记出点”按钮，截取 00:00:00:00 ～ 00:00:05:00 的音频，然后拖动“仅拖动音频按钮”到“序列 01”窗口的 A3 轨道开头处，如图 5-77 所示。

⑧将“虫鸣.wav”拖入“序列 01”窗口的 A4 轨道，并使其出点与视频文件“山林小溪.mp4”的出点对齐，如图 5-78 所示。

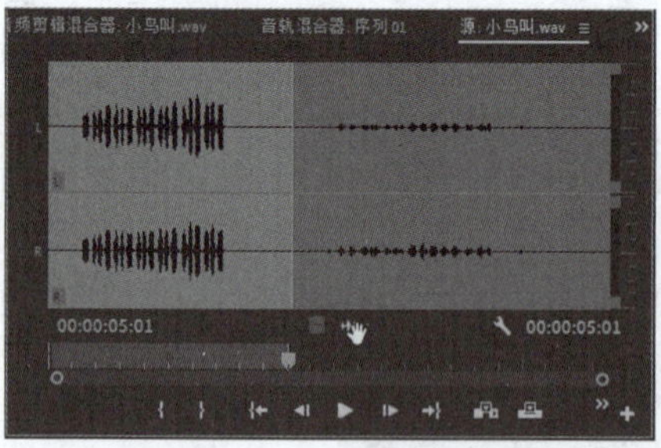

图5-77 截取音频

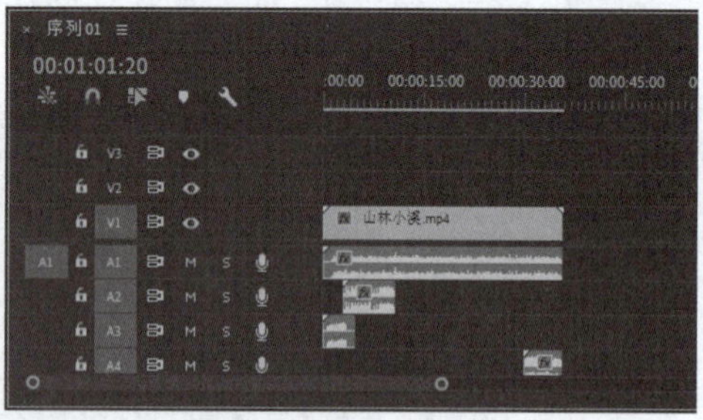

图5-78 拖动音频

⑨在打开“效果”面板中的“音频效果”文件夹，将“降噪”效果拖到 A4 轨道的“虫鸣.wav”素材上，使得虫鸣叫声更加突出，如图 5-79 所示。

⑩按【Ctrl+S】组合键保存项目文件。按【Ctrl+M】组合键导出媒体，在“导出设置”对话框中设置导出的文件格式为 H.264，编辑单击“输出名称”后方的“序列 01.mp4”选择输出地址，并更改“文件名”为“山林小溪”，然后单击“导出”按钮，等待编码即可生成视频作品。

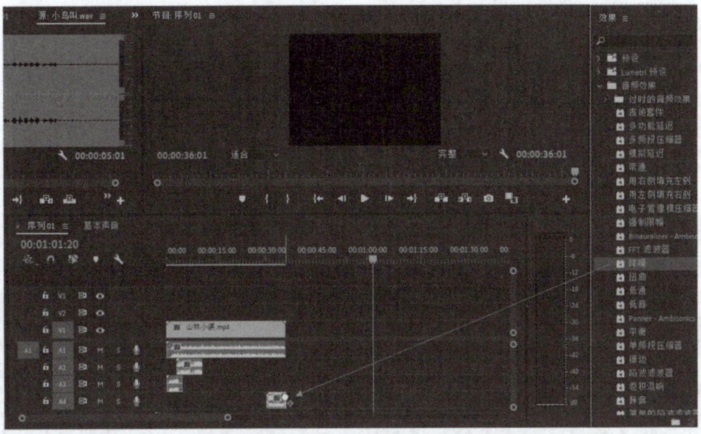

图5-79　添加音频效果

5.8　视 频 过 渡

5.8.1　视频过渡简介

视频　视频过渡

视频过渡就是将场景从一个镜头转移到下一个镜头。一般情况下，使用简单的剪切将视频作品中的一个镜头转移到另一个镜头就是一个视频过渡，但是很多时候用户会希望通过不同的方式，比如淡入、淡出等方法在两个镜头之间过渡，以更好地展现影视媒体。Premiere 提供了很多的过渡方法，比如说擦除、缩放和溶解等。过渡可以放在两个镜头之间的剪切线上，也可以放在剪辑的开头或结尾。

视频过渡位于“效果”面板的素材箱中。Premiere 提供了许多视频过渡方法，在素材箱中按照类型放置（见图 5-80），包括几种类型：3D 运动、划像、擦除、沉浸式视频、溶解、滑动、缩放、页面剥落。每种类型下面还有很多不同的选项，选择不同的选项，分别可以实现两个素材场景不同的转换方式。

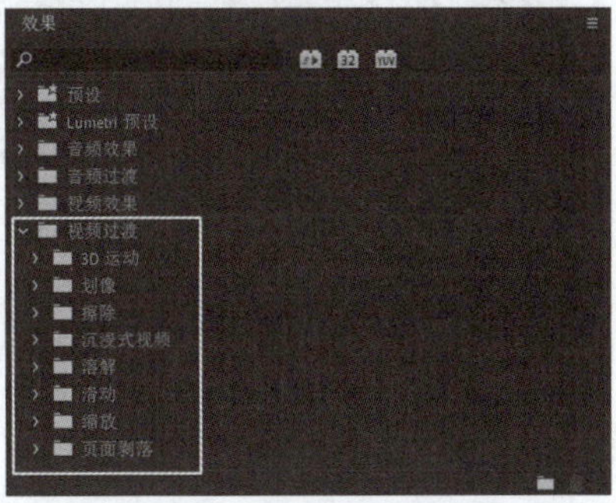

图5-80　视频过渡包含的类型

图 5-81 所示为应用菱形划像和胶片溶解视频过渡的效果。

（a）菱形划像　（b）胶片溶解

图5-81　视频过渡的效果

5.8.2 视频过渡的添加

单击“窗口”→“效果”命令或按【Shift+7】组合键打开“效果”面板，单击“视频过渡”文件夹前面的三角按钮，展开列表，就会显示所有的视频过渡效果。

如果需要在素材之间添加视频过渡，必须保证这两段素材在同一轨道上，而且不存在间隙。将过渡效果拖到轨道中的两个素材之间即可，当然也可以是前一个素材的出点处或者是后一个素材的入点处，如图 5-82 所示。

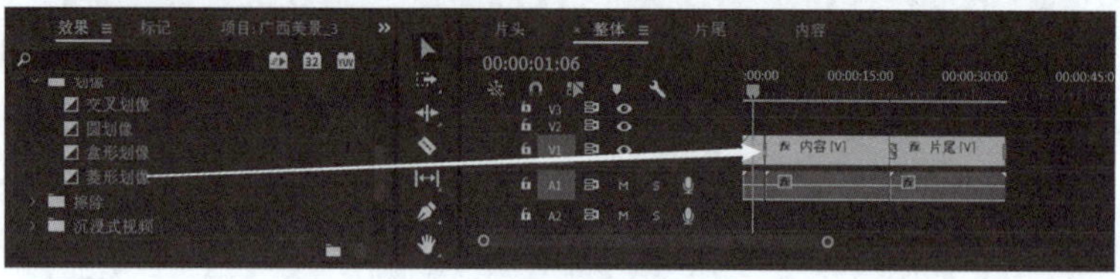

图5-82 应用视频过渡效果

释放鼠标后，两个素材之间会出现视频过渡图标，鼠标移动至图标上停留，会显示视频过渡的名称。或者是按【+】快捷键放大“时间轴”窗口中时间标尺的单位比例，也能看到两个素材之间的视频过渡名称。

在“节目”监视器窗口内单击“播放 - 停止切换”按钮或按【Space】快捷键可以播放影片，预览应用视频过渡的效果（见图 5-83）。

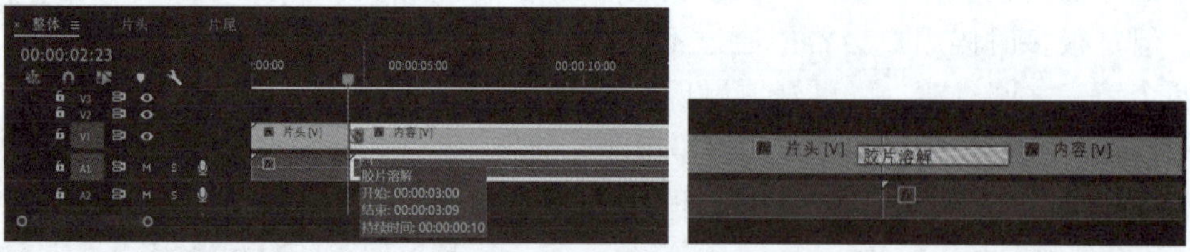

图5-83 视频过渡信息显示

5.8.3 视频过渡的设置

添加视频过渡效果之后，用户可以根据需要进行一定范围内的设置和修改，包括过渡效果的持续时间、对齐方式、显示素材等。

1. 设置过渡持续时间

设置过渡持续时间有以下两种方法：

方法 1：单击“窗口”→“效果控件”命令，或按【Shift+5】组合键，打开“效果控件”面板，单击“持续时间”右侧的数值，输入自定义时间值，就可以设置视频过渡的持续时间（见图 5-84）。

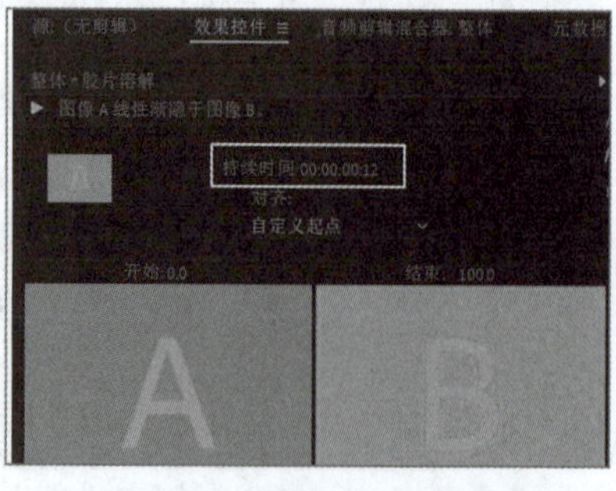

图5-84 “效果控件”面板

方法 2：在“过渡效果”名称上右击弹出快捷菜单，选择“设置过渡持续时间”命令，在弹出的“设置过渡持续时间”对话框中单击“持续时间”右侧的数值，输入自定义时间值，就可以设置视频过渡的持续时间（见图 5-85）。

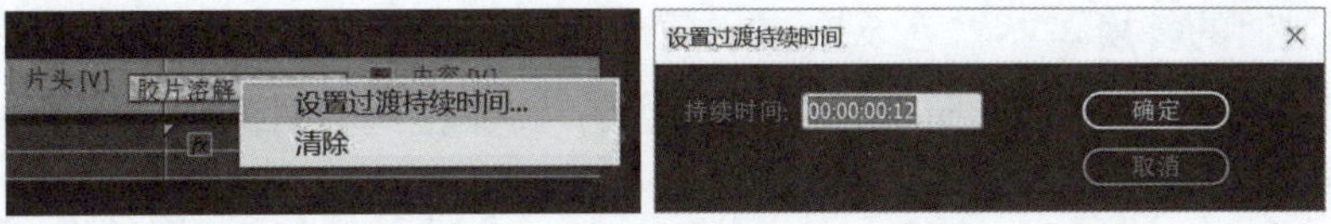

图5-85 “设置过渡持续时间”对话框

2. 设置对齐方式

单击“窗口”→“效果控件”命令，或按【Shift+5】组合键，打开“效果控件”面板，根据用户需求选择过渡效果发生在素材之间的对齐方式。

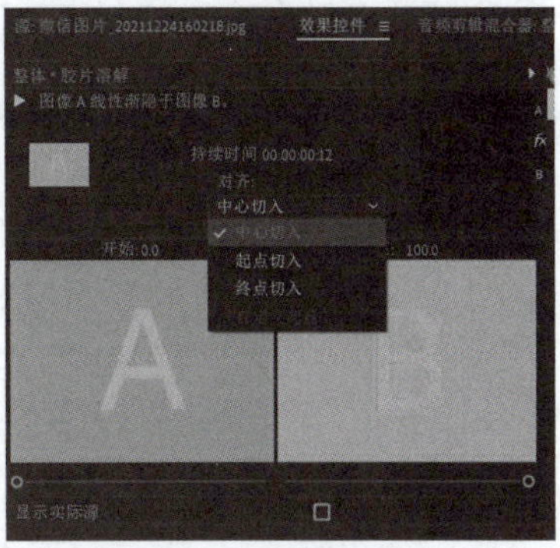

图5-86 设置过渡对齐方式

① 中心切入：是指过渡动画的持续时间在两个素材之间各占一半。

② 起点切入：是指在前一素材中没有过渡效果，在后一素材的入点处开始。

③ 终点切入：是指过渡动画全部在前一素材的出点处。此处选择“中心切入”选项，如图 5-86 所示。

在“效果控件”窗口右侧的时间轴上添加了过渡效果的位置拖动时间轴指针，即可在“节目”监视器窗口中看到应用了过渡切换效果的画面，如图 5-87 所示。

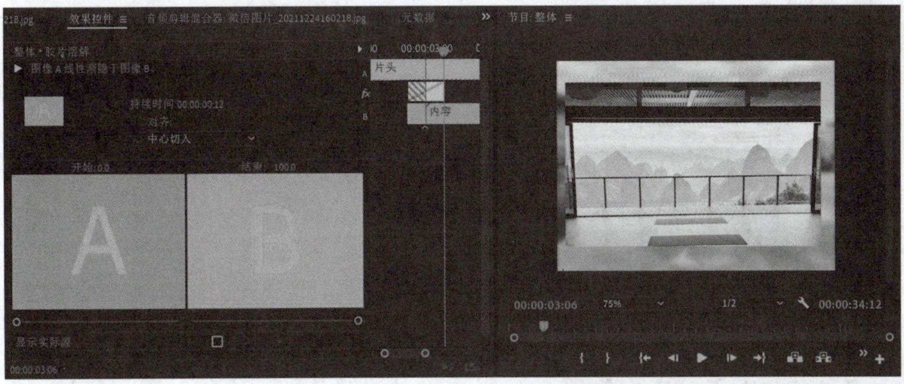

图5-87 预览过渡效果

3. 显示素材画面

单击“窗口”→“效果控件”命令，或按【Shift+5】组合键，打开“效果控件”面板，选择“显示实际源”右侧的复选框，A、B 区域内的画面将分别显示视频过渡所连接的前后素材（见图 5-88）。

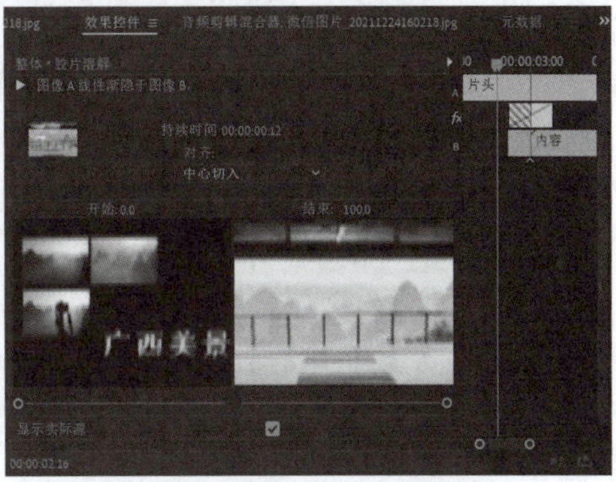

图5-88 显示素材画面

5.8.4 视频过渡的替换和删除

在添加视频过渡并进行预览之后，如果发现添加的过渡并没有达到理想的预期效果，可以替换或删除该视频过渡。

1. 视频过渡的替换

在“效果面板”中重新选择需要的过渡效果，将其拖到“时间轴”面板中需要被替换的效果上，就可以实现替换。

2. 视频过渡的删除

单击需要删除的过渡效果，按【Delete】键，或者右击弹出快捷菜单，选择“清除”命令，就可以实现过渡的删除。

5.8.5 案例——“抗疫英雄风采”短片剪辑

【例 5-3】用 Premiere 剪辑“抗疫英雄风采”短片。

视频 “抗疫英雄风采”短片剪辑

① 启动 Premiere，单击菜单栏中的“文件”→“新建”→“项目”命令，在打开的“新建项目”对话框中编辑“名称”为“抗疫英雄风采”，选择合适的存储位置，如图 5-89 所示，然后单击“确定”按钮。

② 单击菜单栏中的“文件”→“导入”命令，在打开的“导入”对话框中选中素材文件夹中的“抗疫英雄风采 01.jpg”～“抗疫英雄风采 05.jpg”、“央视抗疫宣传短片 .mp4”和“这世界那么多人 .mp3”，如图 5-90 所示，然后单击“打开”按钮。

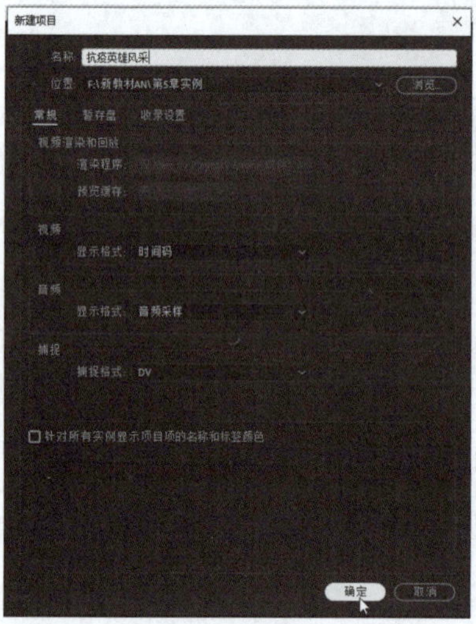

图5-89 新建项目

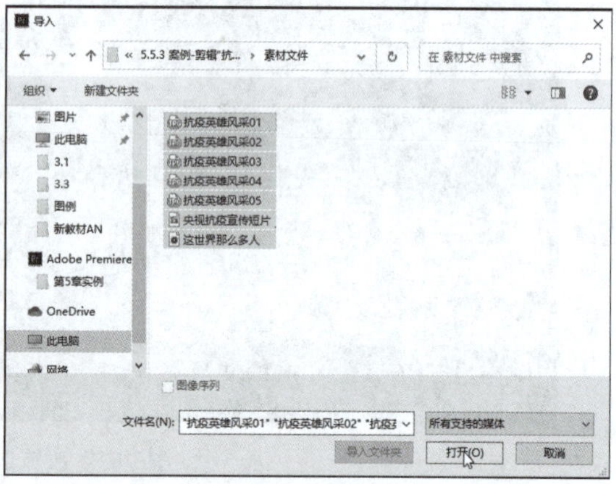

图5-90 导入文件

③ 单击菜单栏中的“文件”→“新建”→“序列”命令，在“新建序列”对话框中选择“序列预设”→“DV-PAL”→“标准 48 kHz”选项，其他内容使用默认设置，如图 5-91 所示，然后单击“确定”按钮，新建“序列 01”。

④ 按住【Ctrl】键不放，在“项目”窗口中依次单击选中“抗疫英雄风采 01.jpg”～“抗疫英雄风采 05.jpg”这五张图片，将其拖动至 V1 轨道开头处，如图 5-92 所示。

⑤ 在 V1 轨道上选中这五张图片文件，右击弹出快捷菜单，选择“设为帧大小”命令，调整图片大小，如图 5-93 所示。

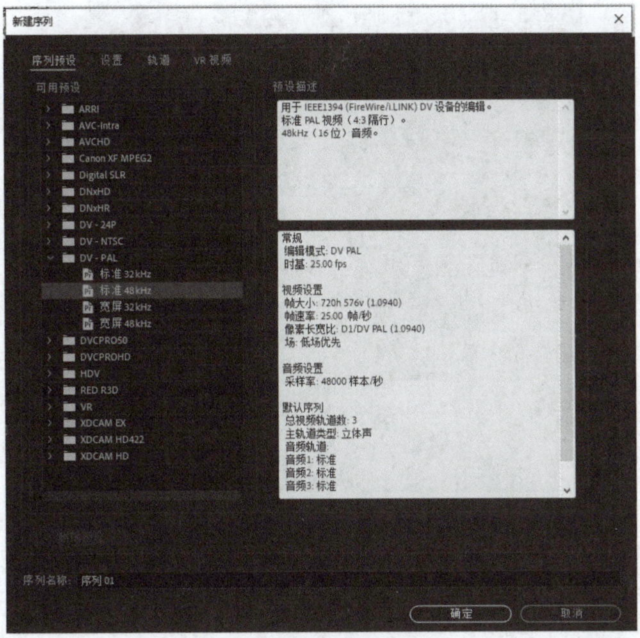

图5-91　新建序列

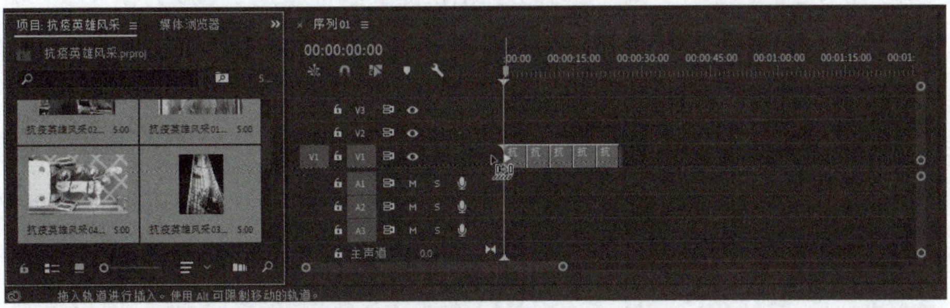

图5-92　拖动文件

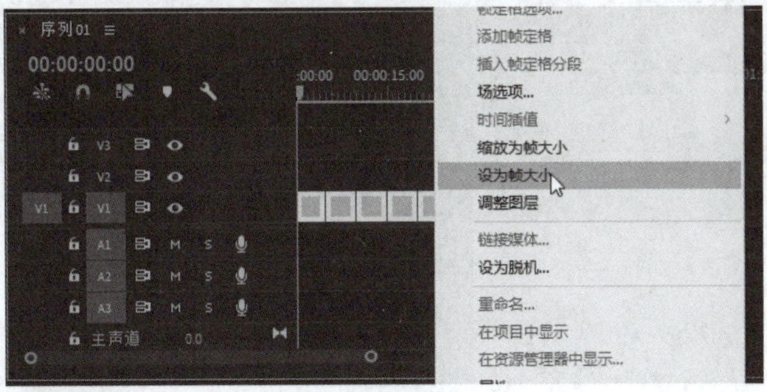

图5-93　设为帧大小

⑥ 双击“项目”窗口中的“这世界那么多人 .mp3”，将其在“源”窗口打开，将标签移动到 00:00:19:00 处，右击弹出快捷菜单，选择“标记入点”命令，同理，在 00:00:44:11 处“标记出点”，然后按住“仅拖动音频”按钮，将这段音频拖动至 A1 轨道的开头处，如图 5-94 所示。

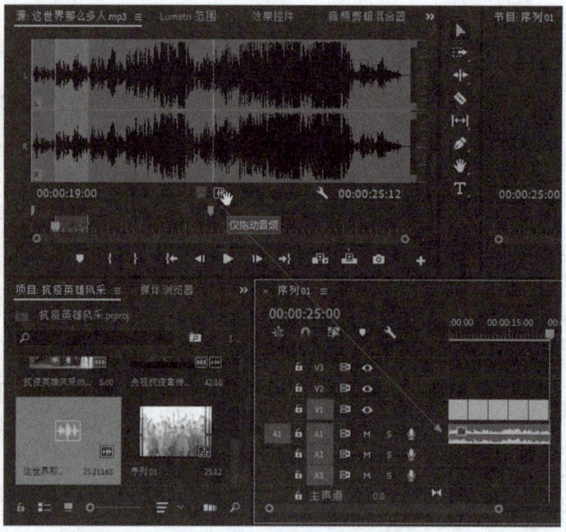

图5-94　编辑音频

⑦ 双击“项目”窗口中的“央视抗疫宣传短片.mp4”，将其在“源”窗口打开，将标签移动到00:00:12:12处，右击弹出快捷菜单，选择“标记入点”命令，同理，在00:03:57:08处“标记出点”，将这段视频拖动至V1和A1轨道，如图5-95所示。然后在V1轨道“央视抗疫宣传短片.mp4”上右击弹出快捷菜单，选择“缩放为帧大小”命令。

图5-95　编辑视频

⑧ 将V1中的“抗疫英雄风采05.jpg”向后延长至与A1中的“这世界那么多人.mp3”对齐，如图5-96所示。

⑨ 打开“效果”面板中的“视频过渡”→“滑动”文件夹，将“推”效果分别拖到V1轨道“抗疫英雄风采02.jpg”～“抗疫英雄风采05.jpg”前，如图5-97所示。打开“溶解”文件夹，将“黑场过渡”效果移至V1轨道“抗疫英雄风采01.jpg”前方和“抗疫英雄风采05.jpg”后方。

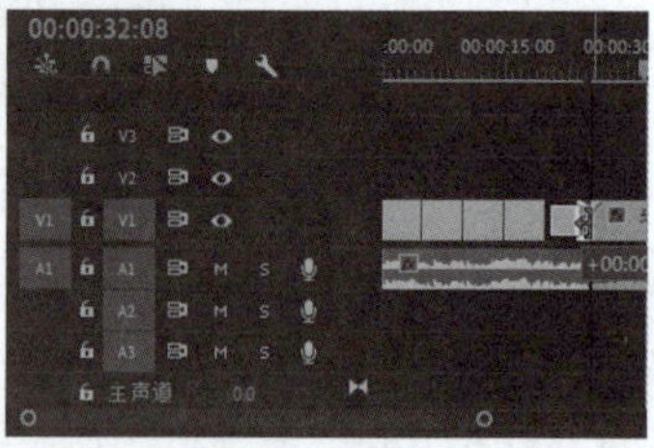

图5-96　延长

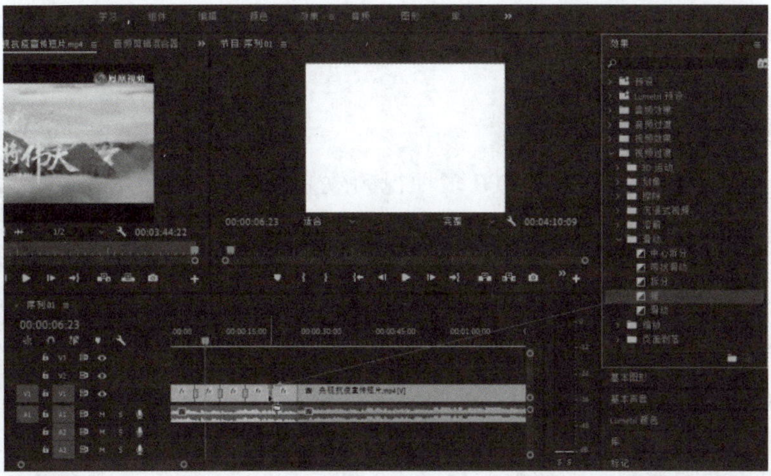

图5-97 设置过渡

⑩ 双击“序列 01”窗口将其放大，将时间轴指针移动至 00:00:20:00，按住【Ctrl】键不放，在 A1 轨道 L 和 R 的分界线上单击，在当前位置添加一个关键帧，设置该关键帧为淡出的开始点，在 00:00:25:00 再添加一个关键帧，设置该关键帧为淡出的结束点。按住淡入开始点的关键帧向下拖动，实现音频的淡出效果。同理为 00:00:25:00 ～ 00:00:30:00 处音频设置淡入效果，如图 5-98 所示。

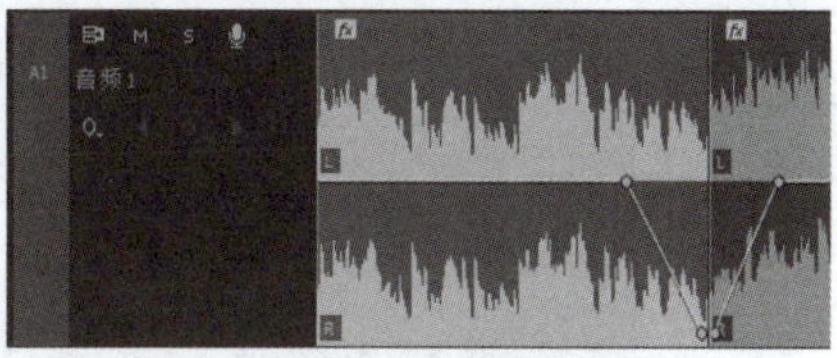

图5-98 淡出和淡入

⑪ 按【Ctrl+S】组合键保存项目文件。按【Ctrl+M】组合键导出媒体，在“导出设置”对话框中设置导出的文件格式为H.264，编辑单击“输出名称”后方的“序列 01.mp4”选择输出地址，并更改“文件名”为“抗疫英雄风采”，如图 5-99 所示，然后单击“导出”按钮，等待编码即可生成视频作品。

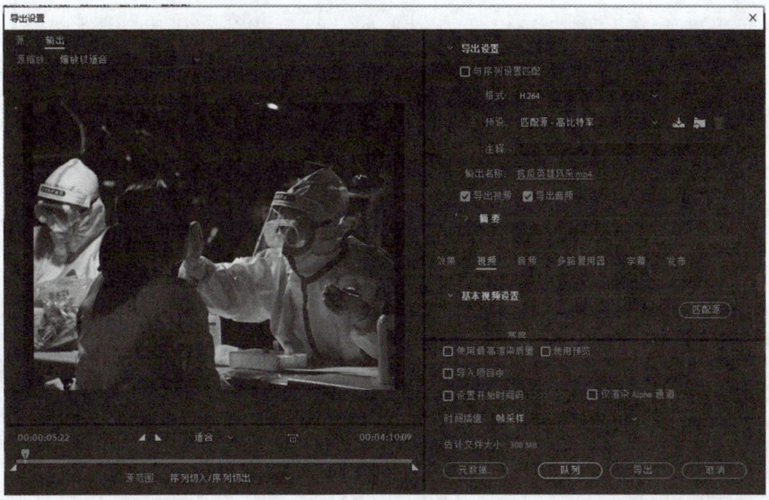

图5-99 导出视频

5.9 视频效果

5.9.1 视频效果简介

视频

视频效果 1

Premiere 包括 100 多种视频效果，通过效果的应用可以增添特别的视觉特性。比如，可以通过效果改变素材的曝光度或颜色；也可以通过效果对素材进行扭曲图像或增添艺术效果；还可以通过效果来旋转和动画化剪辑；当然也可以在帧内调整剪辑的大小和位置。

视频效果位于“效果”面板的素材箱中。Premiere 提供了许多视频效果，在素材箱中按照类型放置（见图 5-100），每种类型下面还有很多不同的选项，可分别实现不同的效果。

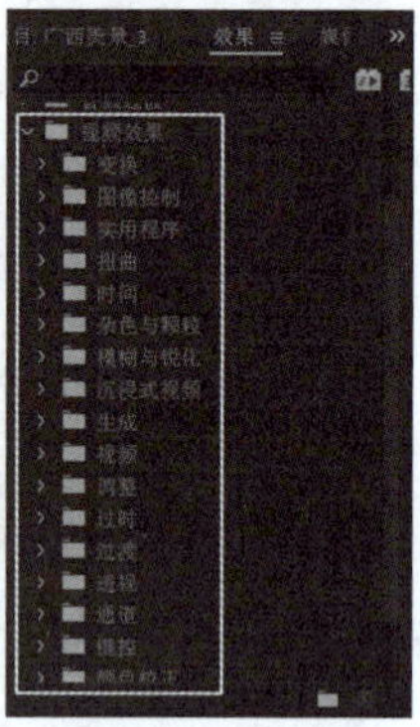

图5-100　视频效果包含的类型

图 5-101 为应用扭曲分类下面的旋转效果的前后对比图。

图5-101　旋转效果的应用

5.9.2 视频效果的添加

视频效果的设置方法与音频效果的设置类似，单击菜单栏中的“窗口”→“效果”命令，或按【Shift+7】组合键，打开“效果”面板，单击“视频效果”文件夹前面的三角按钮▶，展开列表，就会显示所有的视频效果。

1. 单独一个素材添加视频效果

① 将选中的视频效果直接拖至轨道中的素材上，就可以为素材添加视频效果，如图 5-102 所示。

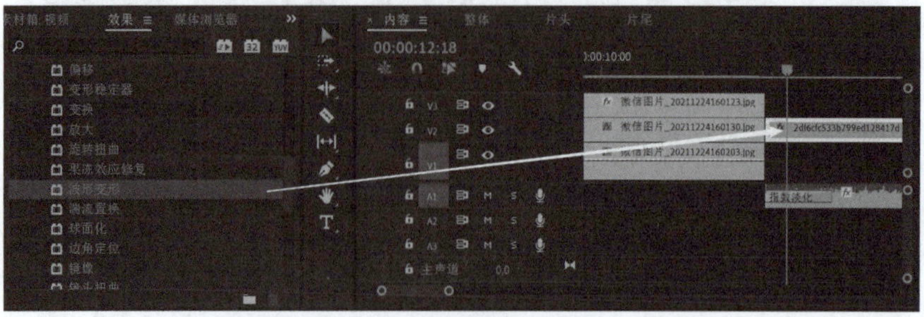

图5-102　将选中的视频效果直接拖至轨道中

② 选中轨道中需要添加效果的素材，然后将“效果”面板中需要添加的视频效果直接拖至“效果控件”面板中，如图 5-103 所示。如果用户需要为同一个素材添加多个视频效果，只要按照上面的方法，多次拖动视频效果至“效果控件”面板即可。

2. 多个素材添加同一视频效果

当很多个剪辑都需要添加同一个视频效果时，特别是视频效果的参数经过修改的情况下，为了提高影片剪辑的速度，可以采用以下方法。

（1）复制视频效果

首先单击影片剪辑设置好的视频效果，然后在“效果控件”面板内选中视频效果，右击弹出快捷菜单，选择“复制”命令。然后，选择其他需要添加效果的剪辑，在“效果控件”面板的空白区域右击弹出快捷菜单，选择“粘贴”命令。

（2）保存设置好的视频效果

首先单击影片剪辑设置好的视频效果，然后在“效果控件”面板内选中视频效果，右击弹出快捷菜单，选择“保存预设”命令，在弹出的对话框中输入名称（见图 5-104），单击“确定”按钮。然后在“效果”面板中的“预设”下拉菜单中找到刚刚保存的视频效果，将视频效果添加给素材，添加方法与给单独一个素材添加视频效果相同。

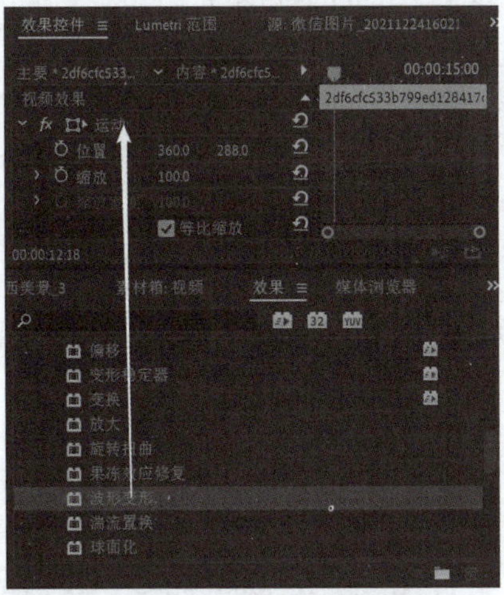

图5-103　将视频效果拖至“效果控件”面板

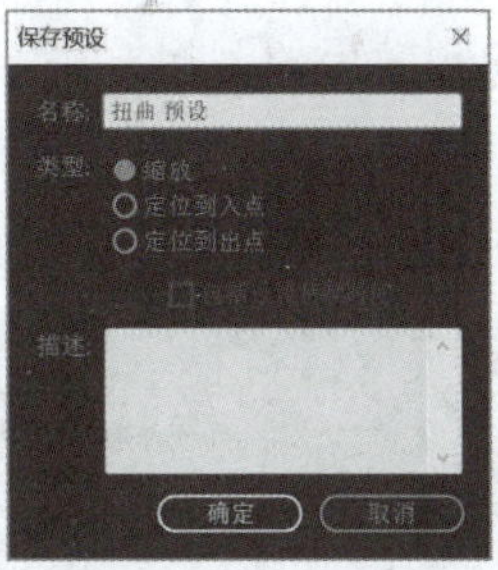

图5-104　保存预设

（3）创建调整图层

调整图层具有很强大的功能，可对一系列剪辑同时应用效果或不透明调整。与 Adobe Photoshop 的调整图层功能相似，应用至调整图层的效果会影响图层堆叠顺序中位于其下的所有图层。既可以在单个调整图层上使用效果组合，也可使用多个调整图层控制更多效果。

首先，创建调整图层。单击菜单栏中的“文件”→“新建”→“调整图层”命令，弹出“调整图层”对话框（见图 5-105），根据需求修改调整图层的设置，然后单击“确定”按钮，完成创建。从“项目”窗口将调整图层拖至“时间轴”窗口中要添加视频效果的素材上方的视频轨道上（或

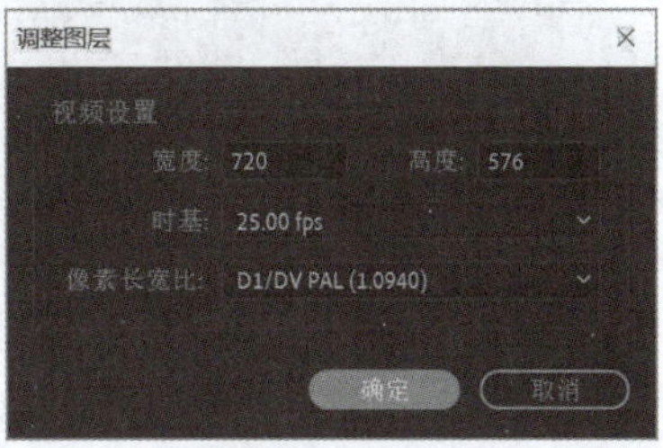

图5-105　调整图层

覆盖在其上），并将图层长度拖至与下方素材相等。然后，在调整图层上添加视频效果，添加方法与给单独一个素材添加视频效果相同。

在“节目”监视器窗口内单击“播放 - 停止切换按钮”或按【Space】快捷键可以播放影片，预览应用视频效果的效果。

5.9.3 视频效果的设置

视频

视频效果 2

添加视频效果之后，用户可以对视频效果的参数进行设置和修改。需要注意的是，Premiere 中的视频效果属性参数并不是一成不变的，而是会随着视频效果的改变而变化，但基本操作方法都是一样的。

在“效果控件”面板中，单击某个视频效果前面的三角按钮，即可展开对应效果的所有参数。图 5-106 所示为放大效果的所有参数。可以通过拖动参数中的滑块，或是在参数文本框中输入参数值来调节参数，从而调整视频效果。

5.9.4 视频效果的隐藏和删除

1. 视频效果的隐藏

前面介绍了一个素材可以添加很多视频效果，根据项目需求不同，可能会用到不同的视频效果。此时，可以利用隐藏视频效果，将暂时不需要的效果隐藏起来，而非破坏性地删除。

在“效果控件”面板中单击视频效果前面的“切换效果开关”按钮，图标变成状态，即可隐藏该效果。

2. 视频效果的删除

视频效果的删除方法有以下两种：

方法 1：在“效果控件”面板中选中不需要的视频效果，右击弹出快捷菜单，选择“清除”命令，即可删除该视频效果，如图 5-107 所示。

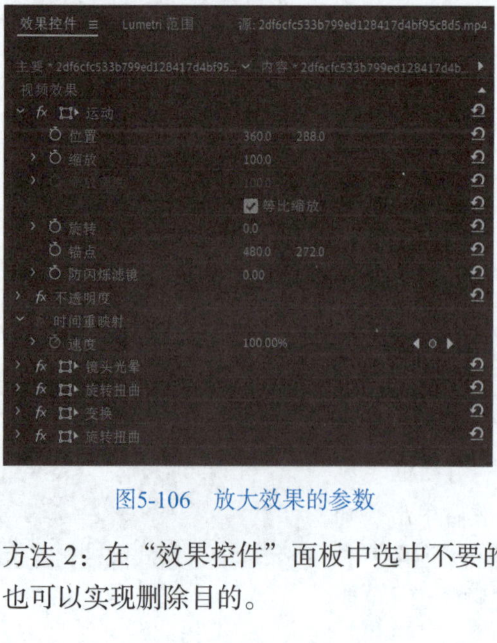

图5-106 放大效果的参数

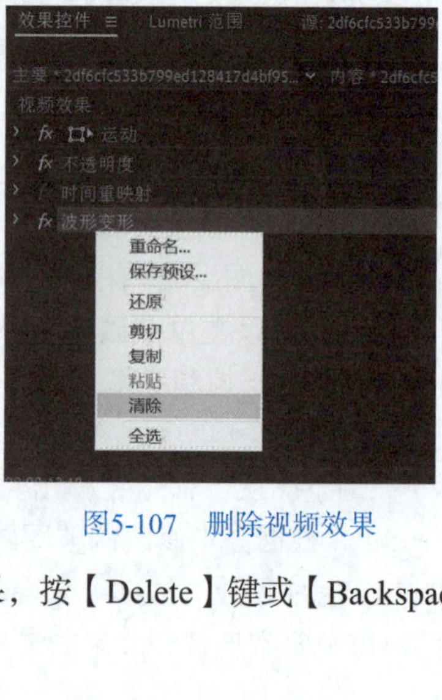

图5-107 删除视频效果

方法 2：在“效果控件”面板中选中不要的视频效果，按【Delete】键或【Backspace】键，也可以实现删除目的。

5.9.5 案例——“回顾往日”影片剪辑

视频
“回顾往日”影片剪辑

【例 5-4】用 Premiere 剪辑“回顾往日”短片。

① 启动 Premiere，单击菜单栏中的“文件”→“新建”→“项目”命令，在打开的“新建项目”对话中编辑“名称”为“回顾往日”，选择合适的存储位置，如图 5-108 所示，然后单击“确定”按钮。

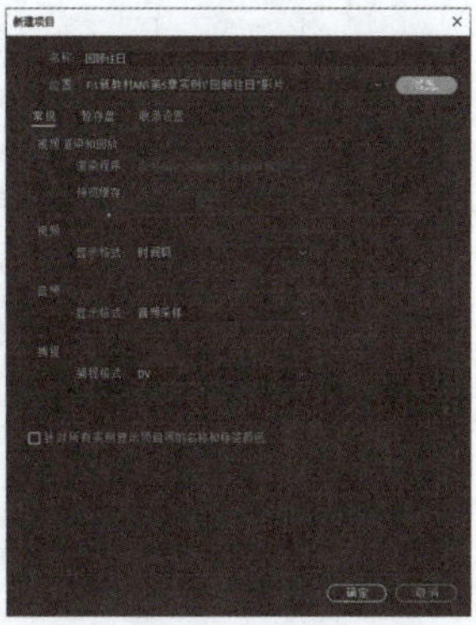

图5-108　新建项目

② 按【Ctrl+I】组合键，弹出“导入”对话框，选中素材文件夹中的“往日影片 .mp4”和“背景音乐 .mp3”，如图 5-109 所示，然后单击“打开”按钮。

③ 按【Ctrl+N】组合键，在“新建序列”对话框中选择“序列预设”→“DV-PAL”→“标准 48 kHz”选项，其他内容使用默认设置，如图 5-110 所示，然后单击“确定”按钮，新建“序列 01”。

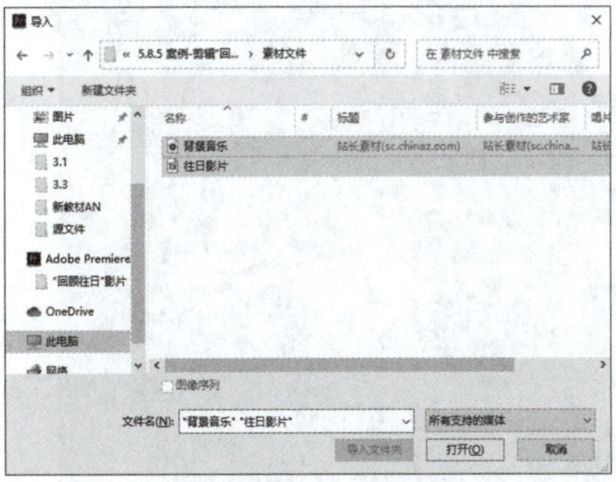

图5-109　导入文件

图5-110　新建序列

④ 单击菜单栏中的“文件”→“新建”→“通用倒计时片头”命令，弹出“新建通用倒计时片头”对话框，保持默认设置，如图 5-111 所示，单击“确定”按钮。然后在弹出的“通用倒计时设置”对话框的“音频”选项组中选择“在每秒都响提示音”选项，如图 5-112 所示，单击“确定”按钮。

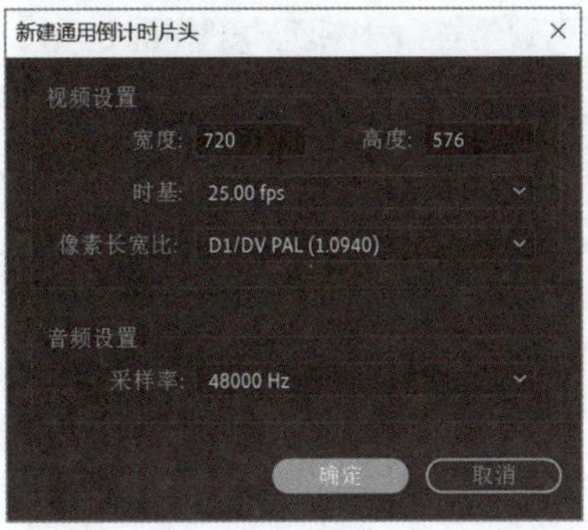

图5-111　新建通用倒计时片头

图5-112　通用倒计时设置

⑤ 将“项目”窗口中的“通用倒计时片头”拖到“序列 01”窗口时间轴的开头处，然后将“往日影片 .mp4”至“通用倒计时片头”结尾处，如图 5-113 所示。

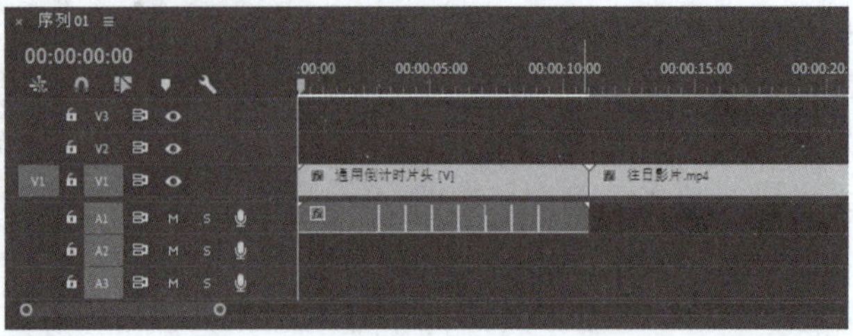

图5-113　拖动素材

⑥ 打开“效果”面板中的“Lumetri 预设”→“单色”文件夹，将“黑白正常对比度”效果拖到“序列 01”中的“往日影片 .mp4”上，如图 5-114 所示。

图5-114　添加效果

⑦ 将“背景音乐 .mp3”拖到音频轨道 1 的“通用倒计时片头”音频的结尾处，再使用“剃刀”工具在其与“往日影片 .mp4”对齐处分割，如图 5-115 所示，然后删除其多余的后半段，使视频与音频时长相同。

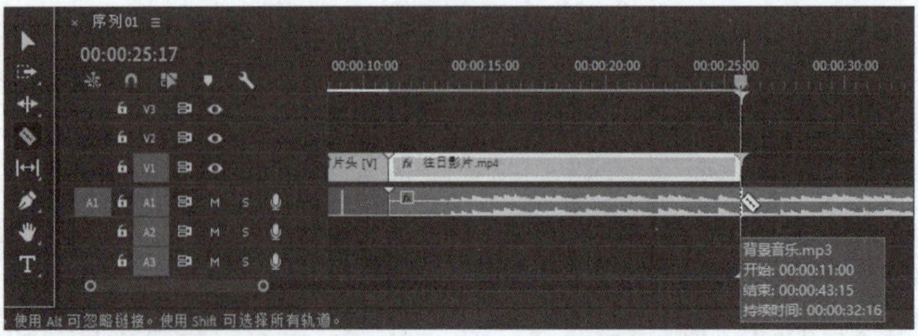

图5-115　分割音频

⑧ 打开“效果”面板中的“音频过渡”→“交叉淡化”文件夹，将“恒定功率”效果

拖到“序列 1”中“背景音乐 .mp3”开头和结尾处，使得背景音乐的出现和消失更加柔和。同理，打开“视频过渡”→“溶解”文件夹，将“黑场过渡”效果拖到“往日影片 .mp4”素材的结尾处，如图 5-116 所示。

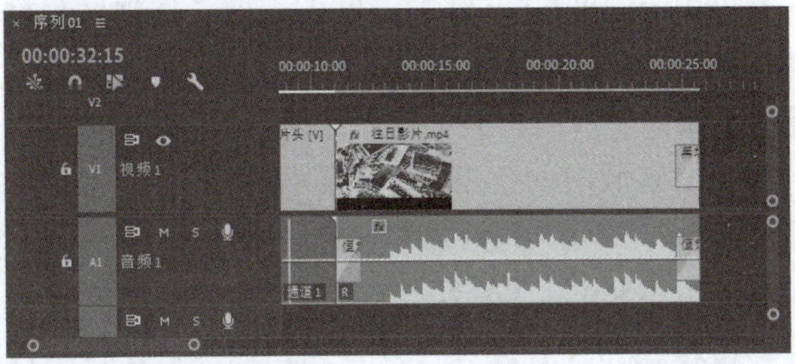

图5-116　添加效果

⑨ 按【Ctrl+S】组合键保存项目文件。按【Ctrl+M】组合键导出媒体，在“导出设置”对话框中设置导出的文件格式为 H.264，编辑单击“输出名称”后方的“序列 01.mp4”选择输出地址，并更改“文件名”为“回顾往日”，然后单击“导出”按钮，等待编码即可生成视频作品。

5.10　字 幕 设 计

5.10.1　字幕概述

字幕是视频中不可或缺的一个元素。视频作品的标题、人物或场景的介绍等都需要用到字幕。Premiere 提供完整的字幕功能集，用于编辑字幕。“字幕”面板包括五个部分：字幕“工具”、字幕“列表”、字幕“动作”、字幕“属性”、字幕“样式”，如图 5-117 所示。

视频

字幕设计

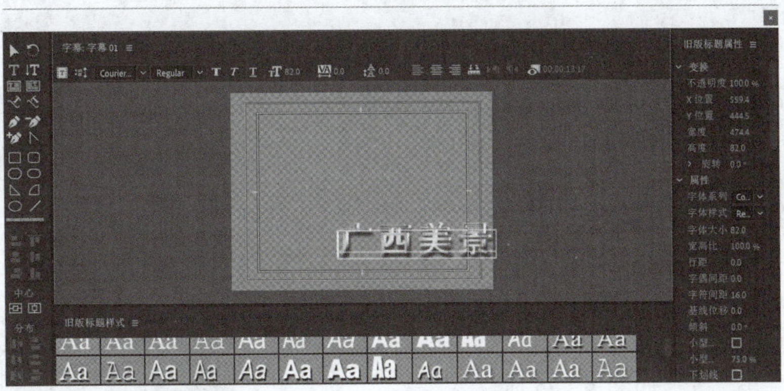

图5-117　“字幕”面板

① 字幕“工具”面板：提供了选择文字、制作文字、编辑文字和绘制图形的各种基本工具，通过这些工具，可以对影片进行添加标题及文本、绘制几何图形和定义文本样式等操作。

② 字幕“列表”面板：用于创建字幕，设置字幕的运动方式，选择字幕的字体和对齐方式，是否允许在背景中显示视频剪辑等。

③ 字幕“动作”面板：用于选择对象的对齐与分布设置。

④ 字幕“属性”面板：主要用于对字幕对象的变换、属性、填充、描边、阴影和背景属性进行编辑。

⑤ 字幕“样式”面板：用于为文字添加不同的特效。选项区里面的字体样式是系统默认的，用户可以根据需要选择常用的字体样式。

“绘图区”面板用于编辑文字内容或创建图形对象。

这里要注意，字幕绘图区域内的字幕安全边距和动作安全边距都指定了安全区域。这些边距默认处于启用状态。内部实线框是字幕安全区，外部实线框是动作安全区。

当对广播和录像带进行编辑时，安全区域很有用。大部分电视会对图片进行过扫描，过扫描会将图片的外部边缘放到查看区域之外，过扫描的量在各电视之间并不一致，要确保所有内容都适合于大多数电视显示的区域，请将文本保留在字幕安全边距内，并将所有其他重要元素保留在动作安全边距内。现在的液晶电视已经不存在这个问题，但安全区域同样可以作为画面构图的参考，避免需要突出表现的内容太靠近边缘。

5.10.2 创建字幕

以静态字幕为例，创建字幕的方法如下：

① 单击菜单栏中的“文件”→“新建”→“旧版标题”命令，在弹出的“新建字幕”对话框中设置字幕的参数，默认情况下与当前合成序列保持一致，如图 5-118 所示。

② 在“名称”文本框中输入字幕剪辑名称，单击“确定”按钮，打开“字幕”面板，在窗口左侧的工具栏中单击“文字工具”按钮，然后在文字编辑区单击并输入文字：广西美景，设置字体格式和大小，注意要将字幕放在字幕安全区域内，如图 5-119 所示。

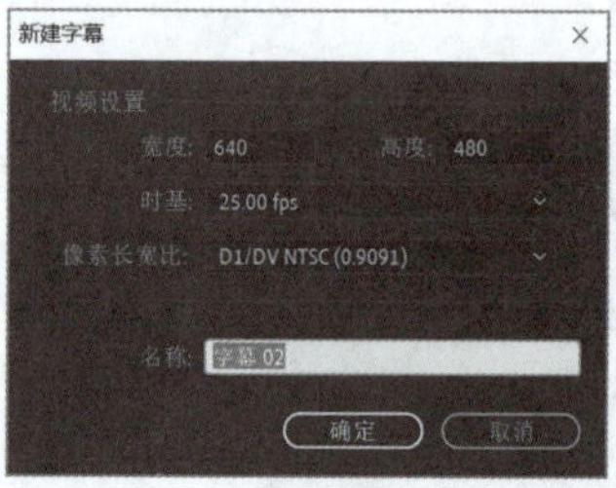

图5-118 “新建字幕”对话框

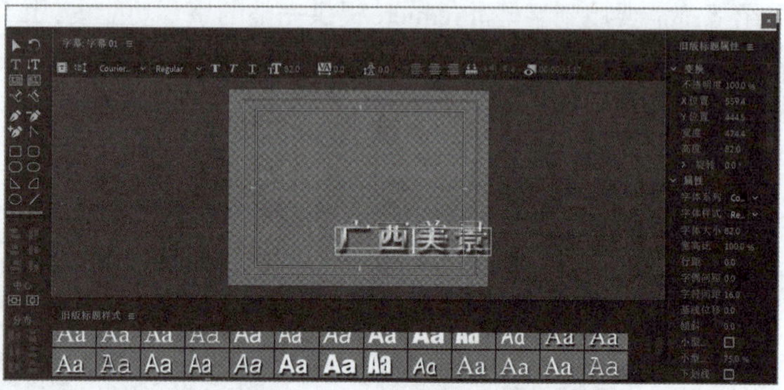

图5-119 编辑字幕文字

③ 选择窗口右边“旧版标题属性”中的“填充”复选框，单击“颜色”选项后面的色块，在弹出的“拾色器”窗口中设置字幕颜色，如图 5-120 所示。

④ 展开“描边”选项，可以为文字添加描边。比如添加外描边：单击“外描边”后面的“添加”文字按钮，设置类型、大小，还有描边颜色，如图 5-121 所示。

⑤ 关闭“字幕”面板，回到“项目”窗口中即可查看到创建完成的字幕剪辑，如图 5-122 所示。

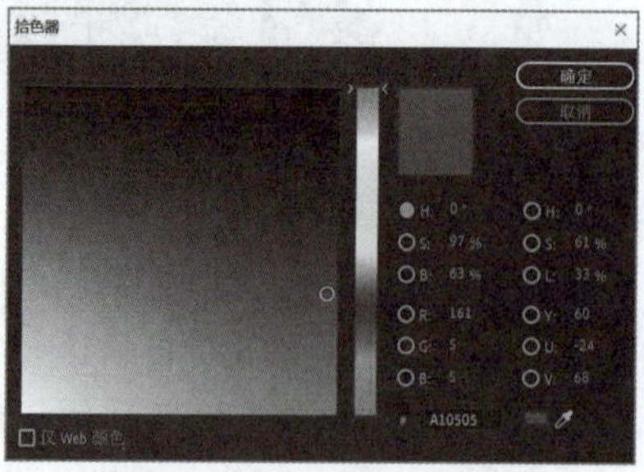

图5-120 设置字幕颜色

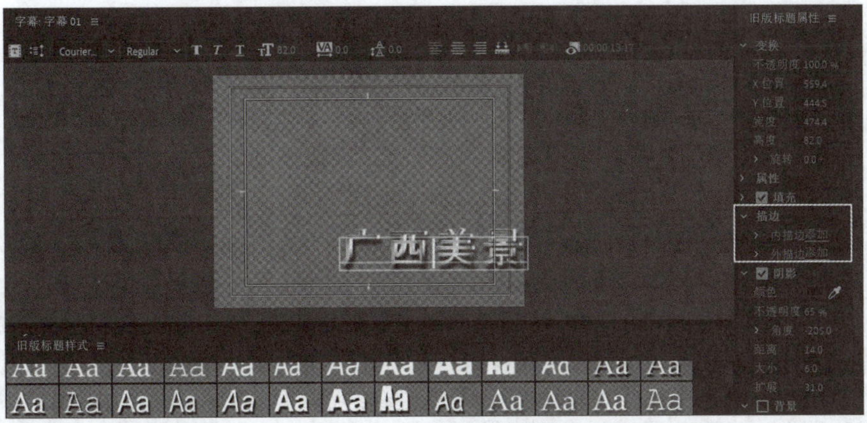

图5-121　设置文字描边颜色

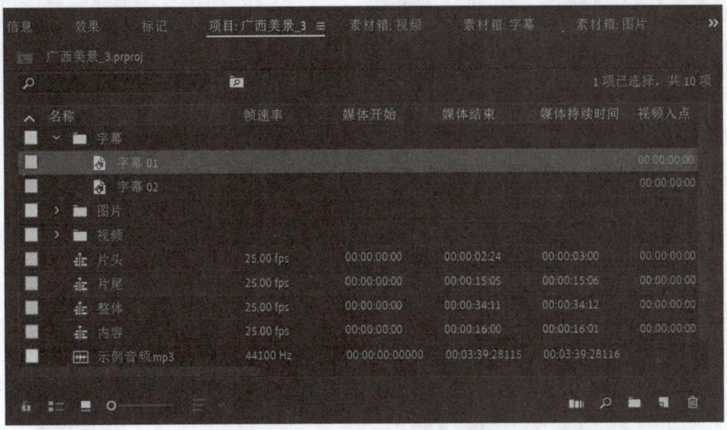

图5-122　创建的字幕剪辑

⑥ 将字幕剪辑添加到“时间轴”窗口的视频轨道中，就可以将字幕添加到视频当中。如果字幕长度不够，可以将鼠标移动至字幕剪辑的后面，在鼠标光标形状改变为▇状态时，按住鼠标左键并向右拖动，延迟字幕剪辑的持续时间到与视频轨道中的视频剪辑结束位置对齐即可，如图 5-123 所示。

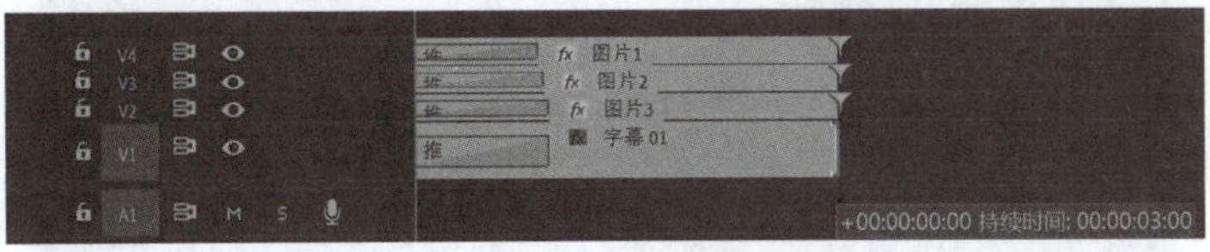

图5-123　延迟剪辑的持续时间

【例 5-5】用 Premiere 制作“毕业典礼 MV”。

① 启动 Premiere，单击菜单栏中的“文件”→“新建”→“项目”命令，在打开的“新建项目”对话框中编辑“名称”为“毕业典礼”，选择合适的存储位置，如图 5-124 所示，然后单击“确定”按钮。

② 按【Ctrl+I】组合键，弹出“导入”对话框，将素材文件夹中的“视频”和“图片”文件夹以及“同桌的你 .mp3”导入“项目”窗口中，如图 5-125 所示。

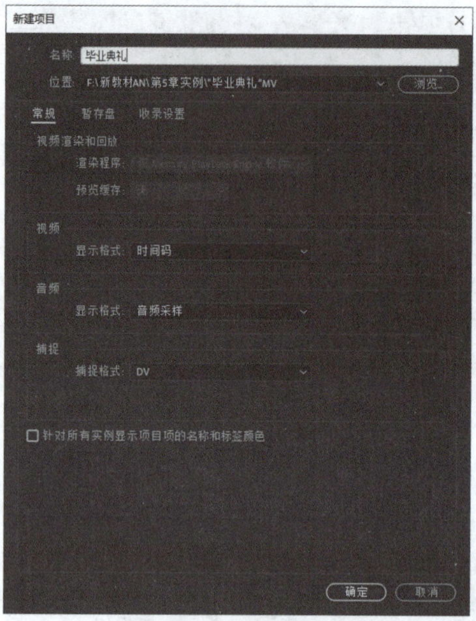

图5-124 新建项目

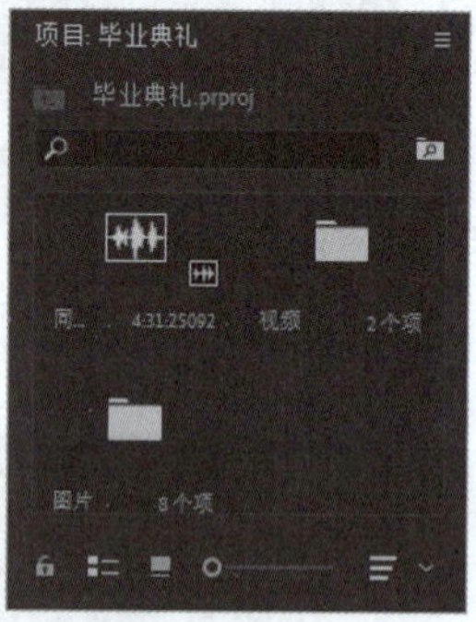

图5-125 导入素材

③按【Ctrl+N】组合键打开“新建序列”对话框，选择“序列预设”→“DV-PAL”→“标准 48kHz”选项，编辑“序列名称”为“片头”其他内容使用默认设置，如图 5-126 所示，然后单击“确定”按钮。

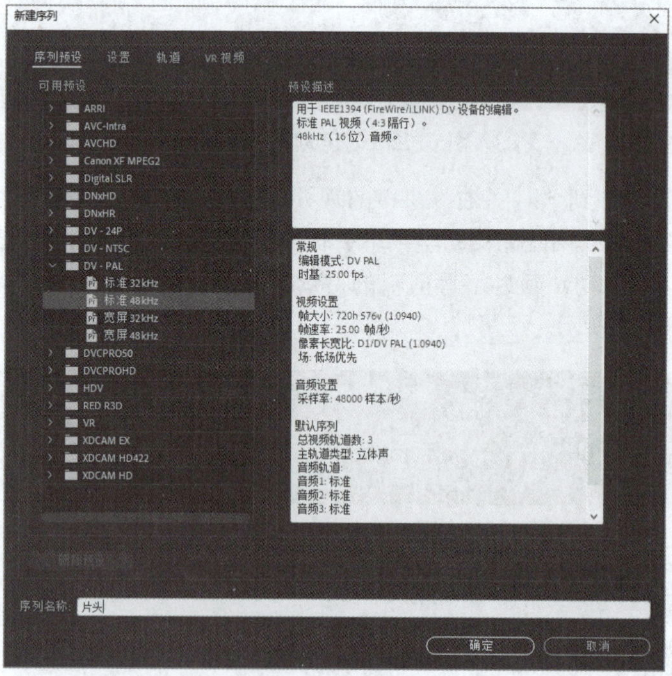

图5-126 新建序列

④素材箱“视频”中的“打开毕业证书 .mp4”拖到“片头”时间轴的 V1 和 A1 轨道的零点处，弹出的弹窗中选择“保持现有设置”，如图 5-127 所示。

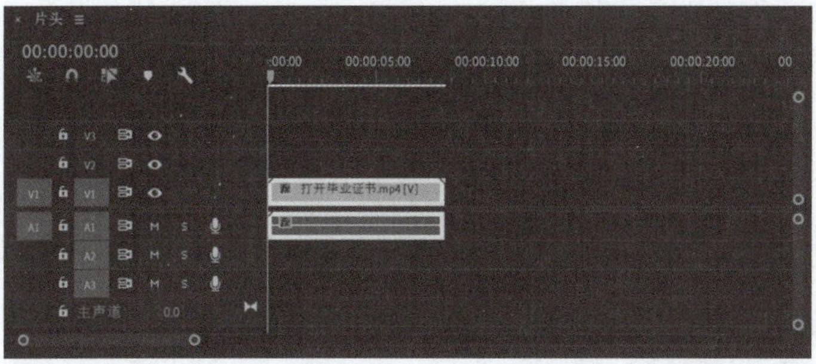

图5-127　拖动视频到时间轴

⑤ 参考步骤③，新建“图片”序列。打开“效果”面板中的“视频过渡”→“3D 运动”文件夹，在“立方体旋转”效果上右击弹出快捷菜单，选择“将所选过渡设置为默认过渡”命令，如图 5-128 所示。

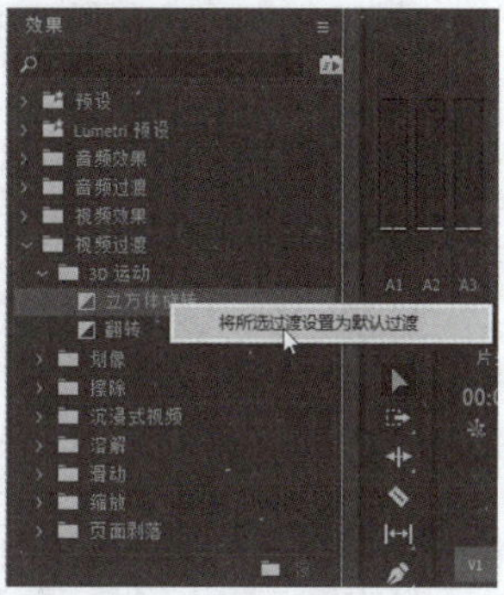

图5-128　将所选过渡设置为默认过渡

⑥ 将“图片”时间轴上的指针置于 00:00:00:00，按住【Ctrl】键，将素材箱“图片”中的图片按照“学校景色 .jpg”→“教室 .jpg”→“手拿学士帽 .jpg”→“合影 1.jpg”→“合影 2.jpg”→“合影 3.jpg”→“合影 4.jpg”→集“体合照 .jpg”的顺序依次选中，单击“项目”窗口下方的“自动匹配序列”按钮，在打开的“序列自动化”对话框中使用默认参数，如图 5-129 所示，然后单击“确定”按钮，即可将这八张图片插入“图片”时间轴的 V1 轨道。

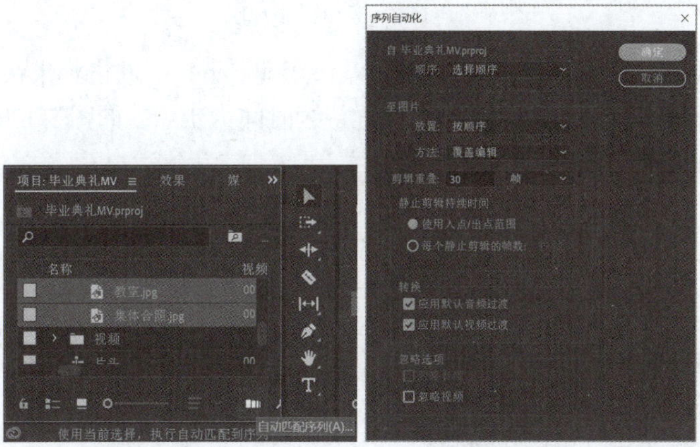

图5-129　将图片自动匹配到轨道

⑦ 在时间轴上选中步骤⑥ 中插入的八张图片，右击弹出快捷菜单，选择“设为帧大小”命令，即可使图片与视频画面大小相匹配，如图 5-130 所示。

⑧ 参考步骤③，新建“视频”序列。在“项目”面板中双击素材“欢庆毕业 .mp4”，将其在“源”监视器窗口打开。将指针移动到 00:00:00:00 处，单击“标记入点”按钮设置入点，同理，在 00:00:08:00 处设置出点。按住“仅拖动视频”按钮，将其拖动至“视频”时间轴 V1 轨道的零点处，如图 5-131 所示。

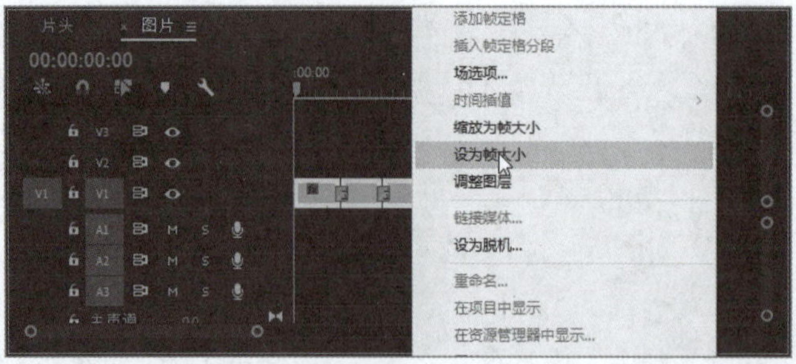

图5-130　设为帧大小

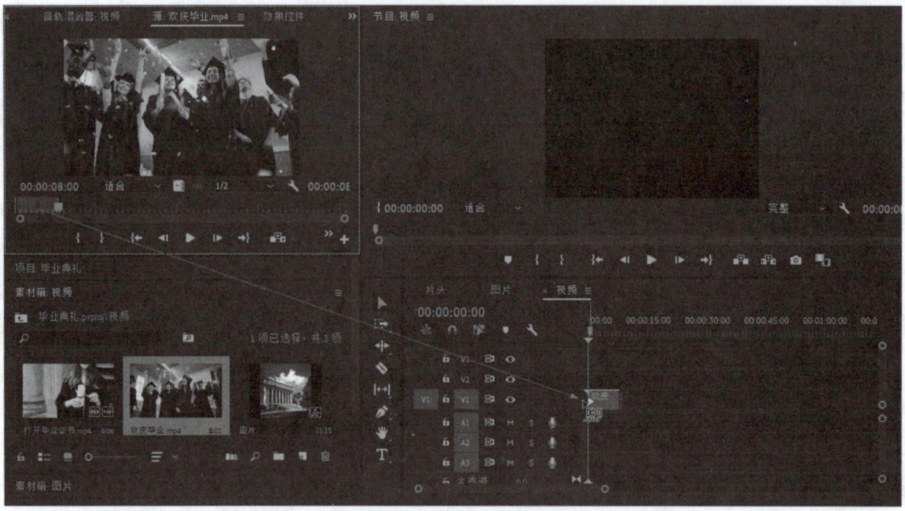

图5-131　拖动视频片段

⑨ 选中“视频”时间轴V1轨道的素材“欢庆毕业.mp4”，右击弹出快捷菜单，选择“速度/持续时间”命令，在弹出的对话框中设置持续时间为10 s，如图5-132所示。

⑩ 在“项目”面板的空白处右击弹出快捷菜单，选择“新建素材箱”命令，如图5-133所示，将其命名为“字幕文件”。

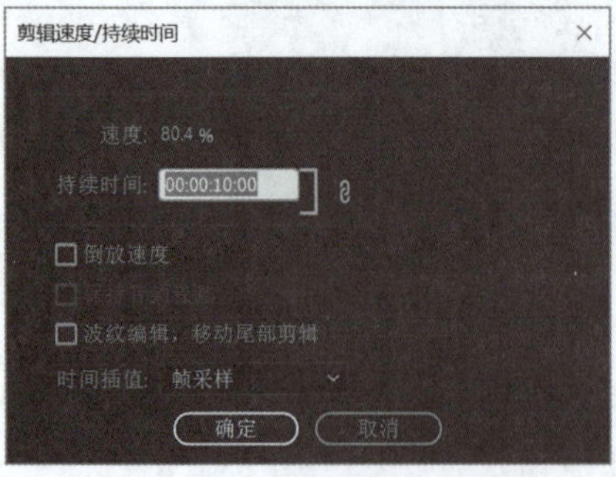

图5-132　设置持续时间

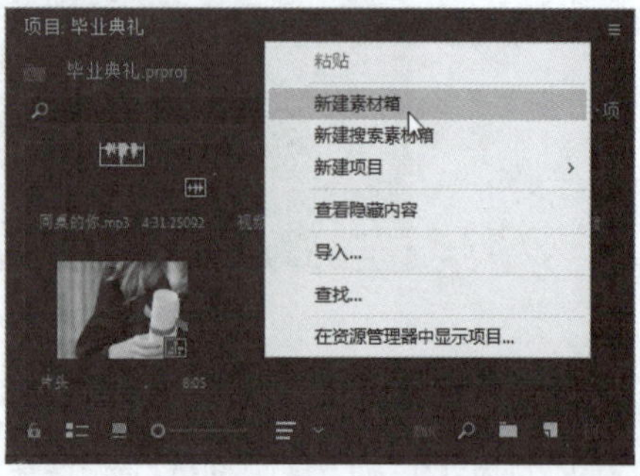

图5-133　新建素材箱

⑪ 选中“字幕文件”素材箱，单击菜单栏“文件”→“新建”→“旧版标题”命令，弹出“新建字幕”对话框，单击“确定”按钮。然后在弹出的对话框中输入文字“毕业快乐”，设置字体为华文行楷，大小为90，分别单击“中心”中的按钮，使字幕位于画面正中间，

在右侧的“旧版标题属性”中勾选“填充”和“阴影”，其中“填充”为“#EEF706”到“C16B03”的径向渐变，其他均为默认设置，如图 5-134 所示。使用同样的方法制作字幕“后会有期”。

图5-134 制作字幕

⑫ 依照步骤 ⑪，新建每个图片文件所对应的字幕文件“一起上过课的教室”“举行了开学典礼和毕业典礼的礼堂”“九月的秋六月的夏”“拿到毕业证那天我们多么欣喜”“聚是一团火散是满天星”，设置字体为华文行楷，大小为 45，将字幕移动到画面右下角，在右侧的“旧版标题属性”中单击选中“填充”和“阴影”，其中“填充”为“白色 #FFFFFF”，其他均为默认设置，如图 5-135 所示。

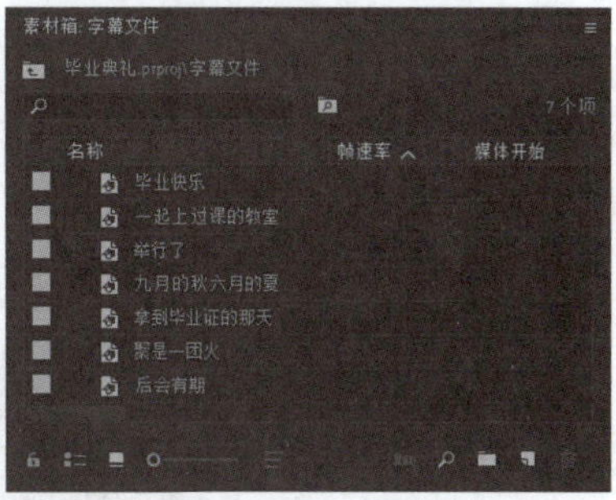

图5-135 字幕文件

⑬ 参考步骤③，新建“作品”序列。将“项目”面板中的“片头”序列、拖到“作品”V1 轨道的零点处，右击弹出快捷菜单，选择“取消链接”命令，然后删除其音频部分；同理。依次将“图片”序列、“视频”序列拖到“作品”的 V1 轨道并删除其音频部分，如图 5-136 所示。

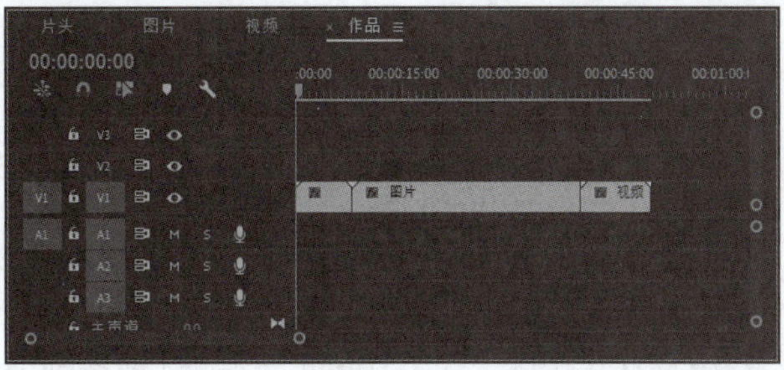

图5-136 “作品”的V1轨道

⑭ 选中“作品”时间轴中的“图片”序列，右击弹出快捷菜单，选择“速度 / 持续时间”

命令，在打开的对话框中设置持续时间为 15 s，然后在其与“视频”序列之间的空白处右击弹出快捷菜单，选择“波纹删除”命令，如图 5-137 所示。

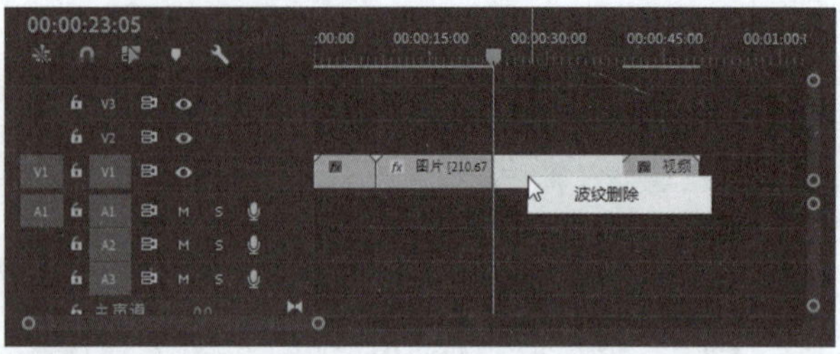

图5-137　波纹删除

⑮ 打开“效果”面板中的“视频过渡”→“溶解”文件夹，将“黑场过渡”效果分别移动到在“作品”时间轴 V1 轨道不同序列的衔接处以及开头、结尾处，如图 5-138 所示。

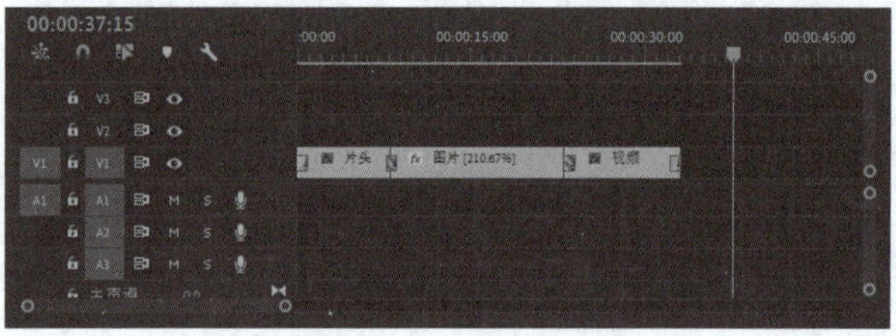

图5-138　黑场过渡

⑯ 将“字幕文件”素材箱中的各字幕文件拖入 V2 轨道，在时间轴上其位置，使之与不同图片或视频素材的入点和出点相对齐，同时，在监视器中双击某个字幕，调整字幕在画面中的位置，如图 5-139 所示。然后在“字幕”的开头和结尾处添加“黑场过渡”效果，在衔接处添加视频过渡效果“渐变擦除”，柔和度为“10”。

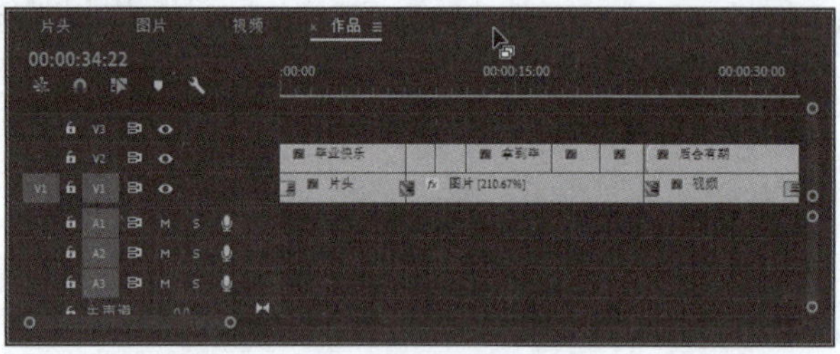

图5-139　添加字幕

⑰ 将项目面板中“同桌的你 .mp3”拖到“作品”时间轴中 A1 轨道的零点处，右击弹出快捷菜单，选择“音频增益”命令，在弹出的“音频增益”窗口中单击选中“将增益设置为”单选按钮，并设为“1.3”db，如图 5-140 所示，单击“确定”按钮。

⑱ 单击“剃刀工具”按钮，将时间轴上超出视频部分的音频分割并删除，使得音频部分和视频部分对齐。然后打开“效果”面板中的“音频效果”→“交叉淡化”，将“恒定功率”效果拖动至音频开头和结尾处，再分别 A1 轨道双击开头和结尾处的“恒定功率”过渡效果，在弹出的“设置过渡持续时间”对话框中设置持续时间为 5 s，如图 5-141 所示，单击“确定”按钮。

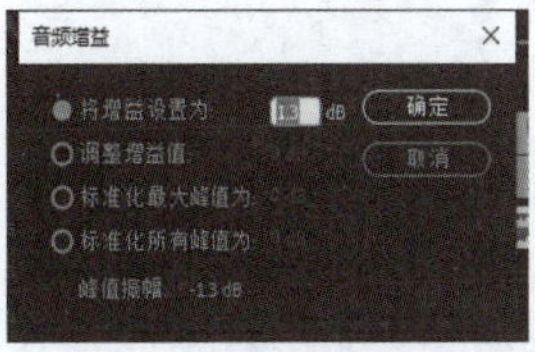

图5-140 “音频增益”对话框

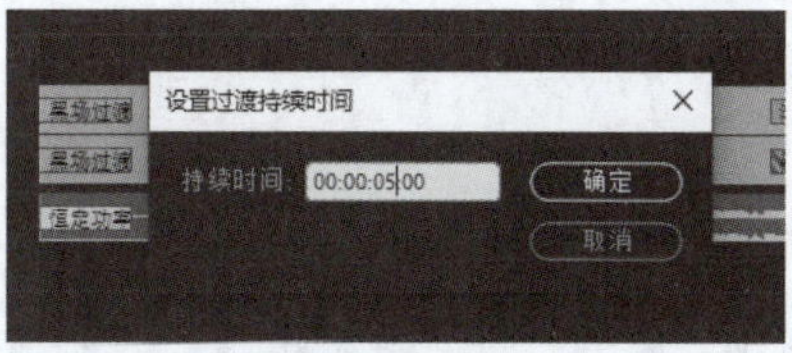

图5-141 设置过渡持续时间

⑲ 按【Ctrl+S】组合键保存项目文件。按【Ctrl+M】组合键导出媒体，在“导出设置”对话框中设置导出的文件格式为 H.264，编辑单击“输出名称”后方的“作品 .mp4”选择输出地址，并更改“文件名”为“毕业典礼 MV”，然后单击“导出”按钮，等待编码即可生成视频作品。

本章小结

Premiere 是 Adobe 公司全新一代的专业的视频编辑软件，件提供了采集、剪辑、调色、字幕添加、输出、DVD 刻录等功能，可以满足用户创建高质量视频作品的要求。本章首先介绍了 Premiere 软件的工作界面，主要包括菜单栏、窗口和面板等。在此基础上，讲解了 Premiere 有关项目文件、序列、轨道以及各种类型素材的相关基础操作，从理论出发结合具体案例操作，系统化地展示了 Premiere 的特色功能，读者可以进一步实际上手进行跟练操作，从而更好地掌握影视剪辑的方法。

第 6 章　网页设计 Dreamweaver

内容提要

◎ 网站和网页基础知识。

◎ HTML 常用标签。

◎ Dreamweaver 的使用。

◎ 利用 CSS 样式美化网页。

◎ 使用 DIV+CSS 布局网页 CSS 浮动。

随着互联网技术的发展，网站已逐渐成为政府、企业、机构和个人对外展示、信息沟通最方便快捷的桥梁。从网络上获取信息或反馈信息都离不开网站和网页。前端开发即网站前台设计工作，指创建 Web 网页或 App 界面等人机交互页面的开发过程。这些千姿百态的页面大都是以 HTML 文件为基础制作出来的。在设计页面布局时，HTML 可将元素进行定义，CSS 可对展示的元素进行定位。DIV+CSS 布局方式可将数据与表现形式分离，既便于维护站点的外观，也使 HTML 文档代码更加简练，缩短浏览器的加载时间，同时使页面对搜索引擎更加友好，给用户带来良好的浏览体验。网页设计工具软件种类较多，本章选择目前比较流行的 Adobe Dreamweaver CC 2018 版本作为入门讲解的对象。

视频

初识网页设计

6.1　初识网页设计

网站按其内容的不同，可以分为企业网站、政府及机构网站、电子商务网站、娱乐游戏网站、个人网站和门户网站等。这些网站给互联网用户提供了一个浏览丰富多彩的信息的平台。

6.1.1　网站和网页基础知识

1. 网站、网页

一个网站通常由多个网页页面（webpage）组成，并通过站内链接把这些网页页面有机结合起来，构成一个内容完整、资源丰富的网站。一个网页就是一个文件，网页要通过浏览器来阅读。网页是构成网站的基本元素。网页经由网址（URL）来识别与存取。当用户在浏览器中输入网址后，经过域名系统的解析，网页文件会被传送到用户的计算机，然后再通过浏览器解释网页的内容，显示到用户屏幕上。通常人们看到的网页可能是以“.html”或“.htm”为扩展名的静态页面，也可能是其他类型的动态页面，如 CGI、ASP、PHP 和 JSP 文件等。主页的名称是特定的，一般为 index.htm、index.html、default.htm、default.

html、default.asp、index.asp 和 index.jsp 等。

（1）静态网页

静态网页通常指纯粹 HTML 格式的网页，没有后台数据库的支持。静态网页将文本、图像、声音、视频和动画等嵌在 HTML 标签中形成网页文件。图 6-1 所示是一个静态网页，网页文件名为 2001.htm。静态网页若不修改更新，网页内容将保持不变，不能实现 Web 服务器与后台数据库服务器之间的信息交互。静态网页常见的扩展名有“.htm”、“.html”、“.shtml”和“.xml”等。

（2）动态网页

动态网页与网页上的各种 GIF 格式的动画、Flash 动画、滚动字幕等视觉上的“动态效果”没有直接关系，动态网页内含程序语言代码，通过 Web 服务器与后台数据库服务器之间的交互，由后台数据库服务器提供实时数据更新和数据查询服务，然后在客户端的浏览器中通过用户的请求返回包含相应内容的网页。图 6-2 所示是一个动态网页，需要用户在客户端输入检索条件，后台服务器首先根据用户的检索条件进行数据查询，然后将查询到的结果以网页的形式在客户端显示，查询的结果是动态的。动态网页的扩展名一般根据的程序设计语言的不同而不同，常见的扩展名有“.asp”、“.aspx”、“.php”、“.jsp”、“.perl”和“cgi”等。

图6-1　静态网页

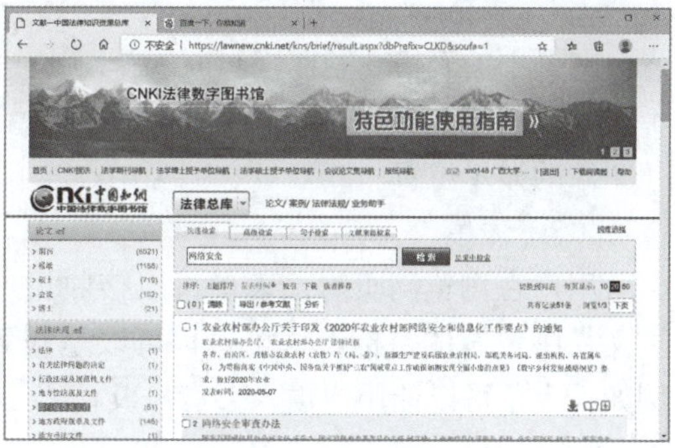

图6-2　动态网页

2. 网页中的常用元素

（1）文字

文字是网页中最常见的元素，是向用户传达信息的媒介。网页中文字的运用必须精心设计，并充分发挥它们的微妙个性，使它为整体服务。

（2）图片

在网页中使用的图片一般是 GIF、JPEG 和 PNG 等压缩格式的图片。JPEG 格式的图片对色彩的信息保留较好；GIF 格式图片的特点是支持透明色、压缩比高，在压缩过程中不会丢失像素资料，最多只能存储 256 色；PNG 格式支持索引颜色、灰度和真彩色，且支持透明的 Alpha 通道。

（3）动画

目前 Internet 上比较常用的动画展示方式有动态 GIF、Java 和 Flash 等，其中动态 GIF、Java 适宜做一些比较简单的动画效果。GIF 动画文件使用了无损数据压缩方法中压缩率较高的 LZW 算法，文件尺寸相对较小，Internet 上采用的彩色动画文件大多为 GIF 动画文件。

（4）音乐

有的网站中设计了背景音乐，这能让访问者有特别的音效感受。网页背景音乐通常使用MIDI、MP3、WAV格式的音乐，其中MIDI音乐的优点是体积小、使用广泛，缺点是音色单调、效果较差；MP3音乐虽然音质较好，但文件体积较大；而WAV音乐比MP3音乐的文件体积还要庞大。一般尽量不要使用声音文件作为背景音乐，那样会影响网页的下载速度。可以在网页中添加一个打开背景音乐的超链接，让用户自行选择是否需要播放背景音乐。

（5）视频

目前网上视频播放的效果虽然有时还不尽如人意，但随着网络带宽的增加和网速的提高，以及多媒体技术的发展，其发展前景十分看好。当前，网上音视频广播采用的几乎都是流媒体技术，流媒体技术能自动根据网络的速度传输相应图像声音，使音视频播放时断时续的问题得以解决。

（6）超链接

WWW能流行起来的最主要的原因是超链接技术。超链接是从一个网页指向另一个目标的链接：例如，可以指向另一个网页或同一网页的不同位置，也可以指向一幅图片、一个文件、一个程序、一个电子邮件地址等。

（7）表格

网页中的表格在制作网页时，除了用来罗列数据，有时也用来控制显示信息的位置布局。不仅可以使用表格精确定位各种网页信息，还可以使用表格行和列的属性来设计网页文字和图像的显示位置。

（8）表单

用户在浏览网页时，表单可以接收用户在浏览器端的输入信息，然后将信息发送到网页文件中设置的目标。这个目标可以是服务器端的应用程序、电子邮件、文本和网页等。例如，表单可以让用户输入会员号及密码、填写反馈意见及评价等。

3. 网站主页

网站的主页（homepage）是网站的起点，是访问网站所看到的第一个页面。一个网站的主页只有一个，而网页则可能成千上万。图6-3所示是百度网站的主页。当访问一个网站域名时，由于服务器的设置，实际上访问的是这个域名所在目录下的主页文件。

图6-3　百度网站的主页

4. 常见网页制作软件

随着网络技术的高速发展，网页制作的方法越来越多。在进行网页制作时，如果综合运用好各种网页制作软件，就可以制作出丰富多彩且精美的网页。目前较常见的网页制作软件有Dreamweaver、Sublime、Hbuilder、WebStorm和Atom等。

（1）Adobe Dreamweaver

Adobe Dreamweaver是Adobe公司推出的功能强大的网页设计与制作软件，而且用户最多、应用最广。Dreamweaver用于网页的整体布局、设计和制作、创建和管理网站，可以可视化地制作出充满动感的网页。

（2）Sublime

Sublime 体积小，运行速度快，具有漂亮的用户界面，功能强大，支持编译功能，且可在控制台看到输出。内嵌 Python 解释器，支持插件开发以达到可扩展目的，支持 Windows、Linux、Mac OS 等操作系统，是目前主流的前端开发工具。

（3）Hbuilder

Hbuilder 是一款支持 HTML5 的 Web 开发 IDE，速度快，通过完整的语法提示和代码输入法、代码块等，大幅提升 HTML、JS、CSS 的开发效率。

（4）WebStorm

WebStorm 功能强大，为 JS（JavaScript）开发做了很多优化，被许多 JS 开发者誉为“Web 前端开发神器”、“最强大的 HTML5 编辑器”和“最智慧的 JS IDE”等，适合用来做项目，但占用内存大。

（5）Atom

Atom 是一款开源的、跨平台的代码编辑器，具有简洁和直观的图形用户界面，丰富的插件几乎能满足所有 Web 开发需求，支持 CSS、HTML 和 JavaScript 等编程语言。缺点是打开大文件的速度很慢。

小知识

集成开发环境（integrated development environment, IDE）是用于提供程序开发环境的应用程序，一般包括代码编辑器、编译器、调试器和图形用户界面等工具。例如微软的 Visual Studio 系列、Borland 的 C++ Builder 和 Delphi 系列等，此处的 IDE 是指多被用于开发 HTML 的应用软件。

6.1.2 网站设计的原则

Internet 上的网站浩如烟海，要让人们从中选择并访问自己的站点，就不是那么简单了，因为鼠标和键盘永远掌握在上网者手中。设计者要想设计出达到预期效果的站点和网页，需要对用户需求有深刻的理解，并对人们上网时的心理进行分析和研究。以下是规划网站时应该注意的一些问题。

1. 符合人们的阅读习惯

网页文字的字号不宜设得太小，也不能太大。文本最好左对齐，而不是居中。标题一般居中，这样符合读者的阅读习惯。注意不要使背景的颜色冲淡了文字的视觉效果，一般来说，浅色背景配深色文字为佳，深色背景配浅色文字为宜。遵循网页配色的基本原则，熟练地运用色彩搭配，做出的网页应和谐得体，令人赏心悦目。

2. 网站导航要清晰

所有的超链接应清晰且无误地标识出来，而且所有导航性质的设置，比如图像按钮等，也要清晰地标识出来，这样才能让用户看得明白。

清晰的导航还要求：读者进入目的网页的点击次数最好不要超过 3 次。如果 3 次以上还找不到，会导致读者失去耐心。

3. 网页风格要统一

网页上所有的图像、文字，包括图像背景颜色、区分线、字体、标题、注脚等，都要统一风格，贯穿全站，这样读者浏览时会感觉自然、舒适，并留下一个“很专业”的印象。

4. 动静要搭配合适

网页中可以嵌入 Flash、Gif 等动画或者 JavaScript 效果。这些东西单独看起来效果都很好，但太多了会让浏览者眼花缭乱、找不到网页内容的重点，而且还会影响到网站的浏览速度，最终失去了浏览网站的兴趣。所以，制作网页动态的部分，不宜过多，达到画龙点睛的效果就可以了。

5. 新内容要突出

网站中应专门开辟一块区域显示更新的内容，也可以用不同的颜色或者小动画之类的图片突出显示更新内容，这样就能一眼看到网站是否有更新、更新了哪些内容，不必花费时间“寻找”，使网站具有亲和力。

6.1.3 Dreamweaver 的工作界面

视频

Dreamweaver 的工作界面

Adobe Dreamweaver 简称“DW”，是 Adobe 公司出品的一款可视化网页编辑器，它采用多种先进技术，能够快速高效地创建极具表现力和动态效果的网页，而且可以生成精练、高效的 HTML 源代码，这也是多数专业网页制作者的希望和要求。

启动 Dreamweaver CC 2018，新建或打开一个网页文件后，将看到图 6-4 所示的工作界面，它由以下几个部分组成：菜单栏、文档工具栏、标准工具栏、通用工具栏、文档窗、代码窗、标签选择器、属性面板和面板组。这些是直接进行文字、图像、表格和 Div 标签等元素排版布局的主要工作场所。

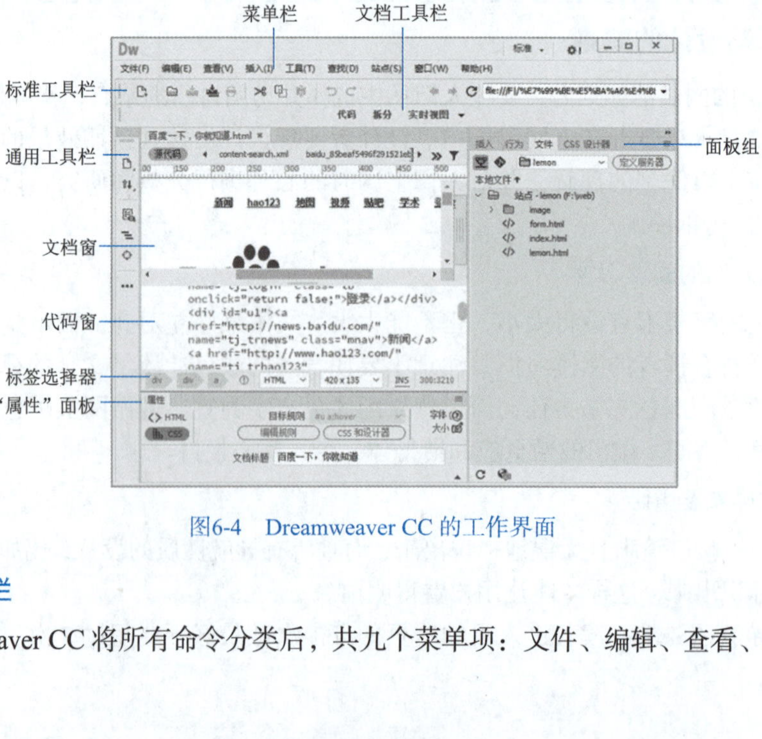

图6-4 Dreamweaver CC 的工作界面

1. 菜单栏

Dreamweaver CC 将所有命令分类后，共九个菜单项：文件、编辑、查看、插入、工具、查找、站点、窗口和帮助。单击下拉菜单项，可以完成大部分 Dreamweaver CC 的网页编辑处理功能。

2. 文档工具栏

文档工具栏中的按钮方便用户在文档的各种视图之间进行切换，查看当前文档的内容、设计效果及网页的 HTML 源代码，如图 6-5 所示。

（a）拆分实时视图 （b）拆分设计视图

图6-5 文档工具栏

代码：显示"代码"视图，单击此按钮，文档窗切换为"代码"视图，仅显示和修改本网页的 HTML 源代码。

拆分：在这种视图状态下，网页文档窗一分为二，上半部分是"实时视图"/"设计"视图，下半部分是"代码"视图。这种视图的优点是在修改源代码的同时可以动态地看到网页修改的效果。

实时视图：显示"实时视图"，是默认的视图方式。在文档窗中模拟用浏览器浏览网页的效果。单击"实时视图"旁的三角形按钮▾，选择"设计"，则返回"设计"视图。

设计：显示"设计"视图，以可视化的方式在文档窗编辑网页，同时显示网页的设计、排版效果。

3. 标准工具栏

标准工具栏为用户提供常用的网页编辑功能，如"新建"、"打开"、"保存"、"全部保存"、"打印代码"、"剪切"、"拷贝"、"粘贴"、"还原"及"重做"等。

4. 通用工具栏

通用工具栏为用户提供常用的网页文件管理功能，如"打开文档"、"文件管理"、"实时视图选项"、"显示 / 隐藏可视媒体查询栏"、"打开实时视图和检查模式"及"自定义工具栏"等。

5. 文档窗和代码窗

网页文档窗和代码窗是网页设计的主窗，可以用来显示、设计和编辑各式各样的网页文档，进行 HTML 源代码的编辑工作。在 Dreamweaver CC 中允许同时打开多个文档窗和代码窗进行编辑。

6. 标签选择器

标签选择器位于主窗口底部的状态栏中，如图 6-6 所示，它显示环绕当前选定内容的标签层次结构。单击该层次结构中的标签可以选择该标签及其全部内容。

图6-6 标签选择器

7. “属性”面板

利用“属性”面板可以设置和修改对象的属性，“属性”面板会根据插入对象的不同随时变化，例如“图像”和“表格”所对应显示的属性就不一样。单击“属性”面板右下角的小三角▲，就可以根据需要缩小或展开“属性”面板，如图 6-7 所示。

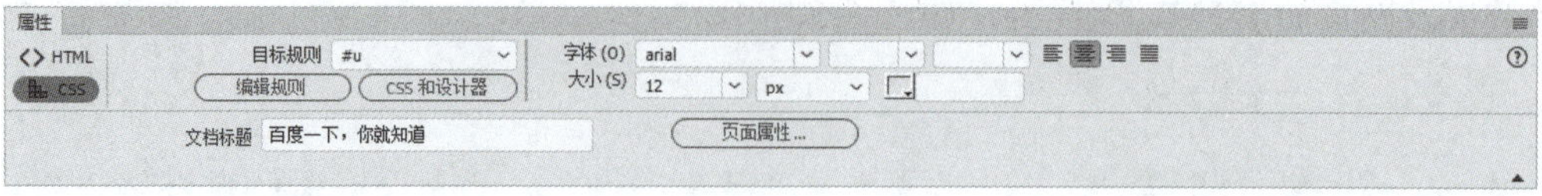

图6-7 “属性”面板

8. “文件”面板

“文件”面板主要功能就是管理网站，是 Dreamweaver CC 中最重要的窗口。“文件”面板很像 Windows 中的资源管理器，一方面具有管理本地站点的能力，包括建立、复制、重命名文件或文件夹、管理本地站点结构等操作；另一方面，它还可以管理远端站点，包括文件上传和文件更新等。在站点管理器中无论移动、复制任何文件，如果涉及超链接，系统都会自动更新。

9. 其他面板

除了“属性”面板之外，Dreamweaver CC 还有一些未打开的面板。打开“窗口”菜单，如图 6-8 所示，可根据需要选择显示或隐藏面板。在这些面板中包含了 Dreamweaver CC 大部分的功能，常用的面板包括“文件”面板、“插入”面板、“资源”面板、“CSS 设计器”面板、“CSS 过滤效果”面板和“行为”面板，如图 6-9 所示。

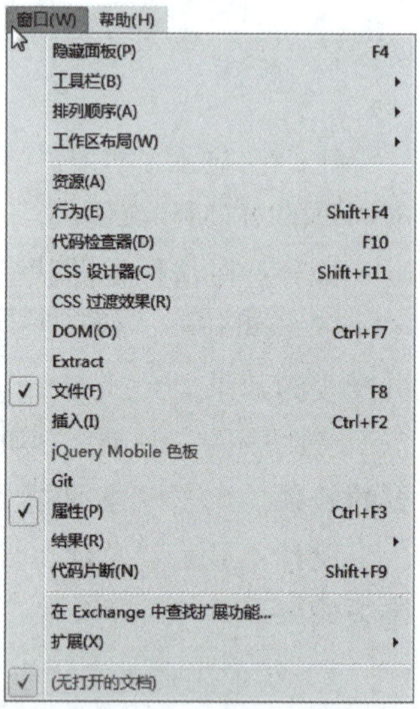

图6-8 “窗口”菜单

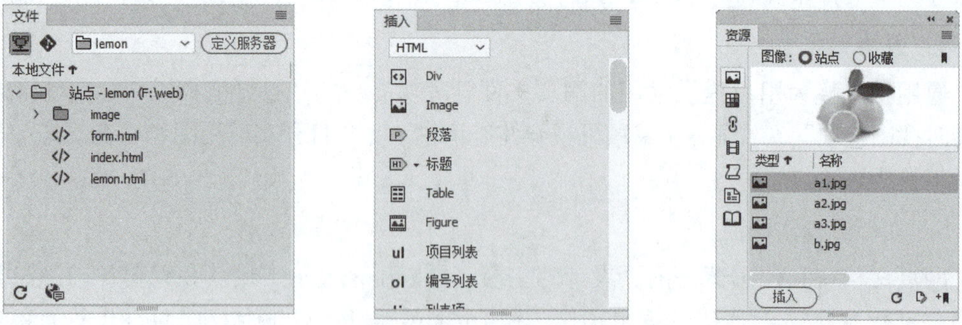

（a）“文件”面板　（b）“插入”面板　（c）“资源”面板

图6-9 各种面板

视频

HTML 初体验

6.1.4 HTML 初体验

HTML 的全称是 hypertext markup language，中文名称是超文本标签语言。它是在普通文本文件的基础上，加上一系列标签来描述文本文件的格式、颜色，再配上图像、声音、动画和视频等，经过浏览器解释后形成精彩的网页画面。用 HTML 编写的纯文本文档称为 HTML 文档，它能独立于各操作系统平台。HTML 文件的扩展名是 .html 或 .htm，采用标准 ASCII 文件结构存储。本节介绍的 HTML 版本是 HTML5，HTML5 较之前的版本移植更为简单；提高了可用性和改进用户的友好体验；增加了几个新的标签，有助于开发人员定义重要的内容；可以给站点带来更多的多媒体元素（视频和音频）；可以很好地替代 Flash 和 Silverlight。现在 HTML5 的应用已经相当广泛，未来移动互联网都需要用到 HTML5 开发应用。

1. 体验用 HTML 语言编写的网页

HTML 文档是由 HTML 元素组成的文本文件，HTML 元素由 HTML 标签组成，既简单又方便，它通常使用 < 标签名 ></ 标签名 > 的格式来表示标签的开始和结束，例如 <body>...</body>，在开始和结束标签之间的文本是元素内容。HTML 标签不区分大小写字母。例如 <HR> 和 <hr> 作用是一样的。可以使用记事本、Dreamweaver 等编辑工具来编写 HTML 文件。

【例 6-1】用 Dreamweaver CC 编辑一个网页，在文本区中显示“Hello,HTML5! So easy!”字样。观察 HTML 源代码构成。

① 在 Dreamweaver CC 中依次单击菜单栏“文件”→“新建”命令，在弹出的“新建文档”对话框的文档类型中选择“</>HTML”，并在“标题”中输入网页标题“hello！”，此时的文档类型默认为 HTML5，单击“创建”按钮，如图 6-10 所示。

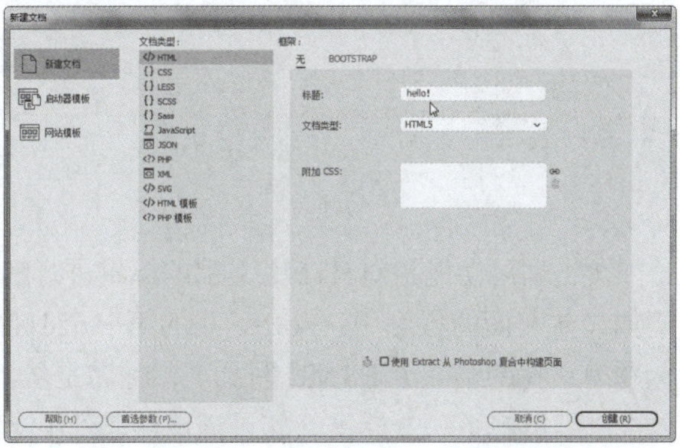

图6-10　“新建文档”对话框

② 单击“创建”按钮后，将建立一个空白网页文件，单击“文件”→“保存”命令，保存为 index.html 文档。在文档窗口中输入相关文字“Hello, HTML5! So easy!”，在“文档”工具栏中选择“设计”和“拆分”，观察自动生成的代码，如图 6-11 所示。

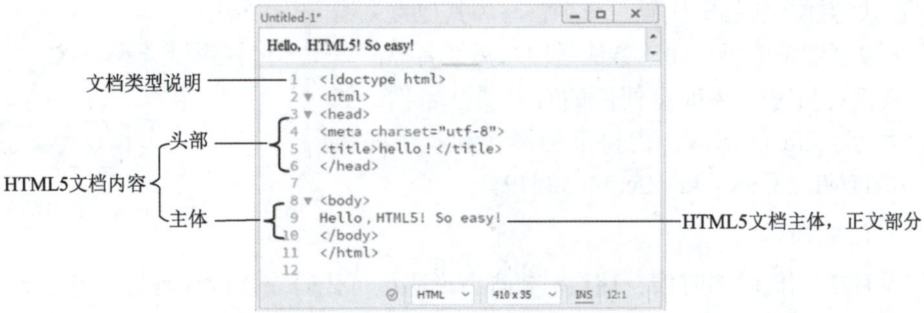

图6-11　HTML5源代码

每个标准的 HTML 文档都应当从一个文档类型说明开始，如 <!doctype html>。HTML 文档内容全部包含在 <html> 与 </html> 标签对之间，<html></html> 标签在最外层，表示 HTML 文档从 <html> 开始，到 </html> 结束。HTML 主要由头部和主体两部分组成，<head>…</head> 区段，称为头部，<body>…</body> 区段，称为主体。在 <head></head> 标签对之间可包含标题标签 <title></title>、脚本标签 <script></script> 等。<body> 标签是文档主体部分开始的第一个标签，<body></body> 标签对内可包含许多其他标签。

2. HTML 语言的基本语法与格式

视频
HTML
基础语法

大部分 HTML 标签都具有起始和结束标签，放在它所描述的内容两边，结束标签前要加“/”。当然也有不成对的单独标签，需要说明的是，在早期的 XHTML 版本中，对于单独的标签，必须在后面加上空格和“/”进行关闭，但这个规定在 HTML5 版本中并不严格要求。

以下是常见的三种 HTML 语法格式：

①< 标签名 > 文本 </ 标签名 >。

例如：

```
<title> 我的第一个 HTML 网页 </title>
```

②< 标签名 属性名＝ " 属性值 "> 文本 </ 标签名 >。

例如：

```
<body bgcolor="red"> 本网页采用红色背景 </body>
```

③< 标签名 >。

例如：

```
第一行文字
<br>
第二行文字
```

浏览器的功能是对HTML文档的标签进行解释，显示出文字、图像、动画以及播放声音等。例如，在上面的程序中：<title> 我的第一个 HTML 网页 </title>，就是告诉浏览器本网页的标题为“我的第一个 HTML 网页”，标题是从 <title> 开始到 </title> 结束，解释结束后浏览器会继续解释下一个标签，如果浏览器遇到不支持的某个标签，通常只是把它忽略掉。

3. Dreamweaver 的代码提示功能

在使用 Dreamweaver 编码时，利用智能代码提示功能可以快速插入和编辑代码，减少拼写和其他常见错误，最大限度缩短编码时间。方法是输入标签名称，然后按空格键即可显示目前可使用的有效属性名称，如图 6-12 所示。Dreamweaver 支持下列语言和技术的代码提示：HTML、CSS、JavaScript 、PHP。

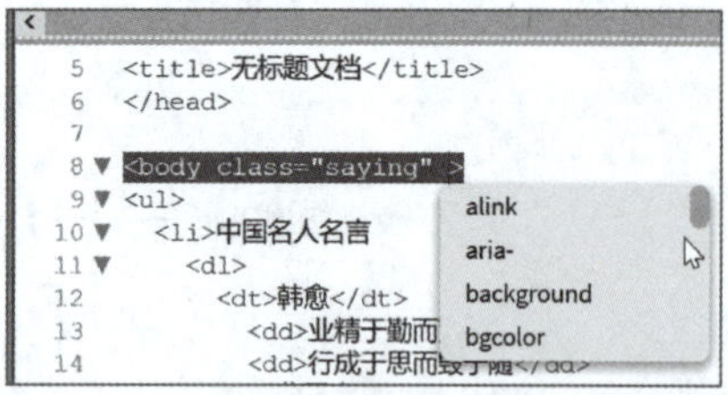

图6-12 Dreamweaver的代码提示功能

4. HTML 注释

在写 HTML 代码的时候，往往需要进行说明该行代码或该段代码是用来做什么的。这个时候就需要用到 HTML 注释标签了。注释的内容将不在浏览器中显示。HTML 注释标签只有一个，单行和多行都是使用同一个标签来注释。语法如下：

```
<!-- 这是单行注释 -->
<!--
    这是多行注释
    这是多行注释
    这是多行注释
-->
```

在后面的学习中会接触到该功能，这里不做展示。

视频

建立一个站点

6.1.5　建立一个站点

每个网站在制作网页之前都需要创建站点，将相关的网页文件、图像文件和 CSS 样式等分别放在各自类别的文件夹中，以便于站点统一进行管理和维护。

要建立一个网站，一般先在本机上做好站点，然后再传到网上的服务器空间里。建立站点的主要步骤为：在本地磁盘新建一个文件夹→在 Dreamweaver CC 中把文件夹定义成站点→在站点内添加网页→编辑网页→测试、上传网站。

> **小知识**
>
> 在 Dreamweaver CC 中建立站点时，建议所有的文件及文件夹名称均使用半角英文字母。如果使用汉字字符，可能出现不兼容的情况，导致创建的网页不能正确显示。

【例 6–2】在本机上创建一个站点 lemon，仅包含一个空网页 index.html。

① 在本机硬盘（这里选择 F 盘）中新建一个文件夹 web。在文件夹 web 下新建一个子文件夹 image，把本书配套的图像素材文件复制到 image 文件夹中。

② 启动 Dreamweaver CC，单击菜单栏“站点”→“新建站点”命令，弹出“站点设置对象”对话框，在“站点名称”中输入站点的名称“lemon”，单击“本地站点文件夹”右边“浏览文件夹”按钮，弹出“选择根文件夹”窗口，选择存放的位置 F:\web，如图 6-13 所示。单击“保存”按钮，完成 lemon 站点的创建。

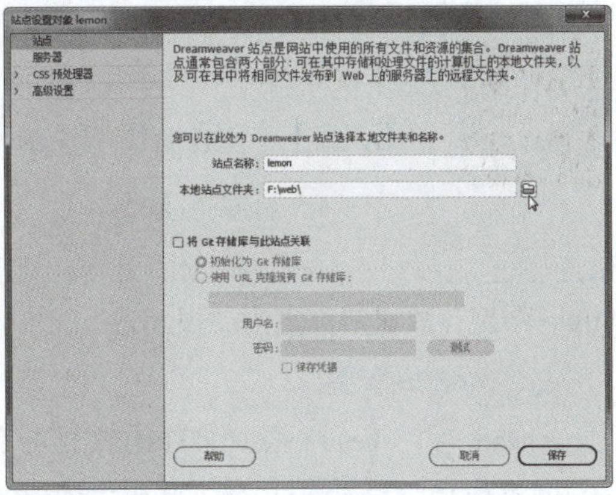

图6-13　“站点设置对象”对话框

③ 在“文件”面板中出现建立好的站点列表，如图 6-14 所示。在“文件”面板的“站点 -lemon（F:\web）”站点上右击，在弹出的快捷菜单中选择“新建文件”命令，给新建的文件输入名称“index.html”后按【Enter】键，第一个空网页（主页）就建好了，双击打开即可编辑，如图 6-15 所示。在该图所示的代码窗中，显示的是制作空白网页的 HTML 代码，这就是 lemon 网站的主页文件 index.html。

图6-14　在站点中新建网页

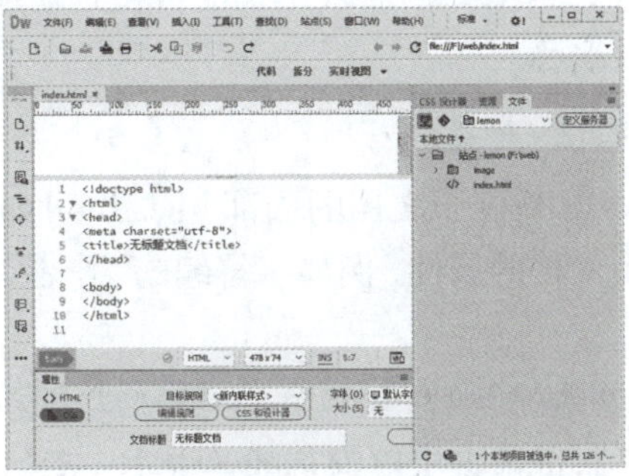

图6-15　第一个空网页

同类型的文件，最好放在一个文件夹中，例如把图片文件都放在 image 文件夹中。把同一栏目的所有文件放在一个文件夹中，在链接网页和维护时会很方便。

可以在本机上建立和管理多个站点：在“文件”面板中的站名“lemon”的右边单击按钮 ⌄，在弹出的下拉列表中选择“管理站点”命令（或单击菜单栏“站点”→“管理站点”命令），在弹出的图 6-16 所示的“管理站点”对话框中可以对站点进行新建站点和其他的站点编辑管理操作。

“管理站点”对话框中各按钮功能如下：

- 按钮 ━ 表示删除当前选定的站点。
- 按钮 ✎ 表示编辑当前选定的站点。
- 按钮 ⧉ 表示复制当前选定的站点。
- 按钮 ⇨ 表示导出当前选定的站点。

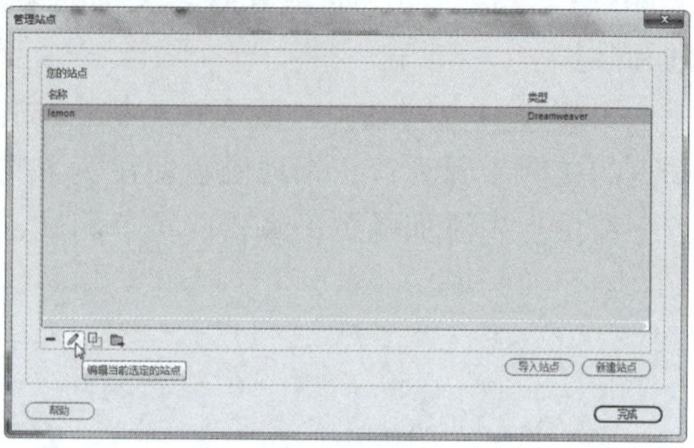

图6-16　“管理站点”对话框

6.2　HTML 语言的常用标签

视频

HTML 常见标签 1

HTML 语言作为一种标识性的语言，是由一些特定符号和语法组成的，十分容易理解和掌握。下面介绍常见的 HTML 语言标签。

6.2.1　<html><head><title><meta><body> 标签

1. <html> 标签

一个 HTML 文档，无论简单还是复杂，都是以 <html> 开头，以 </html> 结尾，故通常称之为“根元素”。

2. <head> 标签

<head> 和 </head> 构成 HTML 文档的头部，在此标签对之间可以使用 <title></title>、<script></script> 等标签元素，常用于描述网页的标题以及设置对整个网页的总体风格（如字体等）的默认定义等。

3. <title> 标签

<title> 标签是 <head> 标签的子标签，用于定义文档的标题。如：

```
<title> 学院网站 </title>
```

浏览器会以特殊的方式来使用标题，并且通常把它放置在浏览器窗口的标题栏或状态栏上。同样，当把文档加入用户的链接列表或者收藏夹或书签列表时，标题将成为该文档链接的默认名称。

4. <meta> 标签

<meta> 标签位于文档的头部 <head></head> 标签内，不包含任何内容。用来描述一个 HTML 网页文档的属性，例如字符编码、作者、日期和时间、网页描述、关键词、页面刷新等。例如：

```
<meta name="keywords" content=" 大学，教育，文化，科研 ">
```

可用来告诉搜索引擎网页的关键字，类似这样的定义可能对于进入搜索引擎有帮助。

5. <body> 标签

<body>…</body> 是 HTML 文档的主体部分，在此标签对之间可包含 <p>…</p>、<h1>…</h1>、
 等众多的标签，它们所定义的文本、图像等将会在浏览器的框内显示出来。

6.2.2 <link> <base><script> <style> 标签

1. <link> 标签

<link> 标签显示本文档和其他文档之间的链接关系。一个最常见的应用就是 CSS 外部串联样式表的定位。例如：

```
<link rel="stylesheet" type="text/css" href="style.css">
```

rel 参数说明两个文档之间的关系，type 参数说明目标文档的类型，href 参数说明目标文档名。

2. <base> 标签

<base> 标签用于为页面上所有链接规定默认地址或默认目标。例如：

```
<base href="http://www.gxu.edu.cn/" target="_blank">
```

href 指定文档中所有链接的基准 URL 地址。在这里指定 href 的属性，所有的相对路径的前面都会加上 href 属性中的值。target 指定文档中所有链接的默认打开窗口的方式。

3. <script> 标签

<script> 标签用来在页面中加入脚本程序。语法格式如下：

```
<script language="JavaScript">…</script>
```

在 language 中一定要指定脚本语言的种类。如 JavaScript、VBScript 等。

4. <style> 标签

在 <head> 中可以含有任意数量的 <style> 标签。该标签用于在文档中嵌入样式表单。例如:

```
<head>
  …
  <style type="text/css">
    hr {color: sienna}
    p {margin-left: 20px}
    body {background-image:url("images/back40.gif")}
  </style>
  …
</head>
```

6.2.3 <a><p>
<hr><hn> 标签

1. <a> 标签

利用 <a> 标签可以指定链接，在起始标签 <a> 和结束标签 </a> 之间的文本或图像组成链接的内容，用户通过在浏览器中单击它们触发超链接。

例如：

```
<a href="http://www.baidu.com/"> 请到百度搜索 </a>
```

例如：

```
<a href="mailto:abc123@163.com"> 请联系我们 </a>
```

例如：

```
<a href="http://www.baidu.com /"><img src="a.jpg"></a>
```

2. <p> 标签

在编写 HTML 文档时，段落的表示方法是在 <p>…</p> 标签对之间加入的文本将按照段落的格式显示在浏览器上。

3.
 标签

 标签是一个空标签，不需要起始标签和结束标签，主要用于换行或输入一个空行，而不是用来分割段落。

4. <hr> 标签

<hr> 标签也是一个空标签，不需要起始标签和结束标签。使用 <hr> 标签可在 HTML 文档中加入一条水平线，通常用于分隔页面的不同部分。

5. <hn> 标签

HTML 语言提供了一系列对文本中的标题进行操作的标签对：<h1></h1> ～ <h6></h6>，即一共有六对标题的标签对。标题字体是一种比正文大一些的粗体文字。<h1></h1> 是最大的标题，而 <h6></h6> 则是最小的标题。

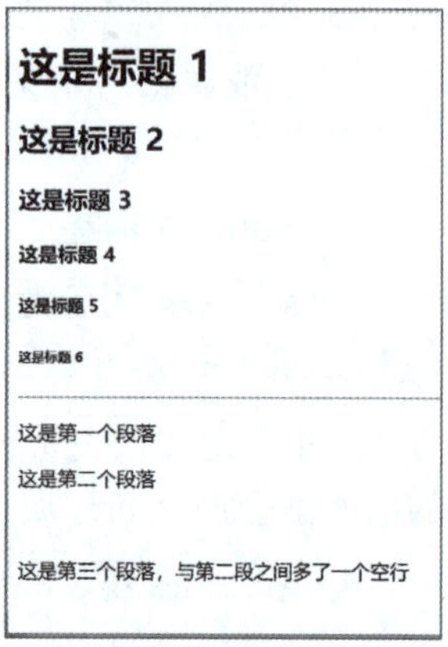

图6-17　网页效果图

【例 6-3】实现图 6-17 所示网页效果的 HTML 代码。

```
<body>
<h1> 这是标题 1</h1>
<h2> 这是标题 2</h2>
<h3> 这是标题 3</h3>
<h4> 这是标题 4</h4>
<h5> 这是标题 5</h5>
<h6> 这是标题 6</h6>
<hr>                          <!-- 此处添加一条水平线 -->
<p> 这是第一个段落 </p><p> 这是第二个段落 </p>
<br>
<p> 这是第三个段落，与第二段之间多了一个空行 </p>
</body>
```

6.2.4　<ol><li><ul><dl><dt><dd> 标签

1. 有序列表

排序列表中，每个列表项前标有数字，表示顺序。它以 <ol> 标签表示排序列表开始，以 <li>…</li> 标签对罗列列表项，最后以 </ol> 标签表示列表结束，如图 6-18 所示。

2. 无序列表

无序列表不用数字标识每个列表项，而采用某个项目符号，如圆黑点。它以 <ul> 标签表示无序列表开始，以 <li>…</li> 标签对罗列列表项，最后以 </ul> 标签表示列表结束，如图 6-19 所示。

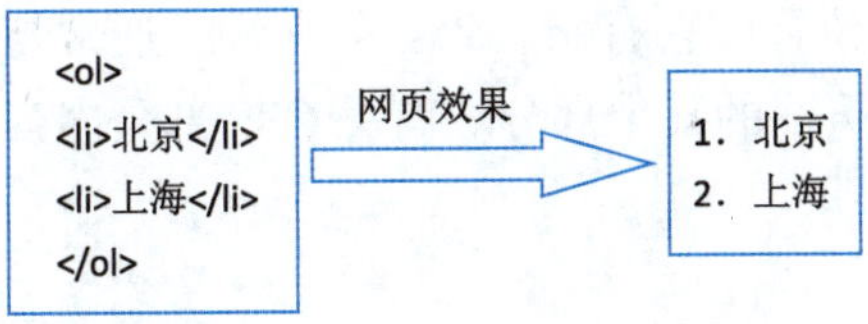

图6-18 有序列表示例图

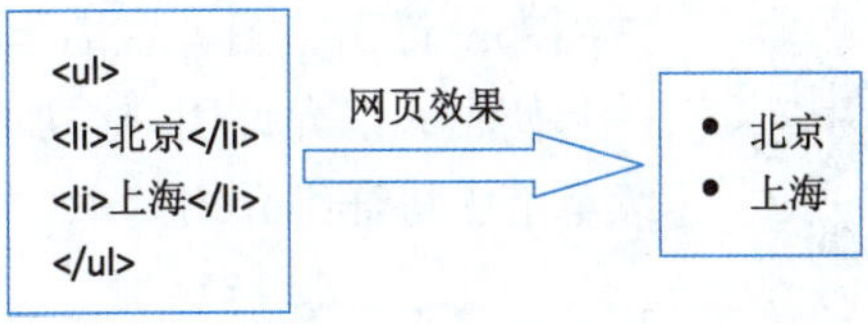

图6-19 无序列表示例

3. 定义列表

定义列表通常用于术语的定义。以 <dl> 标签表示定义列表开始，以 </dl> 标签表示列表结束。列表中的每一个术语都以 <dt> 标签开始，每一项解释都以 <dd> 标签开始，以 </dd> 标签表示解释结束。<dd></dd> 里的文字如图 6-20 所示缩进显示。

【例 6-4】编辑一个网页，实现列表标签嵌套效果，如图 6-21 所示。

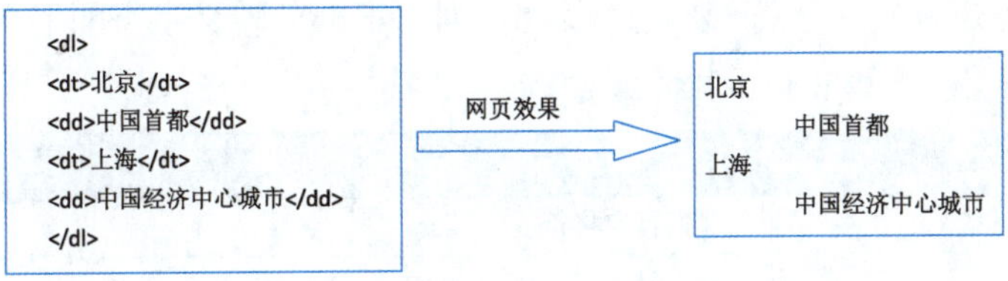

图6-20 定义列表示例

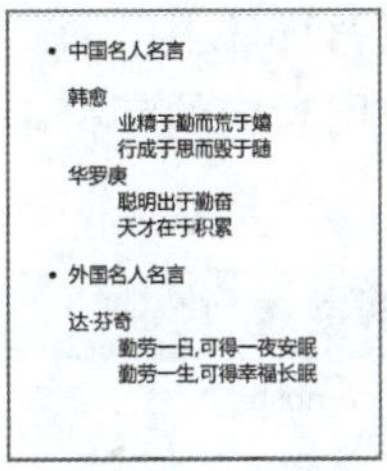

图6-21 网页效果图

实现其网页效果的 HTML 代码如下：

```
<body>
<ul>
  <li> 中国名人名言
    <dl>
      <dt> 韩愈 </dt>
        <dd> 业精于勤而荒于嬉 </dd>
        <dd> 行成于思而毁于随 </dd>
      <dt> 华罗庚 </dt>
        <dd> 聪明出于勤奋 </dd>
        <dd> 天才在于积累 </dd>
    </dl>
  </li>
  <li> 外国名人名言
     <dl>
      <dt> 达·芬奇 </dt>
        <dd> 勤劳一日，可得一夜安眠 </dd>
        <dd> 勤劳一生，可得幸福长眠 </dd>
    </dl>
  </li>
</ul>
</body>
```

6.2.5 <div><span><img> 标签和转义字符

1. <div> 标签

div 全称 division，意为“分区”。<div></div> 标签对把文档分割成独立的、不同的部分，

视频

HTML 常见标签 2

常用来设置字、图、表格等的摆放位置。它有 id、class 等属性，通常与 CSS 一起使用，以允许用户添加样式到页面的某个部分。有关 CSS 部分内容在后续章节中将详细介绍。

2. <span> 标签

<span> 标签主要用来分组子元素，以便用样式来格式化它们。例如：要在一个句子或一个段落的某个部分分组，可以使用 <span> 标签。

3. <img> 标签

要将图像放到网页中，通常使用 <img> 标签，其格式为：<img src="filename">。src 属性在 <img> 标签中是必须赋值的，这个值是图像文件的路径及文件名，也可以是网址。

4. 转义字符

在 HTML 中，<、>、& 等字符已被保留为特殊字符使用，要与文本一起显示这些字符，需要使用对应的字符串格式（也称转义字符）来表达。表 6-1 列出了部分转义字符的书写方法。

表 6-1　HTML 转义字符

转义字符	代表字符	描　述
		非换行空格符
"	"	双引号
©	©	版权符号
®	®	注册符号
<	<	小于字符
>	>	大于字符
&	&	and符号
˜	～	颚化符号

【例 6–5】实现图 6-22 所示网页效果的 HTML 代码。

```
<body>
<img src="pic02.jpg" >
<div id="sum">
    99% 的汗水 <br>
  +1% 的灵感 <br>
  ------------- <br>
         天才
</div>
</body>
```

图6-22　网页效果

6.3　表格和表单

视频

插入表格

6.3.1　<table><tr><td><th> 标签

1. <table> 标签

<table> 标签对是表格的标识符，用来界定表格的范围。<table></table> 之间的内容就是表格的内容。表格一般由表头、表格行和单元格三部分组成。

2. <tr> 标签

<tr> 标签对用来创建表格行。此标签对只能放在 <table></table> 标签对之间使用，而在此标签对之间加入文本是不规范的，因为在 <tr></tr> 标签对之间只能紧跟 <td></td> 标签对才是有效的语法。

3. <td> 标签

<td> 标签对用来创建表格中的单元格，此标签对也只有放在 <tr></tr> 标签对之间才是有效的，想要输入的文本也只有放在 <td></td> 标签对中才有效。

4. <th> 标签

<th> 标签对用来设置表格头部单元格，大多数浏览器将其显示为粗体居中文字。

5. <tbody> 标签

<tbody> 标签对用来定义一段表格主体。在 <tbody> 标签中，只有 <tr> 标签可以定义表格行。并且一旦定义，一个 <tbody> 标签就是表格中的一个独立的部分。

【例 6–6】建立一个四行六列表格，如图 6-23 所示。

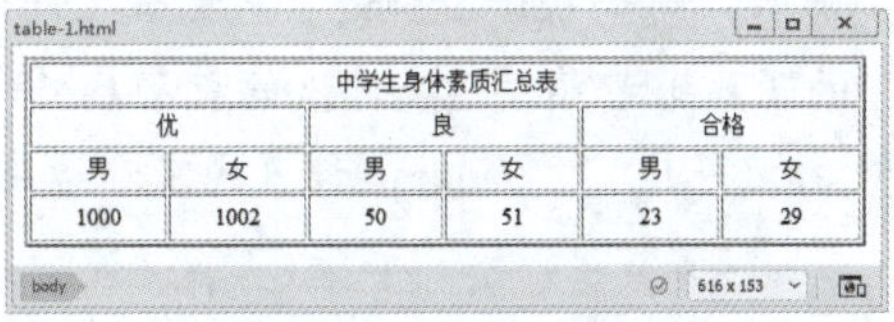

图 6-23　四行六列表格

其 HTML 源代码如下：

```
<!doctype html>
<html>
<head>
<meta charset="utf-8">
<title> 表格 </title>
</head>
<body>
<table width="597" height="130" border="2" cellpadding="2" cellspacing="2">
  <tbody>
    <tr>
      <td colspan="6" align="center"> 中学生身体素质汇总表 </td>
    </tr>
    <tr>
      <td colspan="2" align="center"> 优 </td>
      <td colspan="2" align="center"> 良 </td>
      <td colspan="2" align="center"> 合格 </td>
    </tr>
    <tr>
      <td width="90" align="center"> 男 </td>
      <td width="90" align="center"> 女 </td>
      <td width="90" align="center"> 男 </td>
      <td width="90" align="center"> 女 </td>
      <td width="90" align="center"> 男 </td>
      <td width="90" align="center"> 女 </td>
    </tr>
    <tr>
      <td align="center">1000</td>
      <td align="center">1002</td>
      <td align="center">50</td>
```

```
        <td align="center">51</td>
        <td align="center">23</td>
        <td align="center">29</td>
      </tr>
    </tbody>
  </table>
  </body>
  </html>
```

小知识

图 6–23 所示为一个非标准的四行六列表格。第八行代码的 <table width="597" height="130" border="2" cellpadding="2" cellspacing="2"> 语句，里面有很多属性是格式、美化等表现型属性，实际上是不符合现代网页设计理念的，因为最新的 HTML5 里已经去掉了表现型的属性，例如 cellpadding（单元格之间的距离），cellspacing（单元格中的内容与单元格边缘的距离）都属于逐渐淘汰的标签属性，提倡的替代做法是：合并表格边框，然后在 CSS 中用 <th>、<td> 的 padding 设置内容和边框之间的空隙。

6.3.2 利用表格布局创建网页

表格是网页制作的一个非常重要的内容。表格不仅是制作行和列形式的表格，更重要的是能够把图片、文字、数据和表单等信息有序并有规则地排列。熟练运用表格的各种属性，可以使网页丰富多彩、赏心悦目。

通过在网页中插入表格，可以对网页内容进行精确地定位。只需通过设定表格宽度、高度、间距等属性，把不同的网页元素分别放置在不同的单元格之中，编辑表格与单元格，就可以达到利用表格布局创建网页的目的。下面通过一个例子讲解如何利用表格布局创建网页。

【例 6–7】续例 6-2，利用表格布局编辑 index.html 网页。

① 双击打开“文件”面板的 index.html 网页，在“文档”工具栏上选择视图方式为“设计”，定位光标在第一行的顶端。单击菜单栏“插入”→“Table”命令，建立一个三行三列，宽 1 000 像素，填充、边距、间距均为 0 的表格，如图 6-24 所示。在文档窗中出现一个三行三列的虚线表格，如图 6-25 所示。

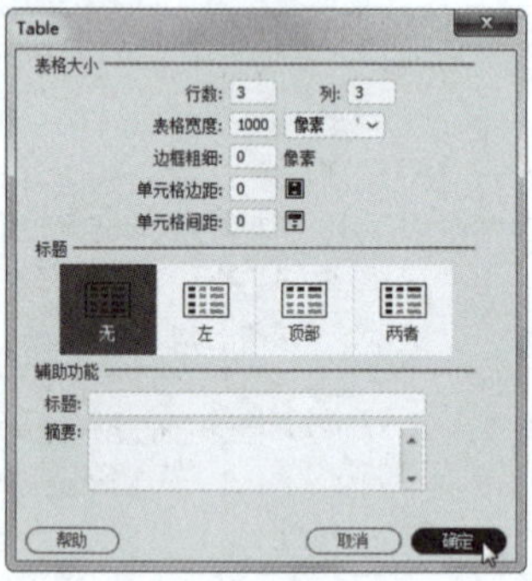

图6-24 创建表格

视频
表格布局：每天一杯柠檬水

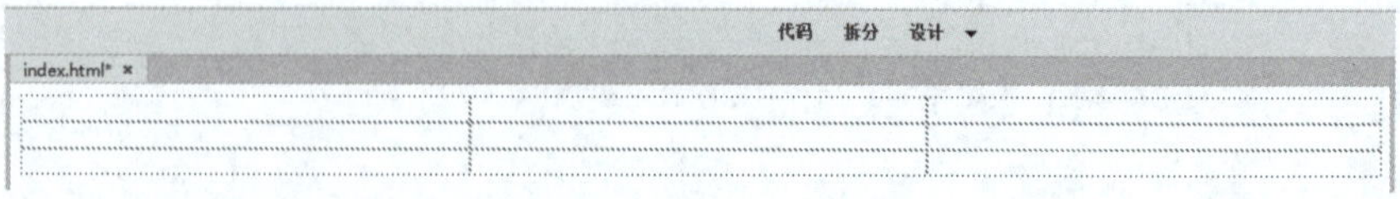

图6-25 3行3列的虚线表格

② 在表格中选择第一行的第二列和第三列共两个单元格，在这两个单元格上右击，在弹出的快捷菜单中选择“表格”→“合并单元格”命令，将两个单元格合并为一个单元格，

同理，合并第三行的三个单元格为一个单元格。在表格中选择第二行的第一列单元格，在这个单元格上右击，选择“表格”→“拆分单元格”命令，在弹出的“拆分单元格”对话框中设置拆分为两列，则这个单元格拆分为两个单元格，如图 6-26 所示。

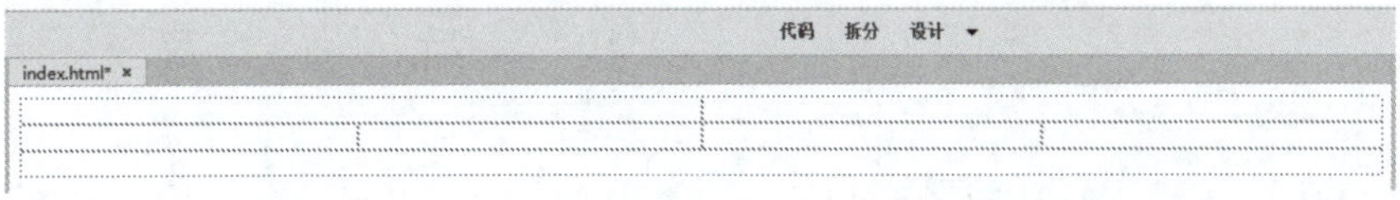

图6-26 合并单元格

③ 把“文件”面板中的 image/a2.jpg 图像文件拖放到表格的第一行第一列单元格中，用鼠标在图像尺寸控制点上调整图像大小，再用鼠标拖动表格的列线，调整表格单元格的宽度。同理，把 a1.jpg 图像文件拖放到第二行第四列单元格中，再次调整图像大小和单元格的宽度。鼠标指针定位在柠檬图片所在的单元格，在“属性”面板中设置水平“右对齐”，如图 6-27 所示（若此时找不到“属性”面板，可按【Ctrl+F3】组合键弹出“属性”面板）。在表格中输入相应文字，设置第三行文字水平“居中对齐”，效果如图 6-28 所示。

图6-27 “属性”面板

④ 在第一行第二个单元格里定位光标，在“属性”面板中设置文字格式为“标题 1”，单元格水平“居中对齐”，如图 6-29 所示。单击“CSS”，设置字体为“叶根友毛笔行书 2.0 版”（或方正舒体），字体颜色为“#F98D03”，如图 6-30 所示。同理，设置第二行文字的文字格式为“标题 2”，单元格水平“居中对齐”，设置字体为“楷体”，字体颜色为“#066510”。

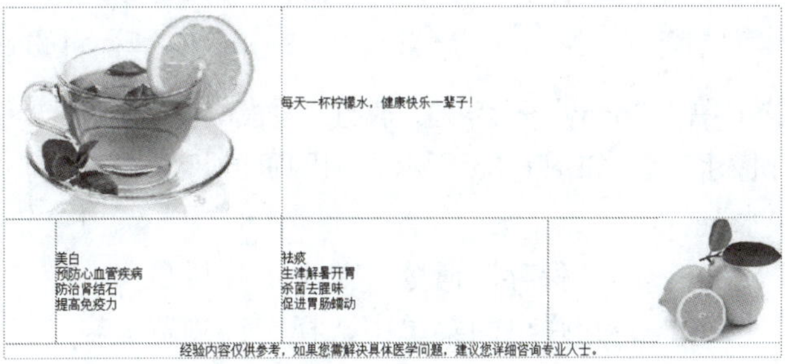

图6-28 合并单元格

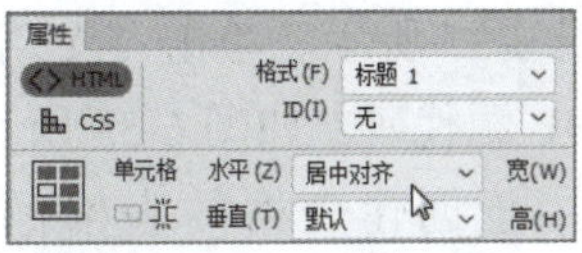

图6-29 居中对齐

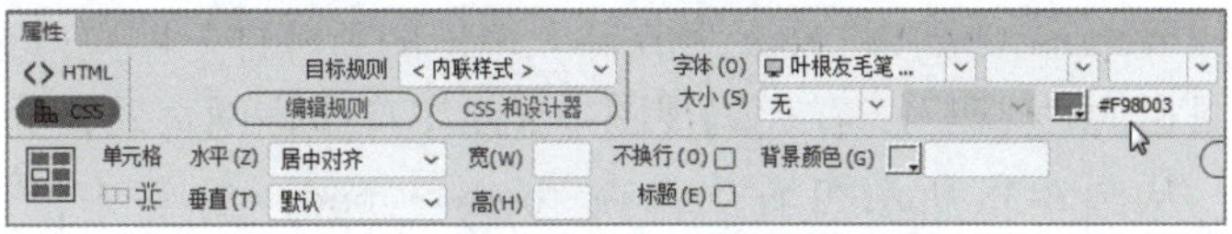

图6-30 设置字体和字体颜色

⑤ 在第三行的单元格中定位光标，设置文字格式为标题 5，单元格水平“居中对齐”，背景色为 #FECD00，高 58 像素，如图 6-31 所示。用鼠标调整各单元格的宽度，效果如图 6-32 所示。

图6-31 设置第三行

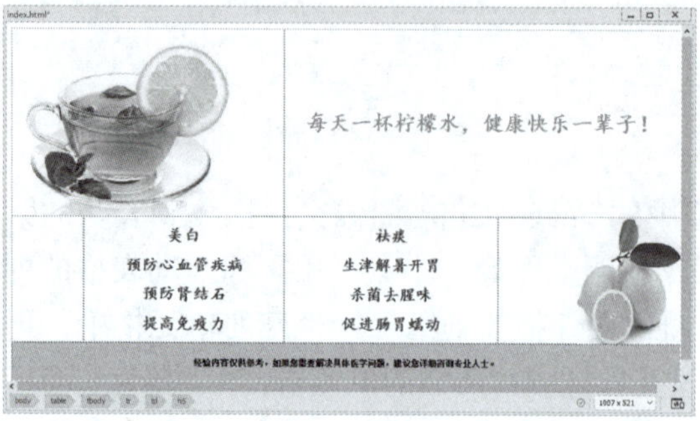

图6-32 调整字体、单元格、图像

⑥ 单击第二行的 a1.jpg 柠檬图像，单击“属性”面板中“链接”右边的按钮，在弹出的“选择文件”窗中选择网页文件 lemon.html（该文件将在例 6-11 中创建，目前也可暂时在站点中新建一个空白网页“lemon.html”文件），设置目标 (R) 为“_blank”，如图 6-33 所示。

⑦ 选中的第三行的文字“专业人士”，设置超链接到 mailto:webmaster@163.com，如图 6-34 所示。

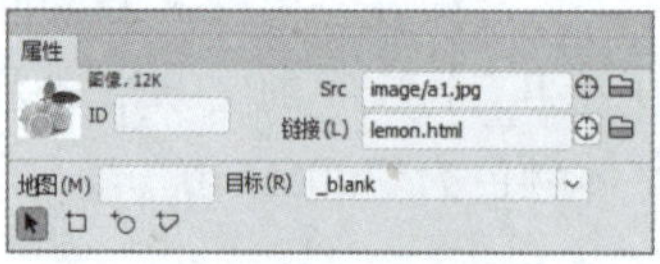

图6-33 图像超链接

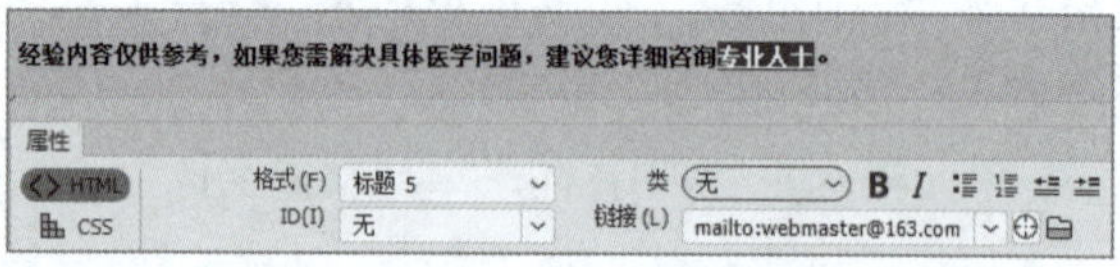

图6-34 E-mail超链接

⑧ 在标签选择器中单击“body”标签，在“属性”面板的“文档标题”处输入“柠檬水”，如图 6-35 所示，则网页的标题栏将显示文字“柠檬水”。

⑨ 单击菜单栏“文件”→“保存”命令，单击工具栏最右边的“实时浏览”按钮，在弹出的菜单中选择一种浏览器（例如“360 安全浏览器”），如图 6-36 所示，以便在该浏览器中观看网页实际效果。在网页中单击文字“专业人士”，将启动本机默认的收发电子邮件客户端软件，并创建一封以 webmaster@163.com 为收件人地址的新邮件。网页效果如图 6-37 所示。单击“文档”工具栏的“代码”，在代码视图中显示了产生该网页效果的 HTML 源代码，如图 6-38 所示。

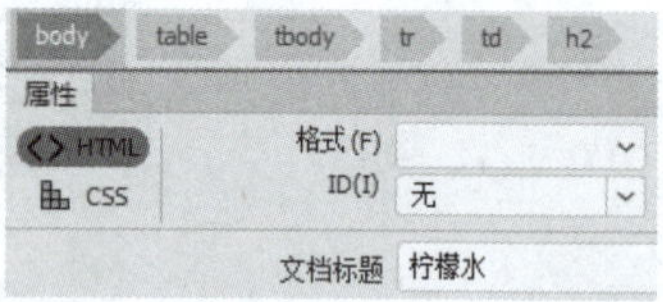

图6-35 设置文档标题

从图 6-38 所示可看出，在 <body></body> 标签中插入了用于创建表格的表格标签 <table></table>，<tbody></tbody> 标签标识表格主体，<tr></tr> 标签表示创建表格的行，<td></td> 标签表示创建表格的单元格，在各标签中的参数用于设置表格本身和各个单元格的属性。在这段 HTML 源代码中，大部分的标签都是成对出现的。当然，有个别是单独的标签，如：
 标签表示换行。

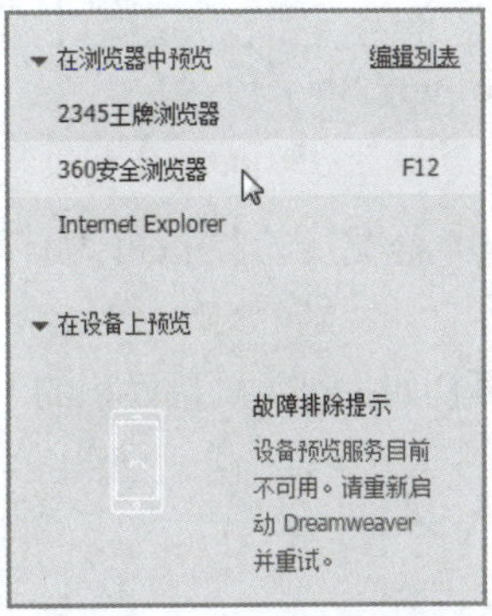

图6-36　选择浏览器

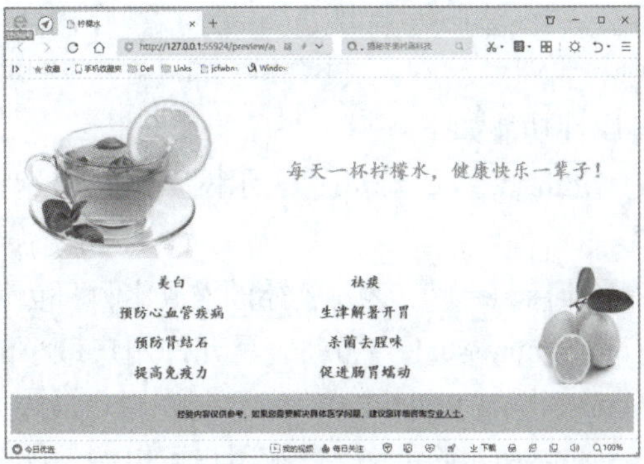

图6-37　网页效果

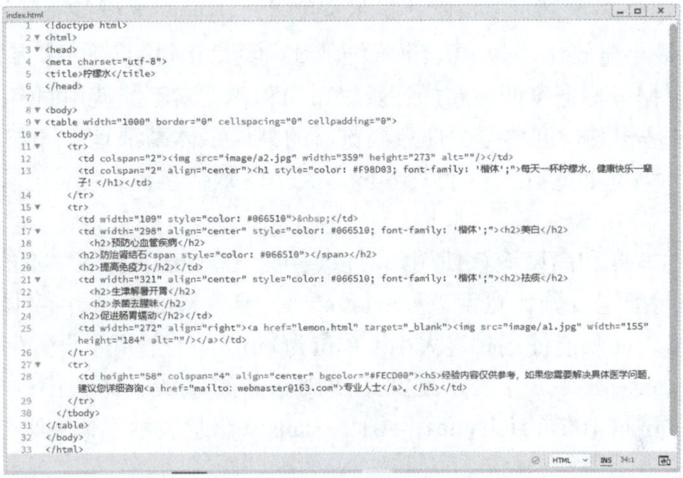

```
index.html
1  <!doctype html>
2  <html>
3  <head>
4  <meta charset="utf-8">
5  <title>柠檬水</title>
6  </head>
7
8  <body>
9  <table width="1000" border="0" cellspacing="0" cellpadding="0">
10   <tbody>
11     <tr>
12       <td colspan="2"><img src="image/a2.jpg" width="359" height="273" alt=""/></td>
13       <td colspan="2" align="center"><h1 style="color: #F98D03; font-family: '楷体';">每天一杯柠檬水，健康快乐一辈
         子! </h1></td>
14     </tr>
15     <tr>
16       <td width="109" style="color: #066510"> </td>
17       <td width="298" align="center" style="color: #066510; font-family: '楷体';"><h2>美白</h2>
18         <h2>预防心血管疾病</h2>
19       <h2>防治肾结石<span style="color: #066510"></span></h2>
20       <h2>提高免疫力</h2></td>
21       <td width="321" align="center" style="color: #066510; font-family: '楷体';"><h2>祛痰</h2>
22         <h2>生津解暑开胃</h2>
23         <h2>杀菌去腥味</h2>
24       <h2>促进肠胃蠕动</h2></td>
25       <td width="272" align="right"><a href="lemon.html" target="_blank"><img src="image/a1.jpg" width="155"
         height="184" alt=""/></a></td>
26     </tr>
27     <tr>
28       <td height="58" colspan="4" align="center" bgcolor="#FECD00"><h5>经验内容仅供参考，如果您需要解决具体医学问题，
         建议您详细咨询<a href="mailto: webmaster@163.com">专业人士</a>。</h5></td>
29     </tr>
30   </tbody>
31 </table>
32 </body>
33 </html>
```

图 6-38　HTML 源代码

从图 6-38 中还可看出，第 15 行代码中出现了符号“ ”。在 HTML 中，“ ”是一种转义字符，表示空格。

> **小知识**
>
> 可以右击单元格，通过弹出的快捷菜单中的“表格”“段落格式”“列表”“字体”“样式”等命令，设置单元格和单元格中的文字的属性。

6.3.3　移动端网页的制作

视频：移动端网页的制作

随着智能手机和平板电脑的普及，使用手机和平板电脑浏览网页的用户数量远远大于使用计算机的用户数量。由于移动端（手机、平板电脑）产品类别和型号众多，其显示窗口和计算机的显示屏浏览网页的特点各不相同，故对于移动端网页的制作，应该尽量简化内容、减少文字，网页的内容适应移动端窗口大小。

可利用 <meta> 标签来制作自适应网页，适应计算机和移动端的窗口屏幕的宽度。在网页头部加上这样一条 <meta> 标签：

```
<meta name="viewport" content="width=device-width, initial-scale=1.0,
minimum-scale=1.0, maximum-scale=2.0, user-scalable=yes">
```

各属性功能如下：

① width=device-width：表示网页默认显示宽度等于设备屏幕宽度，设备可为移动端、计算机。

② initial-scale=1.0：表示初始的缩放比例，范围 0 ~ 10，网页初始大小占屏幕面积的 100%。

③ minimum-scale=1.0：表示允许用户最小的缩放比例。

④ maximum-scale=2.0：表示允许用户最大的缩放比例。

⑤ user-scalable=yes：表示用户可以调整缩放比例。

⑥ user-scalable=no：表示用户不可调整缩放比例。

上述 <meta> 语句表示网页窗口默认显示宽度等于浏览网页设备屏幕的宽度，网页宽度初始比例为 1.0，最小缩放比例为 1.0，最大缩放比例为 2.0，用户不可扩展，页面可以缩放。

由于网页会根据屏幕宽度调整布局，所以布局和各元素不能使用固定的像素表示。

em 在 CSS 中是相对长度单位，任意浏览器的默认字体高都是 16 px。由于在一个 CSS 选择器被写入时，浏览器就有了一个“16 px”大小的默认字体，因此在浏览器下默认的设置是 1 em =16 px。

例如，图像的宽度和高度应该使用相对值表示。在 <img> 标签中不能指定像素宽度，如 width:*px，只能指定百分比宽度，如 width:*%，或者 width:auto；字体也不能使用绝对大小（单位为 px），而只能使用相对大小（单位为 em）。一般可不设置字体，使用默认值。

例如：body{font-size:1em;} 表示正文跟随浏览器的默认字体大小，一般是 16 px。例如：body {font: normal 100% Helvetica，Arial，sans-serif;} 表示字体大小是页面默认大小的 100%，即 16 px。

【例 6-8】续上例，通过在网页中使用 <meta> 标签，制作一个介绍柠檬特点的手机自适应网页。

① 在站点 lemon 下新建一个空白的网页文件 introduce-lemon.html，在文档工具栏上单击“设计”，进入设计视图，在“属性”面板中的“文档标题”处输入文字“柠檬”。HTML 代码如图 6-39 所示。在第四行代码后插入此代码：

```
<meta name="viewport" content="width=device-width, initial-scale=1.0,
minimum-scale=1.0, maximum-scale=2.0, user-scalable=yes">
```

插入后 HTML 代码如图 6-40 所示。

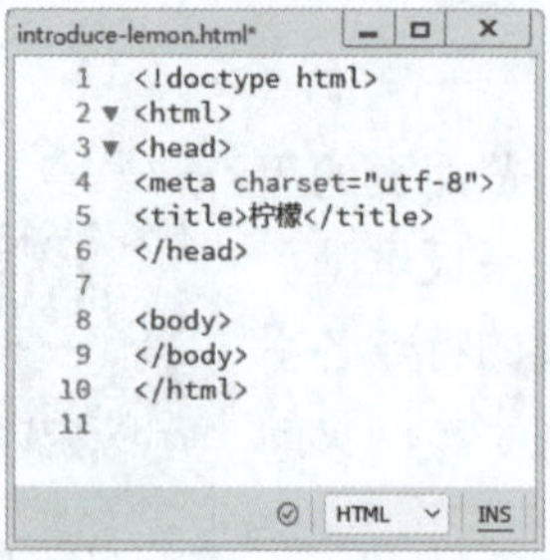

图6-39　HTML代码

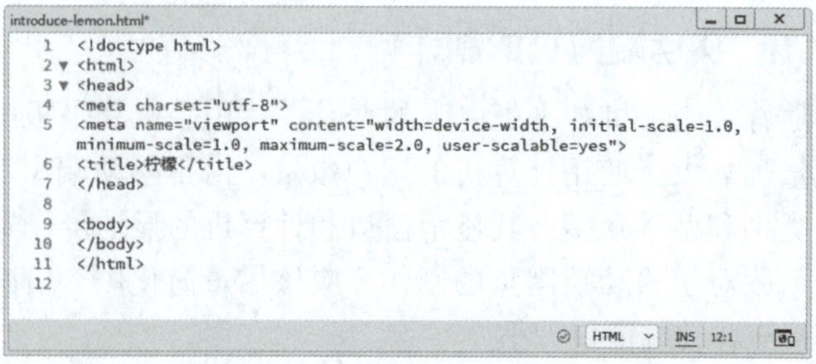

图6-40　插入后HTML代码

② 确保文档工具栏的“设计”视图处于选中状态，单击菜单栏“插入”→“Table”命令，弹出图 6-41 所示的“Table”对话框，设置一个 1 行 2 列，表格宽度为 95% 的表格。选择该表格，在图 6-42 所示的“属性”面板中设置对齐方式“Align”为“居中对齐”。

③ 在“文件”面板中，在“lemon”站点的“Image”文件夹下，用鼠标将图像文件 a1.jpg 拖至表格第一列中，选择此图像，在图 6-43 所的示“属性”面板中设置图像的“宽 (W)”为“50%”，“高 (H)”为“50%”。在“标签选择器”选择“td”，在图 6-44 所示的“属性”面板中设置“水平 (Z)”为“居中对齐”，“宽 (W)”为“50%”。

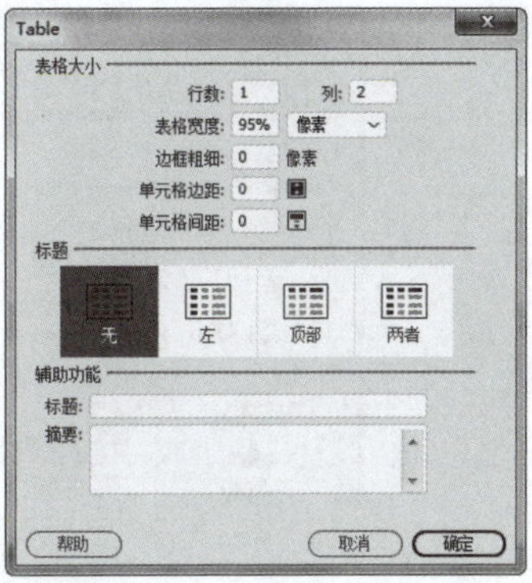

图6-41　“Table”对话框

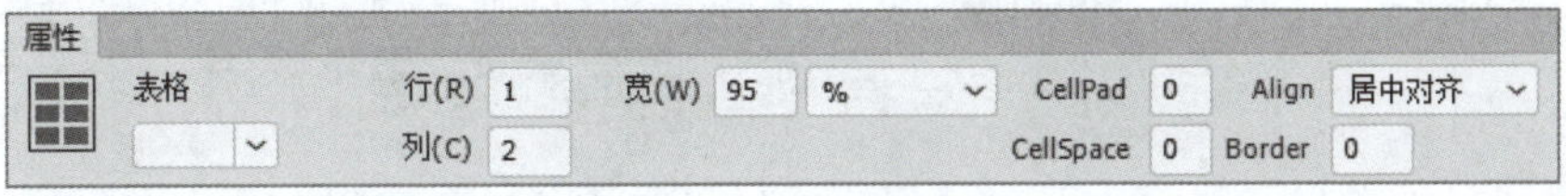

图6-42　“属性”面板设置表格“Align”

图6-43　“属性”面板设置图像相对高度和宽度

④ 双击打开“lemon”站点的“image”文件夹下的素材文本“lemon.txt”，将相应文本粘贴到表格第二列，单击文字所在单元格，在“标签选择器”选择“td”，在图 6-45 所示的“属性”面板中设置 “宽 (W)”为“50%”。保存网页文件，计算机端的网页效果如图 6-46 所示。当用鼠标改变浏览器窗口的宽度时，网页内容会自动调整。

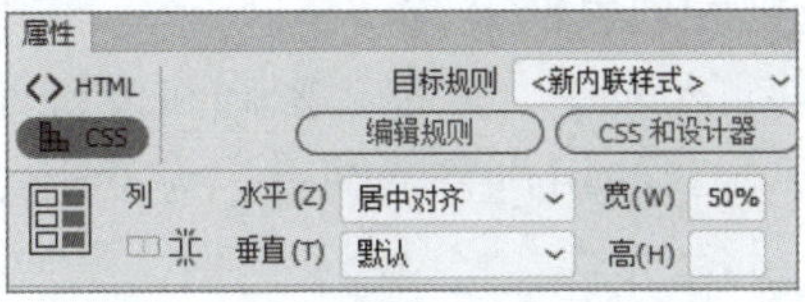

图6-44　设置单元格相对宽度

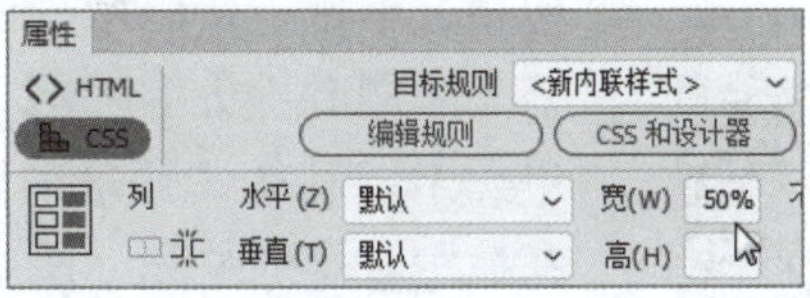

图6-45　设置单元格相对宽度

⑤ 模拟手机屏幕浏览网页：在“标签选择器”选择分辨率为“375 × 667 iPhone 6s”，如图 6-47 所示，同时“375 × 667 iPhone 7”也会被选择。在“实时视图”中的手机网页效果如图 6-48 所示。选择分辨率前的“实时视图”中的计算机网页效果如图 6-49 所示。可将图 6-48 与图 6-49 的效果作对比。

图6-46　计算机端的网页效果

图6-47　选择分辨率

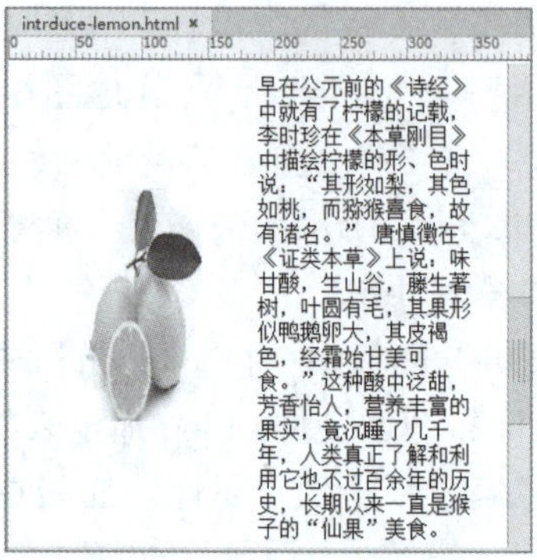

图6-48　手机网页效果

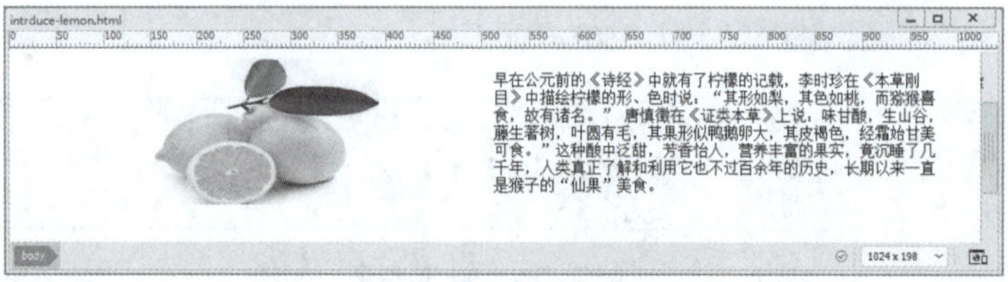

图6-49　计算机网页效果

6.3.4　表单的创建与编辑

视频 创建表单

使用表单能收集网站浏览用户的信息，表单可以用于实现用户注册、登录、情况调查、订购、和信息查询等。一个表单由两个部分构成，一个是用来收集数据的表单对象，另一个是用来处理表单数据的应用程序，如ASP、CGI等。

一个表单可能会包含多个对象，这些对象也可被称为控件。表单对象包括文本域、密码域、单选按钮、复选框和列表框等。

视频 表单控件

【例6-9】续上例，通过在网页中插入表单、文本、密码和按钮等表单元素，制作“登录大数据智能分析平台”的用户登录网页。为了让文字在显示时排列整齐，使用了单元格拆分。

① 在站点lemon下新建一个空白的网页文件form.html，在文档工具栏上单击“设计”，进入设计视图，在“属性”面板中的“文档标题”处输入文字“登录大数据智能分析平台”。在设计视图的第一行第一个字符位置定位光标，单击菜单栏“插入”→“表单”→“表单”命令，将光标定位在表单虚线框内。

视频 用户登录表单的制作

② 单击菜单栏“插入”→“Table”命令，弹出图6-50所示的“Table”对话框，设置一个1行1列，表格宽度为800像素的表格。选择该表格，在图6-51所示的“属性”面板中设置对齐方式“Align”为“居中对齐”。

③ 在“文件”面板中，在“lemon”站点的“Image”文件夹下，用鼠标将图像文件b.jpg拖到页眉标签栏表格中，选择此图像，在图6-52所示的“属性”面板中设置“宽(W)”为“800 px”，“高(H)”为“180 px”。效果如图6-53所示。

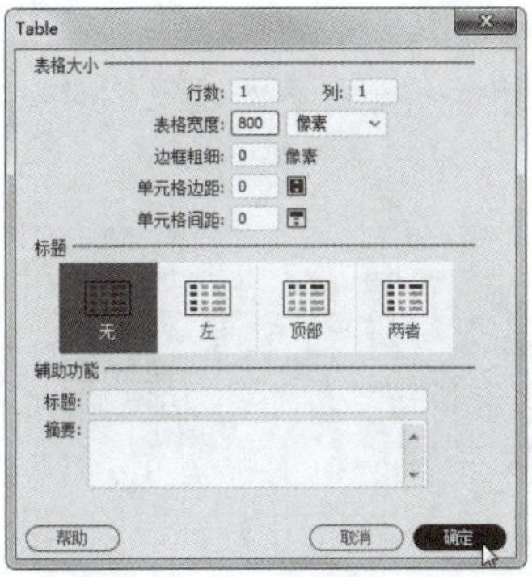

图6-50　“Table”对话框

图6-51　“属性”面板中设置Align

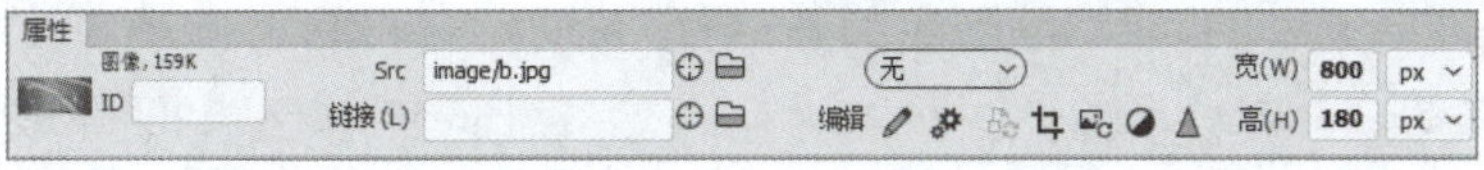

图6-52　“属性”面板中设置宽、高

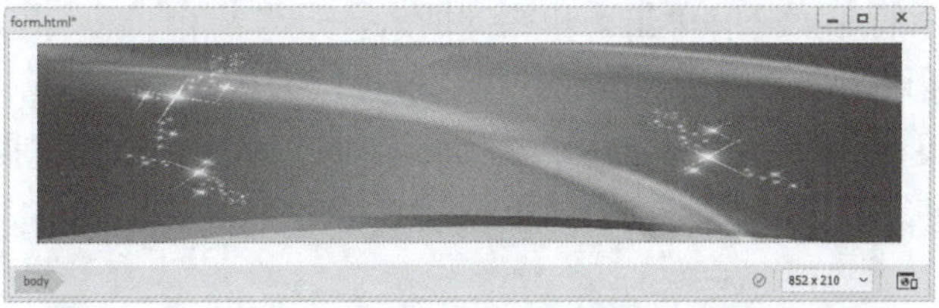

图6-53　插入图像

④ 将光标定位到背景图下，单击菜单栏“插入”→“Table”命令，插入一个八行一列、宽度为 800 像素的表格。选择表格的全部行，在“属性”面板中设置行的“高 (H)”为 30，效果如图 6-54 所示。

图6-54　插入8行1列的表格

⑤ 在表格第一行单元格中输入文字“登录大数据智能分析平台（带 * 的为必填项）”，字体为“黑体”，字体大小为“18 px”。在“属性”面板中设置单元格文字对齐方式“水平 (Z)”为“居中对齐”。

⑥ 选择表格第二行，在“属性”面板单击“拆分单元格的行或列”按钮，拆分为两列。在表格的第二行第一列输入文字“用户名：”，设置文字右对齐。选择表格的第二行第二列单元格，单击菜单栏“插入”→“表单”→“文本”命令，选择插入的文本域，设置“属性”面板的“Size”为“10”，“Maxlength”为“30”，如图 6-55 所示。将表单前面的英文“Text Field:”删除，在表单的右边输入“*”。

⑦ 同理，对于表格第三行单元格，重复第⑥步的操作方法，插入“密码：”表单。

⑧ 与第⑤步类似，选择表格第四行，在“属性”面板单击“拆分单元格的行或列”按钮，拆分为两列。在表格的第四行第一列输入文字：“性别：”，设置文字右对齐。选择在表格的第四行第二列，单击菜单栏“插入”→“表单 (F)”→“单选按钮”命令，插入一个单选按钮，将单选按钮右边输的文字“Radio Button”替换为“男”；同理，在单选按

钮“男”的右边插入单选按钮“女”。效果如图 6-56 所示。

提示： 有没有发现，采用“单选按钮”命令没有呈现出只能选一项的单选效果。要快速实现单选效果，建议采用“单选按钮组”命令。

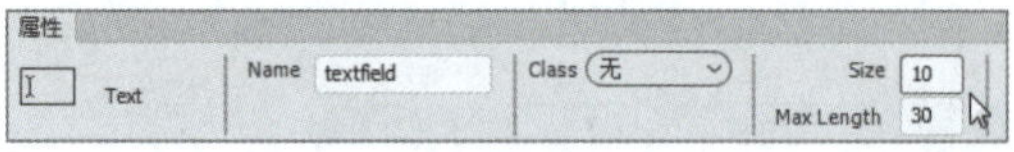

图6-55 “属性”面板

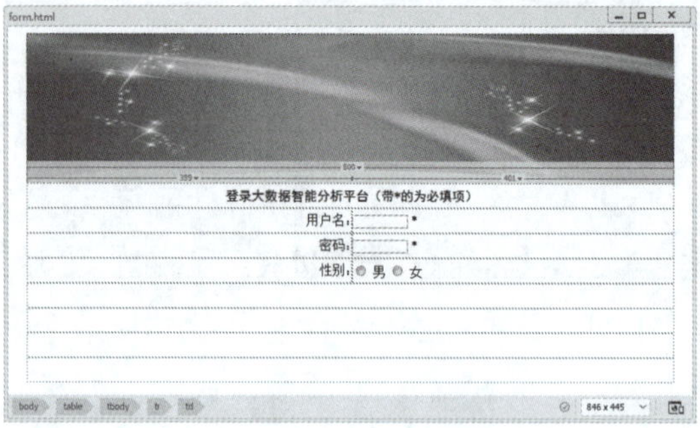

图6-56 插入表单和单选按钮

⑨ 同理，对于表格第五行单元格，重复第⑥步的操作方法，插入“电子邮箱：”表单。

⑩ 选择表格第六行单元格，单击菜单栏“插入”→“表单”→“提交”按钮，插入一个“提交”按钮，再插入一个“提交”按钮，在“属性”面板上设置单元格水平居中对齐。选择第二个“提交”按钮，在图 6-57 所示的“属性”面板上将“Value”的值由“提交”更改为“取消”。

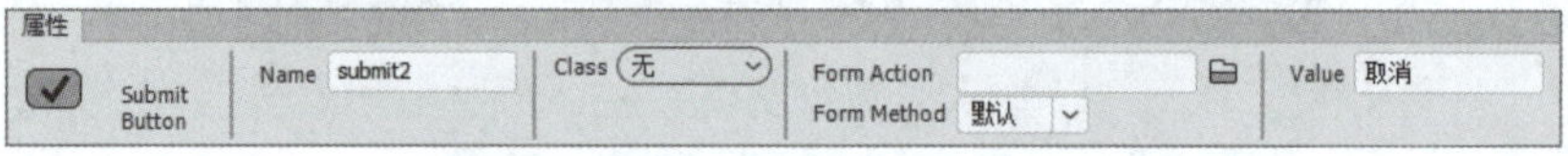

图6-57 “属性”面板中设置Value值

⑪ 选择表格第八行单元格，输入文字：“如有问题，请与我们联系：dsjznfxpt@sina.com”，在“属性”面板上设置背景颜色为“#1FA2F5”，单元格水平居中对齐。

⑫ 保存网页文件。网页效果如图 6-58 所示。

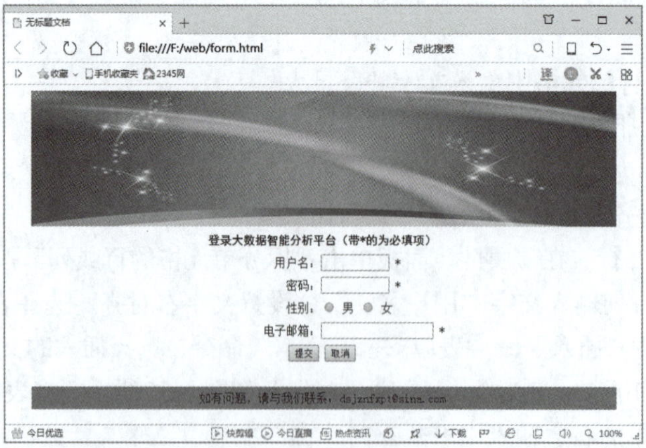

图 6-58 网页效果

6.3.5 进一步了解表单标签 <form><input><select><option>

1. <form> 标签

在网页中要与用户交互并向服务器传输数据时则需用到表单，一个网页可以包含任意数量的表单，例如一个页面可同时存在登录表单、搜索表单、调查表单等，但是用户一次只能向服务器发送一个表单的数据。表单是由 <form> 标签和 <input> 等标签组合而成的。表单的基本语法格式如下：

```
<form  action="" method="" target="">          （定义表单）
<label for="">…</label>                        （定义表单控件的标识）
<input type="" id="" />                        （定义表单控件）
…
<input type="submit" />                        （提交表单）
</form>                                        （表单结尾）
```

<form></form> 标签对用来创建一个表单，即定义表单的开始和结束位置，在标签对之间的一切都属于表单的内容。<input> 标签的作用是为用户提供输入信息的手段，如文本框、单选按钮等。

2. <input> 标签

<input> 标签用来定义一个用户输入区，用户可在其中输入信息，此标签必须放在 <form></form> 标签对之间。<input> 标签提供了多种类型的输入区域，具体是哪一种类型由 type 属性决定。表 6-2 所示为 <input> 标签中的属性及其用途。

表 6-2　<input> 标签中的属性及其用途

属　性	用　途
id	定义当前input元素的标识号
name	定义当前input元素的控件名称，用于发送给服务器的“名/值”对中
type	决定了输入数据的类型。常见的有“text”（单行文本）、“password”（密码）、“checkbox”（复选框）、“radio”（单选按钮）、“submit”（提交按钮）、“button”（普通按钮）
value	用于设置输入默认值，即如果用户不输入的话，就采用此默认值
src	是针对type=image的情况来说的，定义以提交按钮形式显示图像的URL
checked	表示复选框中此项被默认选中
maxlength	表示在输入单行文本的时候，输入字符的最大个数
size	用于设定在输入多行文本时的最大输入字符数，采用width、height方式
onclick	表示在单击时调用指定的子程序
onselect	表示当前项被选择时调用指定的子程序

3. <select> 和 <option> 标签

<select> 标签可创建单选或多选菜单，供用户从列表各数据项中选择一项或多项数据输入。当提交表单时，浏览器会提交选定的项目，或者收集用逗号分隔的多个选项，将其合成一个单独的参数列表，并且在将 <select> 表单数据提交给服务器时包括 name 属性。在 <select> 标签中至少包含一个 <option> 标签以创建选项，例如：

```
<select name="color" id="color">
      <option value="red" selected="selected">红</option>
      <option value="green">绿</option>
      <option value="blue">蓝</option>
</select>
```

6.4 用CSS样式美化网页

6.4.1 CSS样式概述

CSS（cascading style sheets，串联样式表）是一组样式，用于控制Web页面的外观。它可以有效地对页面的布局、字体、颜色、背景和其他效果实现更加精确的控制。通过使用CSS样式设置页面的格式，可将页面的内容与表现形式分离，易于实现一个网站整体风格的一致性。也就是说，页面内容存放在HTML文档中，而用于定义表现形式的CSS规则则存放在另一个文件中或HTML文档的文件头部分。将数据与表现形式分离，是网页设计的常用方法。CSS样式不仅可使维护站点的外观更加容易，而且还可以使HTML文档代码更加简练，缩短浏览器的加载时间，页面对搜索引擎更加友好。

视频 添加CSS样式

视频 CSS基本语法

1. CSS的语法结构

所有样式表的基础就是CSS规则。每一条规则都是一条单独的语句，它确定应该如何设计样式，以及应该如何应用这些样式。浏览器用它来确定页面的显示效果。CSS定义是由三个部分构成。

```
选择器 { 属性: 值 ;}
```

例如：

```
body { background:#000000;}          /* 设置页面背景为黑色 */
h1,h2,h3,h4,h5,h6{color:green}       /* 六种标签的文字均为绿色 */
```

CSS采用 /* ... */ 来表示注释，注释有利于以后编辑和更改代码时理解代码的含义。在浏览器中，注释是不显示的。

2. 选择器

选择器是指这组样式编码所要针对的对象，可以是一个HTML标签，如body、p、table等，也可以是定义了id或class的标签，还可以使用包含选择器（以空格隔开）等。浏览器将对CSS选择器进行严格的解析，每一组样式均会被浏览器应用到对应的对象上。常见选择器见表6-3。

表6-3 常见选择器

选 择 器	说 明
#box	表示选择了 <div id="box">，即一个名称为 box 的 id 对象
.newbox	表示选择了 <div class ="newbox">，即一个名称为 newbox 的 class对象
.newbox p	表示选择了 <div class ="newbox">中包含的所有<p>对象
img	表示选择了所有<img>对象
*	表示选择了所有对象
a:link	表示选择所有未访问链接
a:visited	表示选择所有访问过的链接
a:active	表示选择活动链接
a:hover	表示选择鼠标在链接上面时
input:focus	表示选择具有焦点的输入元素
:valid	用于匹配输入值为合法的元素
:invalid	用于匹配输入值为非法的元素

3. id 属性

id 属性是根据文档对象模型原理所创建的选择符类型。对于一个网页，每个标签均可以使用 id="" 的形式对 id 属性进行名称指定，id 可以认为是一个标识，在网页中，每个 id 名称只能使用一次。例如：

```
<div id="box"></div>
```

在此 <div> 标签中，id 名称为 box。相应的，在 CSS 样式中，id 名称使用“#”进行标识。例如，对 id 名称为 box 的标签设置样式，可书写如下：

```
#box{
height: 300px;
width: 200px;
margin-top: 2px;
margin-right: 0px;
margin-bottom: 2px;
margin-left: 0px;
}
```

4. class 属性

class 称为类或类别，是对 HTML 多个标签的一种组合。可以对 HTML 的标签使用 class="" 的形式对 class 属性进行名称指定。与 id 不同的是，class 允许重复使用，即对于网页中的多个元素，都可以使用同一个 class 定义。class 在 CSS 中使用符号“.”和 class 名称的形式对 class 对象进行指定。例如：

```
<div class="box"></div>
<h2 class="box"></h2>
<h5 class="box"></h5>
```

对 class 为 box 的对象进行样式指定，可书写如下：

```
.box{
margin:20px;
background-color:green
}
```

上面代码中，所有使用了 class="box" 的标签，如 <div> 标签、<h2> 标签和 <h5> 标签均使用此样式进行 class 属性设置。

6.4.2 应用 CSS 样式到网页中

视频

引入 CSS 的三种形式

CSS 样式表可以多种方式灵活地应用到所设计的页面中，选择方式根据设计的不同要求来制定。

1. 内联样式

内联样式又称为行内样式，将 CSS 样式所定义的内容写在 HTML 代码行内，其基本语法格式如下：

```
<body style="background-color:#F00">页面背景色为红色</body>
```

style="background-color:#F00" 这样一句额外代码就是内嵌样式表的书写方式，它出现在要控制其格式的标签内部，以 style="" 开始，引号中间则是样式控制的命令。

2. 内部样式表

将 CSS 样式统一放置在页面的一个固定位置，与 HTML 的具体标签分离开来，从而可以实现对整个页面范围的内容显示进行统一的控制与管理。一般放置在 <head>…</head> 区段中，并且用 <style> 标签定义，其基本语法格式如下：

```
<head>
<style type="text/CSS">
    # 选择器 1 { 属性 1: 属性值 1; 属性 2: 属性值 2; 属性 3: 属性值 3;}
    . 选择器 2 { 属性 1: 属性值 1; 属性 2: 属性值 2; 属性 3: 属性值 3;}
</style>
</head>
<body>
   < 标签名 id= 选择器 1> 内容 </ 标签名 >
   < 标签名 class= 选择器 2> 内容 </ 标签名 >
</body>
```

说明：<style> 标签一般位于 <head> 标签中 <title> 标签之后，也可以放在 HTML 文档的任何地方，使用样例如图 6-59 所示。type="text/CSS" 在 HTML5 中允许省略。

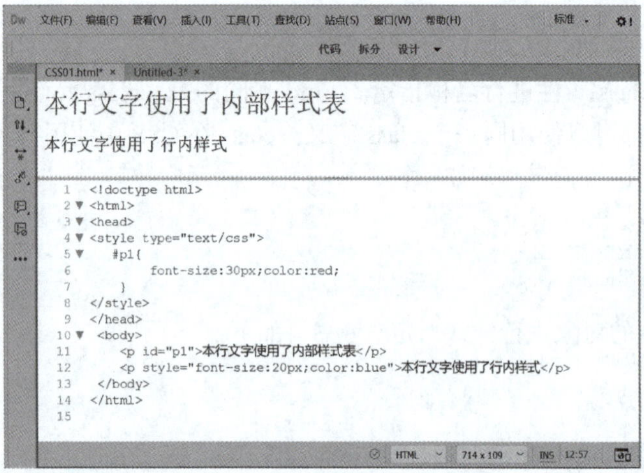

图6-59　内部样式表使用示例


```
<head>
<style type="text/CSS">
    # 选择器 1 { 属性 1: 属性值 1; 属性 2: 属性值 2; 属性 3: 属性值 3;}
    . 选择器 2 { 属性 1: 属性值 1; 属性 2: 属性值 2; 属性 3: 属性值 3;}
</style>
</head>
<body>
   < 标签名 id= 选择器 1> 内容 </ 标签名 >
   < 标签名 class= 选择器 2> 内容 </ 标签名 >
</body>
```


3. 外部样式表

外部样式表是相对于内部样式表而言的，它实际上是一个扩展名为 .css 的文件，独立于 HTML 页面，放置于网站文件夹内某个位置，我们也把这样的外部样式表称为 CSS 样式表文件。样式表文件的内容和内部样式表类似，都是样式的定义。外部样式表通过在某个 HTML 页面中添加链接的方式生效。外部样式表基本语法格式如下：

（1）CSS 文件内容

```
@charset "utf-8";
/* CSS Document */
# 选择器 1 { 属性 1: 属性值 1; 属性 2: 属性值 2; 属性 3: 属性值 3;}
. 选择器 2 { 属性 1: 属性值 1; 属性 2: 属性值 2; 属性 3: 属性值 3;}
```

（2）HTML 文件内容

```
<head>
  <link rel="stylesheet" type="text/css" href="CSS 文件路径和文件名 " />
</head>
<body>
   < 标签名 id= 选择器 1> 内容 </ 标签名 >
   < 标签名 class= 选择器 2> 内容 </ 标签名 >
</body>
```

说明：link 标签需要放在 head 头部标签中，并且应指定 link 标签的如下三个属性。

- href：定义所链接外部样式表文件的 URL，可以是相对路径，也可以是绝对路径。
- type：定义所链接文档的类型，在这里需要指定为“text/CSS”，表示链接的外部文件为 CSS 样式表。
- rel：定义当前文档与被链接文档之间的关系，在这里需要指定为“stylesheet”，表示被链接的文档是一个样式表文件。

同一个外部样式表可以被多个网页甚至是整个网站的所有网页所采用，这就是它最大的优点。如果说前面介绍的内部样式表在总体上定义了一个网页的显示方式，那么外部样式表可以说在总体上定义了一个网站的显示方式。外部样式表调用示例如图 6-60 所示。

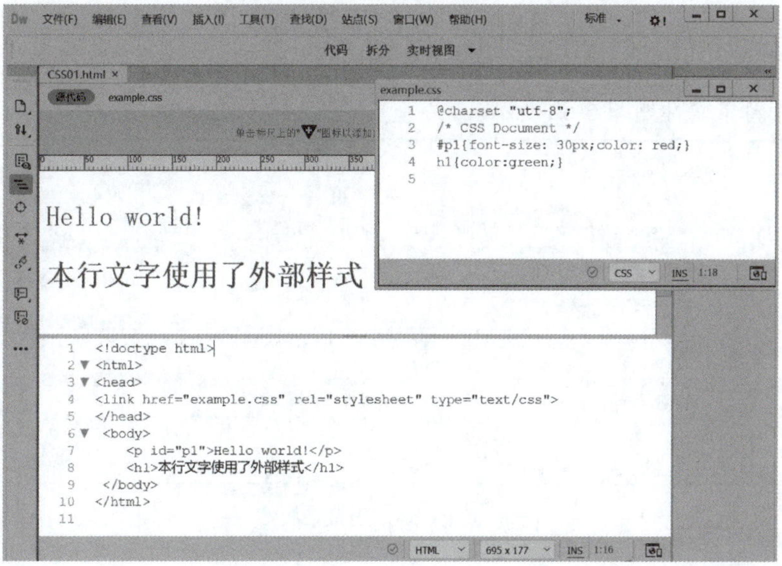

图6-60　外部样式表调用示例

4. 样式表优先级

CSS 对于页面的某个元素允许同时应用多个样式，即层叠样式。页面元素的最终样式即为多个样式的叠加效果。当同时应用上述三类样式，样式之间存在冲突时，页面元素遵循下列优先次序：

行内样式 > 内部样式 > 外部样式表

例如，同一个 <div> 标签，如果三种样式都在描述其宽高，则以行内样式为准；若行内样式没有描述，则以内部样式表为准，以此类推。

6.4.3 CSS 常用属性

CSS 可以控制 HTML 标签对象的 CSS 宽度、CSS 高度、float 浮动、文字大小、字体、CSS 背景等样式达到想要的网页布局效果。CSS 的样式非常丰富，下面总结了一些常用的 CSS 标签。

1. 文本属性

CSS 常用文本属性如图 6-61 所示。

```
@charset "utf-8";
/* CSS Document */
.div1{
        font-family:'Microsoft Yahei'; /*字体*/
        font-style:normal/italic;/*字体样式*/
        font-weight:bold/lighter/100~900;/*字体粗细*/
        font-size:10px/10%; /*字体大小*/
        color:颜色名如red/颜色值如#FFFFFF /*字体颜色*/
        opacity:0~1;/*字体透明度0全透明, 1不透明*/
        line-height:10px;/*文本高度*/
        text-align:left/center/right; /*文本对齐方式*/
        letter-spacing:10px;/*文本字与字之间的间距*/
        text-decoration:underline/line-through/overline/none;/*文本修饰属性*/
        overflow:auto/scroll/hidden;/*文本超出范围显示方式, 自动显示/始终显示滚动条/超出文本隐藏*/
        text-overflow:clip/ellipsis;/*多余文字显示方式, 裁剪/使用...代替*/
        white-space:normal/nowrap/pre;/*元素内空白符, 忽略/行末不断行/保留*/
        text-shadow:5px 6px 6px blue;/*文本阴影 水平/垂直/模糊距离/颜色*/
        text-indent:10px;/*首行缩进*/
        -webkit-text-stroke:2px yellow;/*文字描边*/
        font:italic bold 75%/1.8 'Microsoft Yahei';(font:font-style font-weight font-
        size/line-height font-family)
    }
```

图6-61 CSS常用文本属性

2. 背景属性

CSS 常用背景属性如图 6-62 所示。

```
@charset "utf-8";
/* CSS Document */
.div2{
        background-color:red;/*背景颜色*/
        background-image:url(../image/share.jpg);/*背景图像*/
        background-repeat:no-repeat/repeat/repeat-x/repeat-y;/*背景图是否平铺, 不平铺/平铺/水
        平平铺/垂直平铺*/
        background-size:200px/contain/cover;/*背景图大小, 指定宽度和高度/等比缩放（不会完全覆
        盖）/等比缩放（完全覆盖）*/
        background-position:left/right/top/bottom/center/50px -50px;/*背景图的起始位置*/
        background-origin:border-box/padding-box/content-box;/*背景图定位方式 边框外缘/内缘/
        文字内容区*/
        background-clip:border-box/padding-box/content-box;/*裁切背景和背景色显示区域*/
        background-attachment:scroll/fixed;/*背景图是否固定*/
        background:red url(../image/share.jpg) no-repeat fixed 50px -50px;/*背景简写,
        color image repeat attachment position */
    }

```

图6-62 CSS常用背景属性

3. 边界和框线属性

CSS 常用边界和框线属性如图 6-63 所示。

```
@charset "utf-8";
/* CSS Document */
.div3_biankuang{
    padding-top:10px; /*上边框留空白*/
    padding-right:10px; /*右边框留空白*/
    padding-bottom:10px; /*下边框留空白*/
    padding-left:10px; /*左边框留空白*/
    border-top : 1px solid #6699cc; /*上框线*/
    border-bottom : 1px solid #6699cc; /*下框线*/
    border-left : 1px solid #6699cc; /*左框线*/
    border-right : 1px solid #6699cc; /*右框线*/
    margin-right:10px; /*右边界值*/
    margin-bottom:10px; /*下边界值*/
    margin-left:10px; /*左边界值*/
}
```

图6-63　CSS常用边界和框线属性

4. 超链接属性

CSS 超链接属性如图 6-64 所示。

```
@charset "utf-8";
/* CSS Document */
.div4_link{
    a:link {color:#000000;}       /* 未访问链接*/
    a:visited {color:gray;}  /* 已访问链接 */
    a:hover {color:#FF00FF;}  /* 鼠标移动到链接上 */
    a:active {color:blue;}  /* 鼠标点击时 */
    a:link {text-decoration:none;}     /* 去除下划线 */
    a:visited {text-decoration:none;} /* 去除下划线 */
    a:hover {text-decoration:underline;} /* 有下划线 */
    a:active {text-decoration:underline;}/* 有下划线 */
}
```

图6-64　CSS超链接属性

5. CSS 符号属性

CSS 符号属性如图 6-65 所示。

```
@charset "utf-8";
/* CSS Document */
.div5_fuhao{
    list-style-type:none; /*不编号*/
    list-style-type:decimal; /*阿拉伯数字*/
    list-style-type:lower-roman; /*小写罗马数字*/
    list-style-type:upper-roman; /*大写罗马数字*/
    list-style-type:lower-alpha; /*小写英文字母*/
    list-style-type:upper-alpha; /*大写英文字母*/
    list-style-type:disc; /*实心圆形符号*/
    list-style-type:circle; /*空心圆形符号*/
    list-style-type:square; /*实心方形符号*/
    list-style-image:url(/dot.gif); /*图片式符号*/
    list-style-position: outside; /*凸排*/
    list-style-position:inside; /*缩进*/

}
```

图6-65　CSS符号属性

【例 6-10】根据给定的字库文件，采用 HTML+CSS 外部样式表的形式制作公益广告软文网页。

视频　公益广告制作

① 在站点 lemon 下新建一个空白的网页文件 example.html，在文档工具栏上单击“拆分”，进入拆分视图，输入如图 6-66 所示的 HTML 代码，注意在 <head>…</head> 标签对中加入与外部样式表的链接语句：

```
<link href="example.css" type="text/css" rel="stylesheet"/>
```

代码说明：<strong></strong> 标签是加重语气标签，在浏览器的表现是加粗字体，同时能够引起搜索引擎的重视。

② 复制字库 font 文件夹到站点 lemon 根目录中，并在 lemon 下新建 CSS 样式文件 example.css，输入如图 6-67 所示的 CSS 规则。

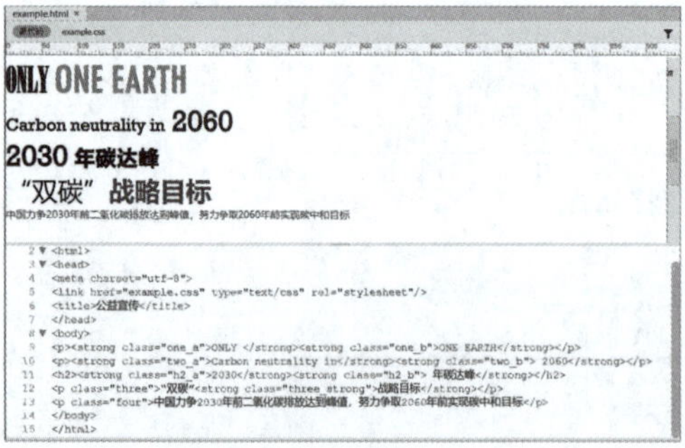

图6-66　HTML代码

```
1   @charset "utf-8";
2   /* CSS Document */
3       *{margin:0; padding:0;}
4       @font-face{font-family:ONYX; src:url(font/ONYX.TTF);}
5       @font-face{font-family:TCM; src:url(font/TCCM.TTF);}
6       @font-face{font-family:ROCK; src:url(font/ROCK.TTF);}
7       @font-face{font-family:LTCH; src:url(font/LTCH.TTF);}
8       .one_a{
9           font-family:ONYX;
10          font-size:48px;
11          color:#333;
12      }
13      .one_b{
14          font-family:TCM;
15          font-size:58px;
16          color:deepskyblue;
17      }
18      .two_a{
19          font-family:ROCK;
20          font-size:24px;
21          font-weight:bold;
22          font-style:oblique;
23          color:#333;
24      }
25      .two_b{
26          font-family:ROCK;
27          font-size:40px;
28          font-weight:bold;
29          color:#333;
30      }
31      .h2_a{
32          font-family:ROCK;
33          font-size:40px;
34      }
35      .h2_b{
36          font-family:LTCH;
37          font-size:30px;
38      }
39      .three{
40          font-family:"微软雅黑";
41          font-size:36px;
42      }
43      .three_strong{
44          color:#e1005a;
45      }
46      .four{
47          width:500px;
48          font-family:"微软雅黑";
49          font-size:14px;
50          color:#747474;
51          white-space:nowrap;
52          overflow:hidden;
53          text-overflow:ellipsis;
54      }
55
```

图6-67　style03.css样式文件内容

CSS 代码说明：

① 第 4 行 @font-face{font-family:ONYX; src:url(font/ONYX.TTF);} 表示导入指定路径的字库文件并命名为 ONYX。

② 第 9 行 font-family:ONYX; 表示引用第 4 行导入的 ONYX 字体。

③ 第 51 行 white-space:nowrap; 表示禁止文本自动换行。

④ 第 52 行 overflow:hidden; 表示溢出隐藏，超出固定宽度就隐藏超出的内容。

⑤ 第 53 行 text-overflow:ellipsis; 表示在多行文本的情况下，用省略号“…”隐藏超出范围的文本。

6.5　DIV+CSS 网页布局

表格布局是网页早期布局实现的主要手段，当时的网页构成相对也比较简单，多是以文本以及静态图片等组成的，类似于报纸的形式，分区分块显示，<table> 标签的结构表现恰好可以满足这样的要求。但是随着网页要求的提高和技术的不断探索更迭，尤其是 W3C（万维网联盟）及其他标准组织制定的标准出台后，明确了 <table> 标签不是布局工具，仅作为呈现表格化数据的作用，而提倡使用 DIV+CSS 的布局组合。

视频 盒模型的概念

6.5.1 什么是盒模型

1. 盒模型概念

用 DIV+CSS 布局网页的核心所在是盒模型。W3C 组织建议把网页上所有的对象都放在一个盒子中，定义所有的元素都可以拥有像盒子一样的外形和平面空间，即都包含边界、边框、填充、内容区域，如图 6-68 所示。在元素内容与边框之间的空白区域，被称作元素的填充（padding），也称之为元素的内边距、补白或内框；在元素边框外边的空白区域，被称作边界（margin），也称之为元素的外边距或外框。

盒模型规范了网页元素的显示基础。盒模型关系到网页设计中排版、布局、定位等操作，任何一个元素都必须遵循盒模型规则，如 div，span，hl ～ h6，p，strong 等。

2. 准盒模型和怪异盒模型

标准盒模型（W3C 盒子模型）中，实际宽度 = width + border（左右）+ padding（左右）+ margin（左右），同理也适用于实际高度 height，如图 6-69 所示。

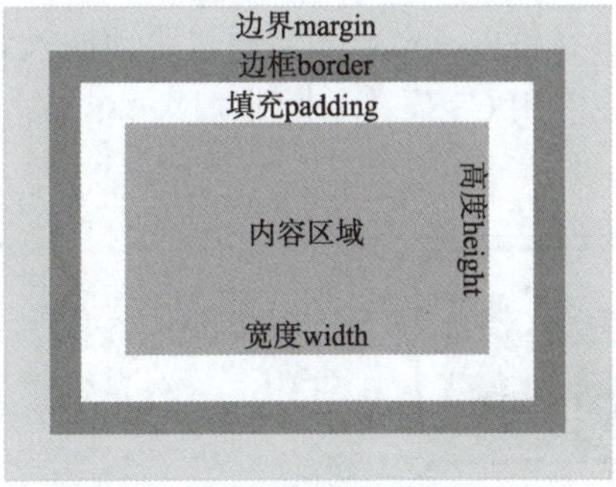

图6-68 盒模型

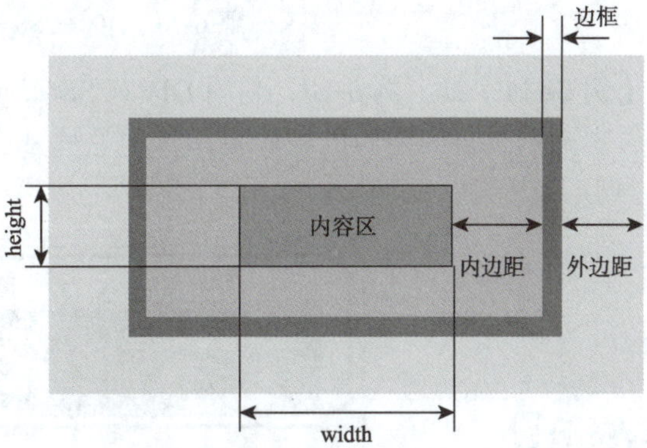

图6-69 标准盒模型

需要说明的是，在 IE 5.x 和 6 怪异盒模式中使用自己的非标准模型。这些浏览器的 width 属性不是内容的宽度，而是内容、内边距和边框的宽度的总和。即在怪异盒模型中，实际宽度 =width（包含 padding 和 border）+margin（左右）。

6.5.2 使用 DIV+CSS 布局网页

DIV+CSS 布局的基本构造块是 <div> 标签。DIV 全称为 division，意为“区分”。<div> 是一个 HTML 标签，在大多数情况下用作文本、图像或其他页面元素的方框容器。

使用 DIV+CSS 布局网页在网站建设中已经应用得很普遍。当要进行 DIV+CSS 布局排版网页时，首先需要将网页的页面使用 <div> 标签划分为若干个板块，再对各板块进行 CSS 定位，设置 CSS 属性，然后在各板块添加相应的内容。图 6-70 是包含两个 DIV 的布局示例。

对于初学者来说，直接编写 CSS 代码有些困难，所幸 Dreamweaver CC 拥有良好的编程向导，而且是可视化的操作界面，直接利用鼠标操作和少量的参数填写就可完成 CSS 属性的设置，并自动生成CSS代码。下面利用DIV+CSS布局创建一个标题为“柠檬片泡水的功效”的网页lemon.html。

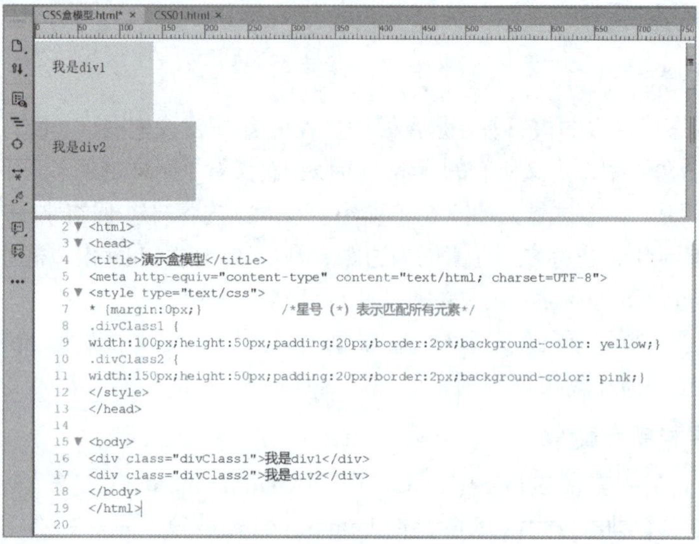

图6-70　DIV+CSS布局示例

【例6-11】续上例6-10，利用DIV+CSS布局网页文件lemon.html。通过手动插入div标签，定义网页页面内容的逻辑区域，对这些div标签应用CSS样式来创建网页布局，如图6-71所示。

视频
DIV+CSS布局—柠檬片泡水

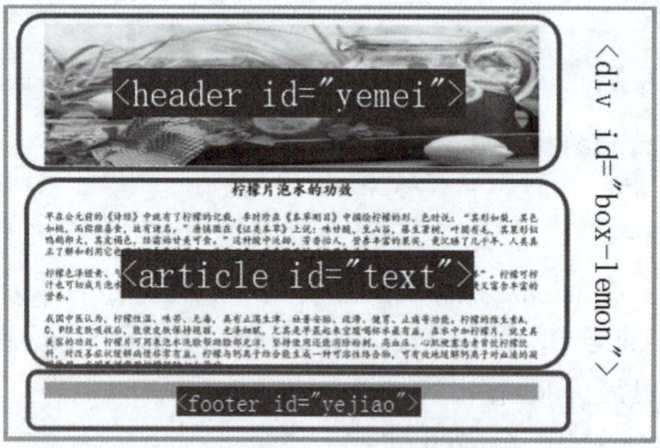

图6-71　lemon.html网页布局设计

① 在站点lemon下新建一个空白的网页文件lemon.html，在文档工具栏上单击“代码”，进入代码视图，直接将<title>标签的内容更改为“柠檬片泡水的功效”。此时的HTML代码如图6-72所示。

② 单击菜单栏“插入”→“Div(D)”命令，弹出“插入Div”对话框，在“ID”处输入“box-lemon”，单击“新建CSS规则”按钮，如图6-73所示，弹出“新建CSS规则”对话框，在：“选择器名称”处默认显示“#box-lemon”，单击“确定”按钮，如图6-74所示。

③ 弹出“#box-lemon的CSS规则定义”对话框，如图6-75所示。在默认的“类型”分类中，设置字体“Font-family(F)”为“楷体”，字号“Font-size(S)”为“16 px”。

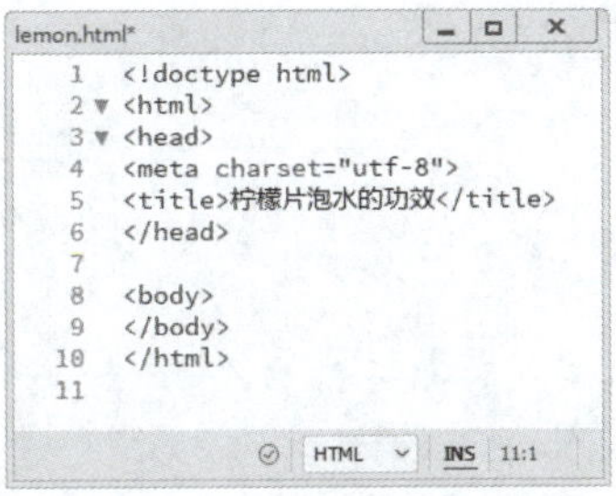

图6-72　HTML代码

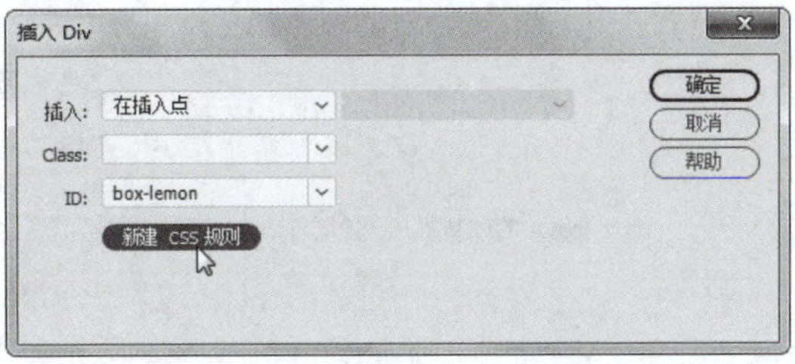

图6-73　“插入Div”对话框

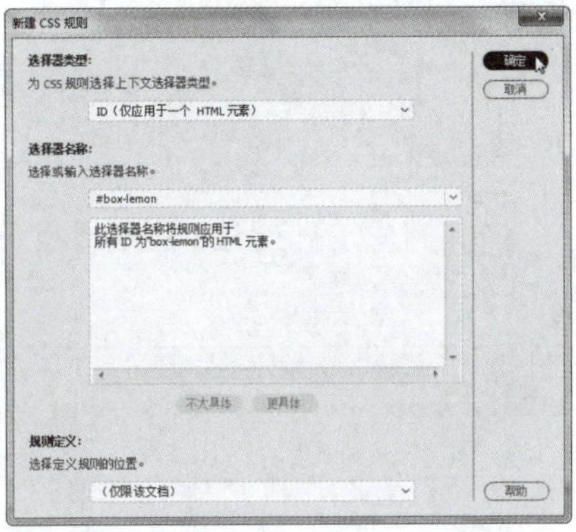

图6-74　“新建CSS规则”对话框

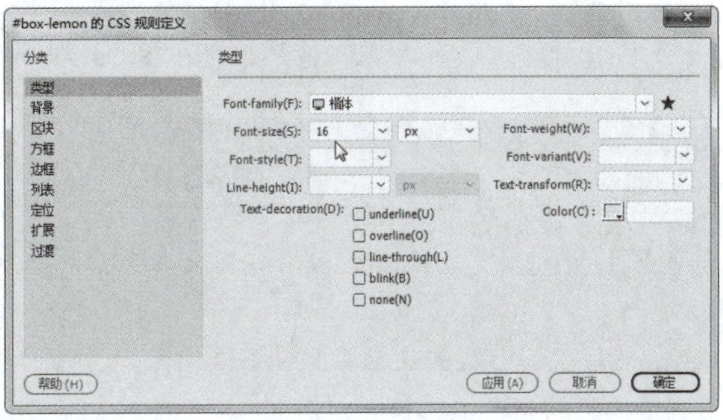

图6-75　设置方框“类型”分类

④ 选择“方框”分类，如图 6-76 所示。设置宽度“Width(W):”为“800 px”，在“Margin”区单击“全部相同”，设置上边界“Top(P):”为“0 px”，右边界“Right(R):”为“auto”，左边界“Left(L):”为“auto”，单击“确定”按钮，在弹出的图 6-77 所示的“插入 Div”对话框中单击“确定”按钮。

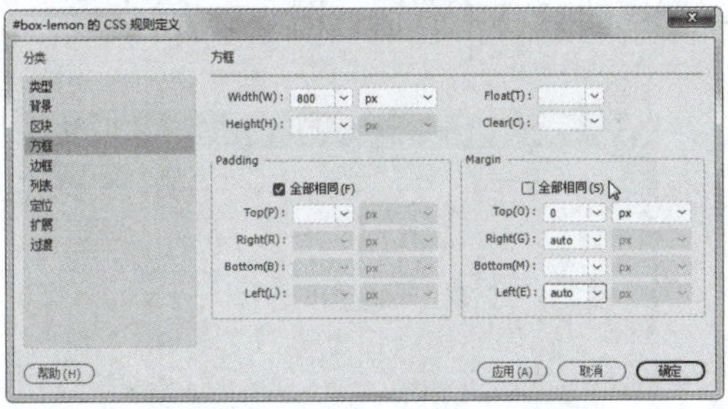

图6-76　设置“方框”分类

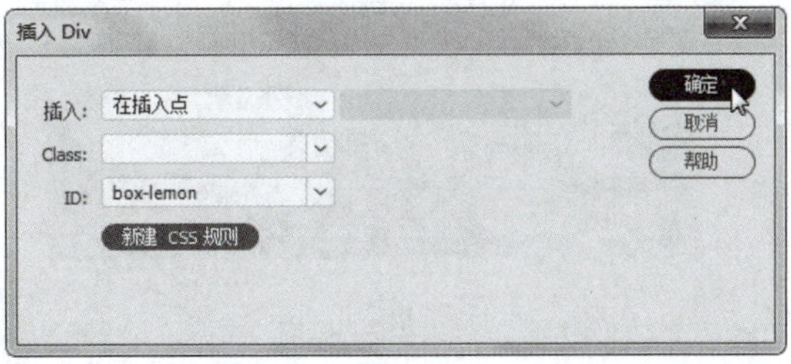

图6-77　“插入Div”对话框

⑤ 在“文档”工具栏单击“设计”，进入设计视图，再单击“拆分”，如图 6-78 所示。在设计视图中显示出 id 为 box-lemon 的 <div>，在代码窗显示 DIV 的 HTML 代码。

⑥ 在设计视图中删除 DIV 内的文本，单击菜单栏“插入”→“Header”命令，弹出图 6-79 所示的“插入 Header”对话框，在“ID”处输入“yemei”，单击“确定”按钮，完成插入页眉标签 <header>，产生的 HTML 代码如图 6-80 所示。

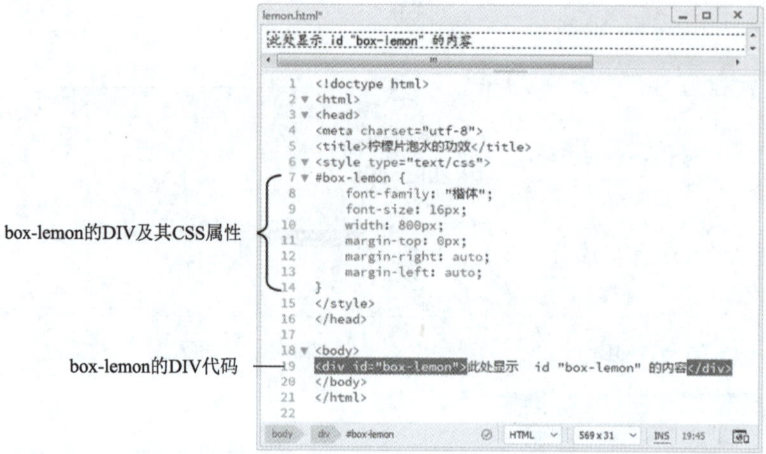

图6-78　id为box-lemon的div

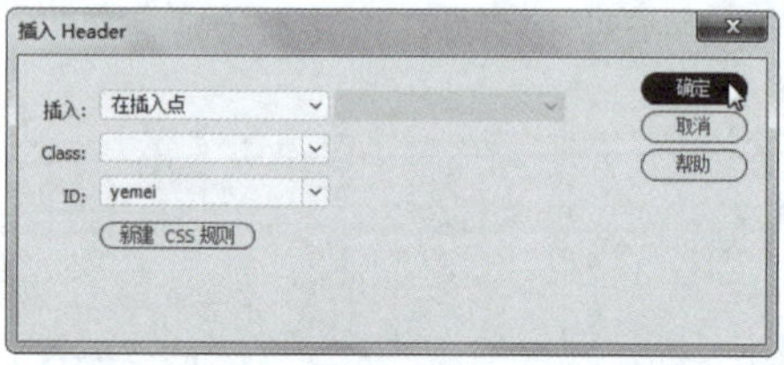

图6-79　“插入Header”对话框

```
18 ▼ <body>
19 ▼ <div id="box-lemon">
20     <header id="yemei">此处显示  id "yemei" 的内容</header>
21   </div>
22   </body>
```

图6-80　页眉标签<header>源代码

⑦ 在设计视图下，删除页眉标签栏的文字。在“文件”面板中，从“lemon”站点的“Image”文件夹下，用鼠标将图像文件 a3.jpg 拖到页眉标签栏中，并调整图像尺寸到合适大小，效果如图 6-81 所示。

⑧ 单击菜单栏“插入”→“Article”命令，弹出图 6-82 所示的“插入 Article”对话框，在“插入”处选择“在标签后”，选择标签为“<header id="yemei">”，在“ID”处输入“text”，单击“确定”按钮，完成插入文章标签 <article>。产生的 HTML 代码如图 6-83 所示。

图6-81　在设计视图插入图像

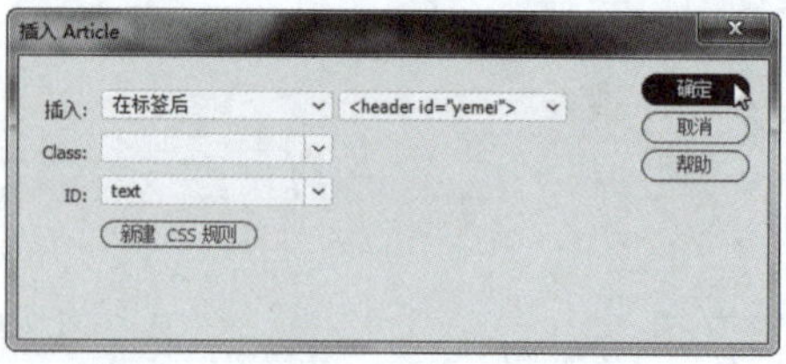

图6-82　“插入Article”对话框

```
18 ▼ <body>
19 ▼ <div id="box-lemon">
20     <header id="yemei"><img src="image/a3.jpg" width="801" height="236" alt=""/></header>
21     <article id="text">此处显示  id "text" 的内容</article>
22   </div>
23   </body>
```

图6-83　文章<article >标签源代码

⑨ 删除文章标签内的文字“此处显示 id"text" 的内容”。在“文件”面板中，双击打开“lemon”站点的“image”文件夹下的素材文本“lemon.txt”，将相应文本复制到网页

文件“lemon.html”的文章标签中，效果如图 6-84 所示。

⑩ 选择标题“柠檬片泡水的功效”，在"属性"面板中将格式设为“标题 1”，居中显示。

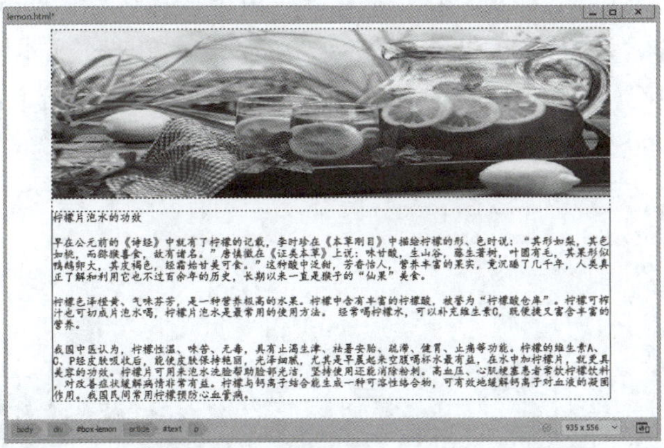

图6-84　在文章标签内插入文本

⑪ 选择第一自然段文本，单击菜单栏“插入”→“Section”命令，弹出图 6-85 所示的“插入 Section”对话框，在“插入”处选择“在选定内容旁换行”，在“ID”处输入“one”，单击“确定”按钮，完成插入章节标签 <section>。

⑫ 同理，一次给第二、第三自然段分别插入章节标签 <section>，id 名称分别为“two”“three”。效果如图 6-86 所示。

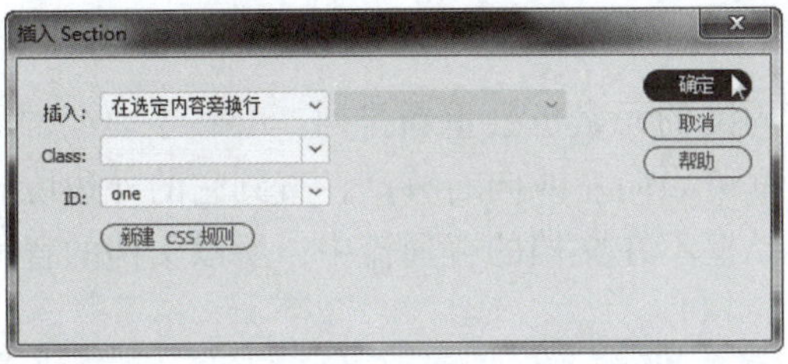

图6-85　“插入Section”对话框

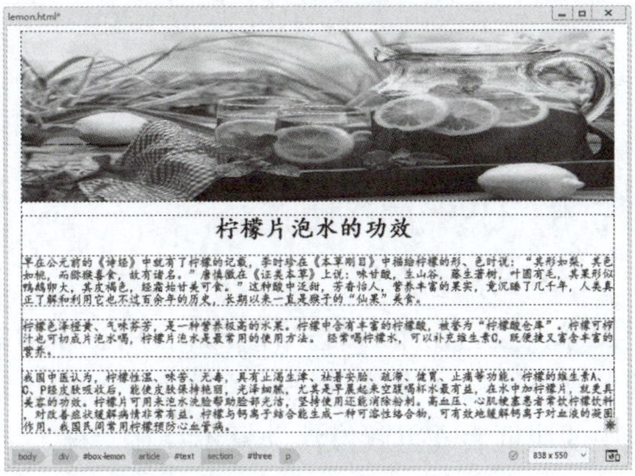

图6-86　插入章节标签<section>效果

⑬ 单击菜单栏“插入”→“Footer”命令，弹出上图 6-87 所示的“插入 Footer”对话框，在“插入”处选择：“在标签后”，选择标签为“<article id="text">”，在“ID：”处输入“yejiao”，单击“确定”按钮，完成插入页脚标签 <footer>。

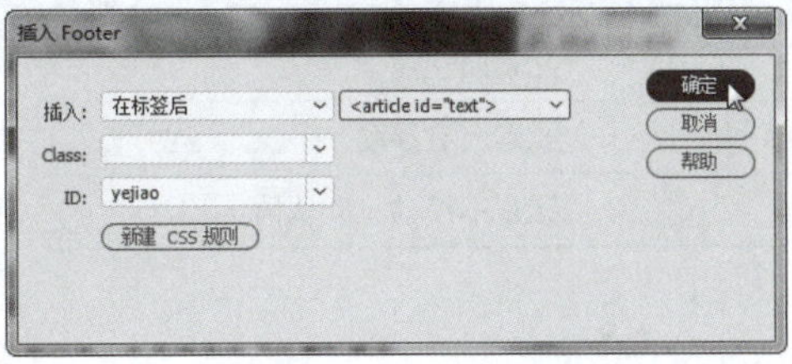

图6-87　“插入Footer”对话框

⑭ 删除页脚标签内的文字“此处显示 id "yejiao" 的内容”。输入页脚信息并在“属性”面板中设置为居中显示：“若有意见和建议，请联系我们：aa123@163.com”。

⑮ 打开“CSS 设计器”面板，在“选择器”窗中选择名称“#box-lemon #yejiao”，单击“布局”按钮，设置高度“height”为“25 px”，单击“文本”按钮，设置文本大小“font-size”为“10 px”，行高“line-height”为 25 px，单击“背景”按钮，设置背景颜色“background-color”为“#F8A303”。保存文件。网页最后效果图如图 6-88 所示。

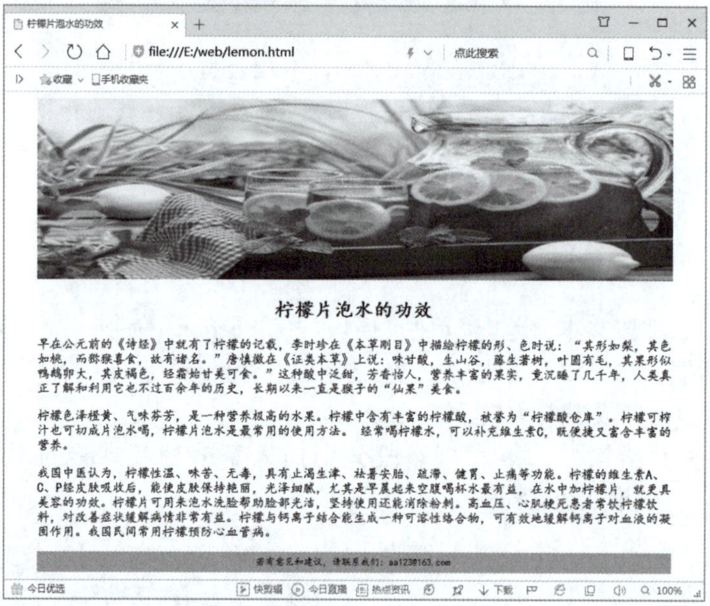

图6-88　网页最后效果

6.5.3 CSS 的浮动

CSS 的浮动会使元素向左或向右移动，其周围的元素也会重新排列。float 浮动经常用于图像，但它在布局时一样非常有用。浮动的框可以向左或向右移动，直到它的外边缘碰到包含框或另一个浮动框的边框为止。由于浮动框不在文档的普通流中，所以文档的普通流中的块框表现得就像浮动框不存在一样。

在 CSS 中，可通过 float 属性来定义浮动，基本语法格式如下：

```
选择器 {float: 属性值；}
```

常用的 float 属性值有三个，分别表示不同的含义，具体见表 6-4。

表 6-4　常用 float 属性值

属性值	描　述
left	元素向左浮动
right	元素向右浮动
none	元素不浮动（默认值）

1. CSS 浮动的原理

为了更容易理解什么是 float，请先看图 6-89，当把框 1 向右浮动时，它脱离文档流并且向右移动，直到它的右边缘碰到包含框的右边缘。

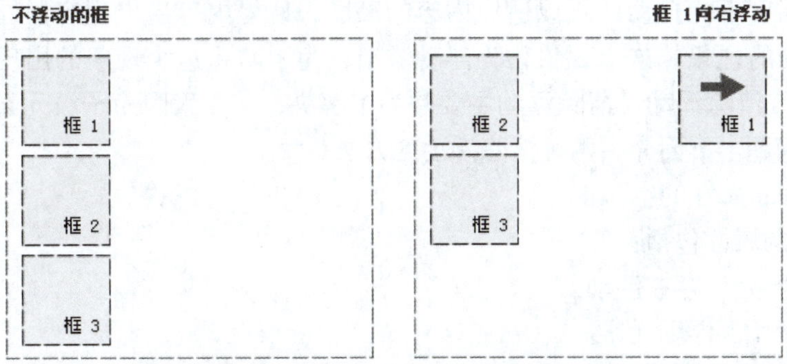

图6-89　CSS 浮动案例——向右浮动的元素

视频
CSS 的
浮动机制

再看图 6-90，当框 1 向左浮动时，它脱离文档流并且向左移动，直到它的左边缘碰到包含框的左边缘。因为它不再处于文档流中，所以它不占据空间，实际上覆盖住了框 2，使框 2 从视图中消失。如果把所有三个框都向左移动，那么框 1 向左浮动直到碰到包含框，另外两个框向左浮动直到碰到前一个浮动框。

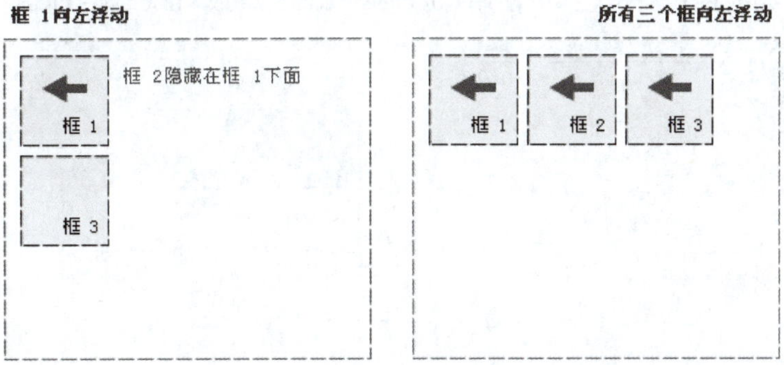

图6-90　向左浮动

如图 6-91 所示，如果包含框太窄，无法容纳水平排列的三个浮动元素，那么其他浮动块向下移动，直到有足够的空间。如果浮动元素的高度不同，那么当它们向下移动时可能被其他浮动元素“卡住”。

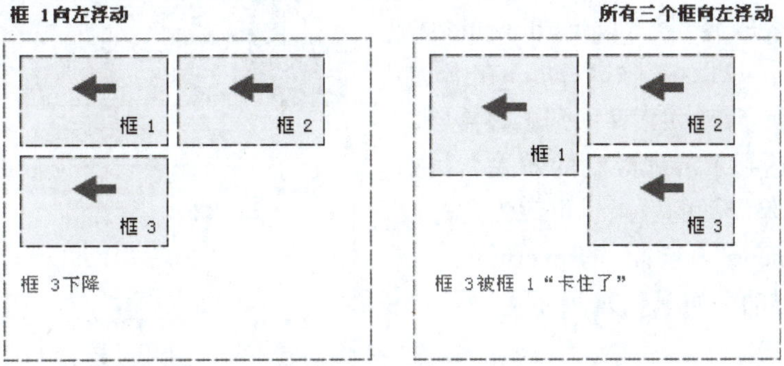

图6-91　CSS 浮动案例——向左浮动的元素

视频
清除浮动

2. 清除浮动

为什么要清除浮动？在许多非 IE 浏览器中，当容器的高度为 auto，且容器的内容中有浮动（float 为 left 或 right）的元素，在这种情况下，容器的高度不能自动伸长以适应内容的高度，使得内容溢出到容器外面而影响布局的现象。这个现象称为浮动溢出，为了防止这个现象的出现而进行的 CSS 处理，称为 CSS 清除浮动。清除浮动主要是为了解决，父元素因为子级元素浮动引起的内部高度为 0 的问题。下面介绍两种清除浮动的方法。

（1）使用带 clear 属性的空元素

清除浮动 clear 的属性包括：

- both: 两侧都不允许存在浮动元素。
- left: 清除元素左侧浮动元素。
- right: 清除元素右侧浮动元素。
- none: 无清除效果（默认值）。

如图 6-92 所示，在未清除浮动之前 <div class="news"> 容器高度不足以包含图片和文字，从容器外框线可看出，其呈现出浮动溢出现象，未能呈现 <div> 方框的黄色背景。可在浮动元素后使用一个空元素如 <div class="clear"></div>，并在 CSS 中赋予 .clear{clear:both;} 属性即可清理浮动，如图 6-93 所示。亦可使用 <br class="clear" /> 或 <hr class="clear" /> 来进行清理。

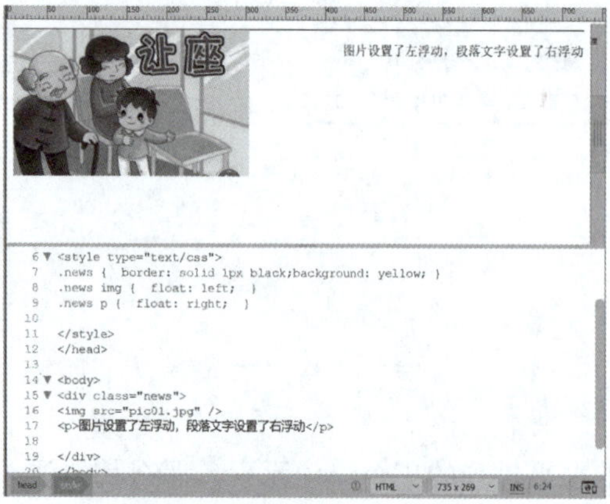

图6-92　clear清除浮动之前的网页效果

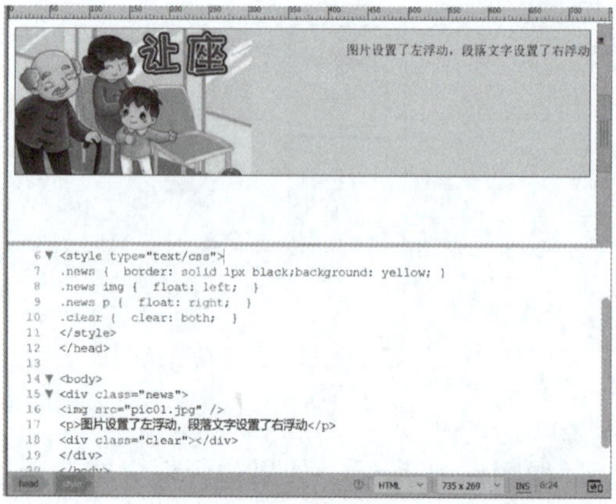

图6-93　clear清除浮动之后的网页效果

（2）使用 overflow 属性

给浮动元素的容器添加 overflow:hidden; 或 overflow:auto; 可以清除浮动。在添加 overflow 属性后，浮动元素又回到了容器层，把容器撑起，达到了清理浮动的效果。例如上述用 clear 清除浮动的效果也可改为通过设置 <div class="news"> 容器的 overflow:auto; 属性进行清除浮动，如图 6-94 所示。

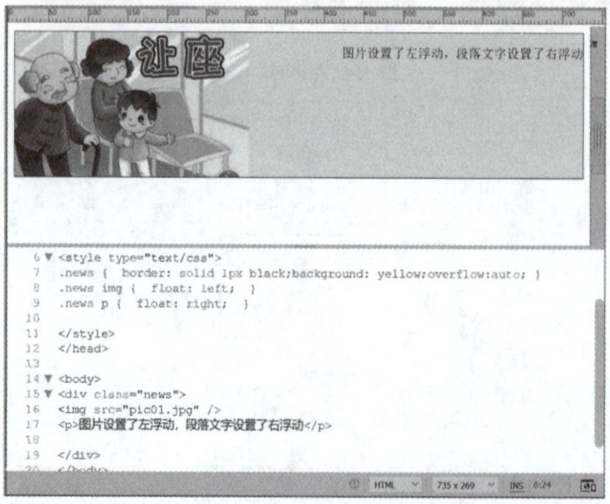

图6-94　overflow清除浮动之后的网页效果

3. 利用 float 浮动进行页面布局

使用 float 来实现页面的布局是很常见的现象。float 浮动可设置对象靠左与靠右浮动样式，可以实现我们所需要的让 div、span 等标签居左居右浮动。

【例 6–12】通过 CSS 浮动实现图 6-95 所示的网页布局。

① 新建一个空白的 html 网页文件。

② 单击“拆分”，进入拆分视图。

③ 在代码框中输入图 6-96 所示的代码，规划网页布局分为四大板块：导航、栏目 1、栏目 2、页脚，并分别设置 css 样式。其中 <div id="nav"> 导航栏中包含三个子导航栏 <div class="sub">；<div id="section2"> 栏目 2 中包含一个配图 <div id="pic"> 容器。

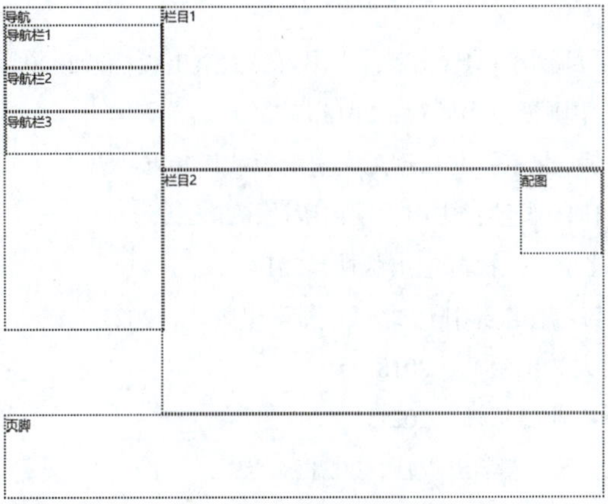

图6-95　网页布局效果

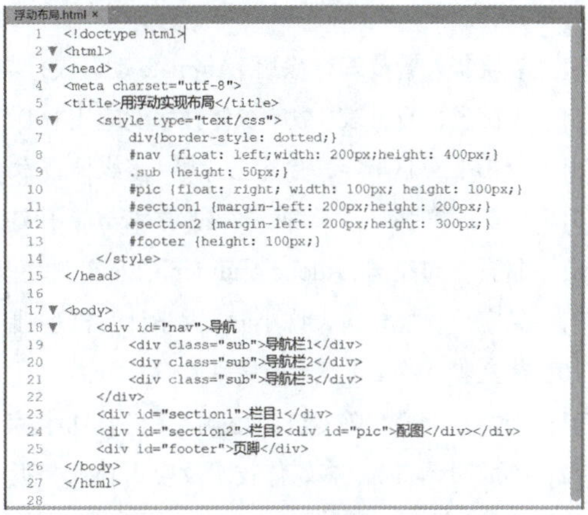

```
浮动布局.html ×
<!doctype html>
<html>
<head>
<meta charset="utf-8">
<title>用浮动实现布局</title>
    <style type="text/css">
        div{border-style: dotted;}
        #nav {float: left;width: 200px;height: 400px;}
        .sub {height: 50px;}
        #pic {float: right; width: 100px; height: 100px;}
        #section1 {margin-left: 200px;height: 200px;}
        #section2 {margin-left: 200px;height: 300px;}
        #footer {height: 100px;}
    </style>
</head>

<body>
    <div id="nav">导航
        <div class="sub">导航栏1</div>
        <div class="sub">导航栏2</div>
        <div class="sub">导航栏3</div>
    </div>
    <div id="section1">栏目1</div>
    <div id="section2">栏目2<div id="pic">配图</div></div>
    <div id="footer">页脚</div>
</body>
</html>
```

图6-96　网页代码

本章小结

本章重点培养读者编写 HTML+CSS 代码的能力，在网页制作工具 Dreamweaver 的帮助下，学习网站的建立方法和网页的布局和美化等知识。大部分 HTML 标签都具有起始和结束标签，放在它所描述的内容两边，结束标签前要加“/”，当然也有不成对的单独标签。使用 <table> 标签设计表格布局是网页早期布局实现的主要手段，目前提倡使用 DIV+CSS 的布局组合。DIV+CSS 布局网页的核心是盒模型，基本构造块是 <div> 标签。当要进行 DIV+CSS 布局排版网页时，首先需要将网页的页面使用 <div> 标签划分为若干个板块，再对各板块进行 CSS 定位，设置 CSS 属性，然后在各板块中添加相应的内容。在网站建设中使用 Float 浮动来实现页面的布局也是很常见的现象。

学好网页设计唯一的技巧就是多写代码，多练习，才能熟练应用 HTML 标签和 CSS 样式中的属性。如果能做到多练、多学、多记，学完本章后，相信读者将够自行布局制作美观大方的网站页面。

参考文献

[1] 姚怡．大学计算机 [M]. 3 版．北京：中国铁道出版社有限公司，2021.

[2] 张亚丽．新媒体技术与应用 [M]. 北京：人民邮电出版社，2020.

[3] 郭建璞，董晓晓，周帜．多媒体技术应用：基于创新创业能力培养 [M]. 北京：中国铁道出版社有限公司，2019.

[4] 袁晓华，曾曼蕊，徐颖．Animate 动画设计与制作项目教程 [M]. 北京：中国人民大学出版社，2020.

[5] 王国省，夏其表．数字媒体技术及应用 [M]. 北京：中国铁道出版社，2018.

[6] 李小平，赵丰年，徐建强，等．多媒体技术 [M]. 2 版．北京：北京理工大学出版社，2015.

[7] 袁义，刘强，言天舒．多媒体技术与应用实验教程 [M]. 长沙：中南大学出版社，2022.

[8] 赵君，周建国．Adobe Audition CS6 实例教程 [M]. 北京：人民邮电出版社，2014.

[9] 吴宛萍，魏媛媛，许小静．大学计算机基础：计算与信息素养 [M]. 北京：科学出版社，2021.

[10] 胡文骅．多媒体技术应用基础 [M]. 上海：上海交通大学出版社，2018.

[11] 胡娟，李焕，陈专红．大学计算机 [M]. 北京：电子工业出版社，2021.

[12] 刘成明，石磊．多媒体技术及应用 [M]. 3 版．北京：清华大学出版社，2021.

[13] 王斐．抖音 + 剪映 +Premiere 短视频制作从新手到高手 [M]. 北京：清华大学出版社，2021.

[14] 吕君可．多媒体技术与应用案例教程 [M]. 北京：化学工业出版社，2021.

[15] 孙中红，刘启明．大学计算机与人工智能基础 [M].4 版．北京：高等教育出版社，2021.